全国电力行业"十四五"规划教材

高等教育电气与自动化类专业系列

发电厂变电站电气部分课程设计

主　编　赵建文

编　写　罗　娟　商立群

　　　　万　耕　侯李祥

主　审　王成江　李云阁

中国电力出版社

CHINA ELECTRIC POWER PRESS

内 容 提 要

全书共分 8 章，主要包括概述、发电厂电气主接线的设计、变压器的选择、短路电流计算、电气设备选择及过电压防护、继电保护配置方案设计、发电厂电气部分课程设计案例、发电厂电气部分课程设计选题等。

本书充分考虑现代电力系统能源主体的发展趋势，除了传统的火力发电厂电气系统的设计内容外，增加了水力发电、光伏发电、风力发电等电气部分的设计内容，并按新的技术要求、新的技术标准、新的技术装备、新的设计理念等来组织教材的内容，切合经济与技术的发展，符合应用型专门人才培养的需求。

本书内容系统全面，注重实际工程应用。本书内容涵盖发电、变电、配电、用电等环节设计，采用由一般到具体、由总体到局部、由设计方法到设计实例的叙述方式。本书的例题、课程设计实例、课程设计选题均来自生产实际，便于案例式教学。

图书在版编目（CIP）数据

发电厂变电站电气部分课程设计/赵建文主编 . —北京：中国电力出版社，2023.9（2024.11 重印）
ISBN 978-7-5198-7914-3

Ⅰ.①发… Ⅱ.①赵… Ⅲ.①发电厂-电气设备-课程设计-高等学校 ②变电所-电气设备-课程设计-高等学校 Ⅳ.①TM62 ②TM63

中国国家版本馆 CIP 数据核字（2023）第 104687 号

出版发行：中国电力出版社

地　　址：北京市东城区北京站西街 19 号（邮政编码 100005）

网　　址：http：//www.cepp.sgcc.com.cn

责任编辑：雷　锦

责任校对：黄　蓓　郝军燕

装帧设计：赵姗姗

责任印制：吴　迪

印　　刷：廊坊市文峰档案印务有限公司

版　　次：2023 年 9 月第一版

印　　次：2024 年 11 月北京第二次印刷

开　　本：787 毫米×1092 毫米　16 开本

印　　张：13.25

字　　数：328 千字

定　　价：42.00 元

前　言

　　目前，能源向绿色低碳转型，以新能源为主体的新型电力系统除了火电发电厂、水力发电厂等传统发电系统之外，将有越来越多的光伏发电和风力发电系统接入。本书充分考虑现代电力系统的发展现状与发展趋势，除了传统的火力发电厂电气系统的设计内容外，增加了水力发电、光伏发电、风力发电等电气部分的设计内容；并按新的技术要求、新的技术标准、新的技术装备、新的设计理念等来组织本书的内容，本书内容紧随经济与技术的发展，切合社会需求。

　　本书采用设计方法与大量工程实例相结合的编写方式，有利于培养学生设计解决方案的工程创新能力。按不同类型的发电厂来说明设计的原则、要求、设计方法和设计过程，以及设计的范例，避免了一般理论性质的分析论述，便于读者有针对性地阅读与参考；同时，注重用成功的工程设计实例素材作为示范，起到对电气设计的真正指导作用。

　　本书内容全面、分类阐述，适用面广；提供丰富的课程设计选题，方便实施教学。内容涵盖了发电、变电、配电整个电能传输和使用过程中的电气设计等部分。本书采用由一般到具体、由总体到局部的叙述方式，并按不同类型的发电厂有针对性地组织内容；做到设计步骤描述清晰、案例繁简结合、知识层次递进，使其对不同电类专业学生的电气系统设计均具有借鉴和参考价值。本书注重实践及专业知识的应用，立足培养学生解决复杂工程问题的能力。

　　本书由西安科技大学发电厂电气部分教学团队编写。全书共分8章，第1章、第2章、第5章由赵建文编写；第3章由赵建文、侯李祥编写；第4章由商立群编写；第6章由罗娟编写；第7章由万耕编写；第8章的8.1、8.2、8.4～8.8由赵建文编写，8.3由万耕编写。全书由赵建文教授统稿并担任主编。三峡大学王成江教授、陕西电力科学研究院李云阁高级工程师审阅了全书，并提出了许多宝贵意见，在此表示衷心的感谢。同时也感谢研究生胡江岩、赵恺源、孟旭辉、许彦杰等给予的帮助；感谢西安科技大学的立项支持。

　　中国电力工程设计水平的提高离不开相关研究人员、学者、设计人员、工程技术人员等的不懈努力，发电厂及变电站电气部分设计的标准在不断地优化更新，作者编写此书时，尽可能地博采众家之长，参考相关教材、标准、工程资料，以便形成有益于教学的教材体系，在此感谢大家。

　　限于作者水平，书中难免有不妥之处，欢迎批评指正。

编　者

目　　录

发电厂变电站电气部分
设计综合资源

第1章 概　　述

本章设计导图

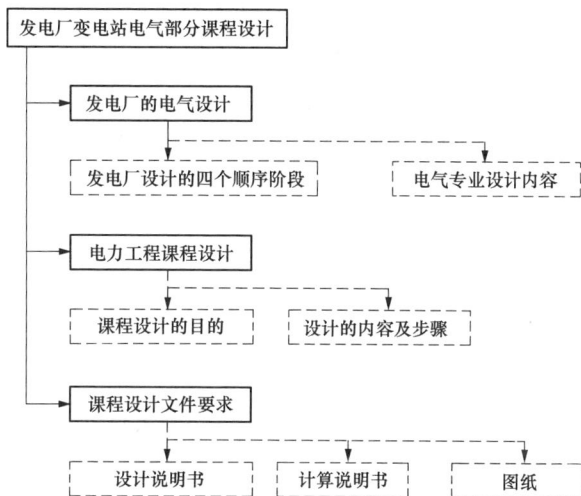

```
        发电厂变电站电气部分课程设计
                │
    ┌───────────┼──────────────┐
    │           │              │
  发电厂的电气设计
    │
    ┌──────────────────────┐
 发电厂设计的四个顺序阶段    电气专业设计内容
    │
  电力工程课程设计
    │
    ┌──────────────┐
 课程设计的目的    设计的内容及步骤
    │
  课程设计文件要求
    │
    ┌──────────┬──────────┐
 设计说明书    计算说明书      图纸
```

1.1　发电厂的设计阶段及其电气专业设计内容

1.1.1　发电厂设计阶段概述

火力发电厂的设计包括四个顺序阶段，依次为初步可行性研究、可行性研究、初步设计、施工图设计。

初步可行性研究阶段的任务是对建厂条件进行地区调查，推荐建厂的地址、规模及顺序，即规划选厂，编制项目建议书并进行报批。

可行性研究是在项目建设被批准之后。可行性研究阶段的主要任务是工程定点选址，落实建厂条件，确定建厂规模，提出设计原则方案、投资估算、经济效益评价，取得外部条件协议，形成可行性研究报告。

初步设计的开展是在上级下达设计任务之后。在初步设计阶段，按照设计任务书给出的条件，分专业提出符合设计深度要求的设计文件。初步设计是工程建设中非常重要的设计阶段，设计应采用成熟的新技术、新工艺和新方法，各种设计方案需经过充分的论证和选择。

施工图设计的开展是在初步设计经过审查批准后。在施工图设计阶段，需准确无误地表达设计意图，按期提出符合质量和深度要求的设计图纸及说明书，以满足设备订货所需，并保证施工的顺利进行。

1.1.2　各阶段电气专业设计内容

在初步可行性研究阶段，电气专业主要是配合系统和总图专业对出线条件、总体布置设想等提供意见，对投资影响较大的主接线提出建议。

在发电厂可行性研究阶段，电气专业的主要设计工作有：提出发电机和励磁系统选型及主要参数；根据外部电网条件设想启动/备用电源的引接方式；说明发电厂主接线方案的选择、各级电压的出线回路数和方向、主要设备选择和布置等；提供厂用电率等主要经济指标；提出"电气主接线原则接线图"，600MW及以上机组增加"高压厂用电原则接线图"，并配合其他专业完成"厂区总平面布置图""主厂房平面布置图""主厂房断面布置图"等；配合可行性研究阶段节能专项设计及消防专项设计中的电气有关内容，如与电气专业相关的节能措施、消防供电方案及控制要求等。

在发电厂初步设计阶段，电气专业的主要设计内容有：发电机及励磁系统、电气主接线、短路电流计算、导体及设备选择、厂用电接线及布置、事故保安电源、电气设备布置、直流电系统及不间断电源（UPS）、二次接线、继电保护及自动装置、过电压保护及接地、照明和检修网络、电缆及电缆设施、检修及试验、节能方案等。

在发电厂施工图设计阶段，电气专业的设计主要是电气部分的施工图设计，主要有：厂内电气系统（含一次、二次）、照明和防雷接地等的设计，并包括厂内系统继电保护、自动装置及远动系统设计；室外变压器、高压配电装置电气部分设计；主厂房内的发电机引出线系统安装设计、厂用电系统设计、二次接线设计、行车滑线安装设计、电缆设计、照明设计；辅助生产系统电气部分设计。

1.2　电力工程课程设计的目的及步骤

1.2.1　课程设计的目的

发电厂变电站电气部分的课程设计是电气工程及其自动化等专业的一个综合性实践教学环节，一般是完成一项发电、变电、厂用电等部分的电气主系统的设计，并给出设计说明书、计算说明书、相关设计图纸等。通过该设计训练，达成以下主要目标。

（1）从OBE（outcome based education）教育理念的角度来看，培养学生解决复杂工程问题的能力。

以电力工程为内容的毕业设计和课程设计，作为一个重要的实践教学，学生要面对的是一个复杂工程问题。设计中必须综合运用电力系统分析、发电厂电气部分（或电力工程基础或供电技术）、继电保护、电力系统自动化等多门专业基础课和专业课的知识，才可实现设计的过程。电力工程的设计必须遵守国家政策和专业技术规范标准，具有较高的综合性，包含多个相互关联的子问题。另外，电力工程设计的方案必须满足安全、可靠、经济等多个方面的要求。这些要求相互制约，有一定的冲突，设计中必须平衡。所以通过电力工程设计的训练，可培养学生解决复杂工程问题的能力，达成课程培养目标。

（2）培养学生设计实际电力工程解决方案的能力与技能。

电力工程设计的目标是设计满足发电、变电、输配电、供用电等需求的系统。学生通过设计训练，可以掌握电力工程设计的基本思想方法和基本程序；了解影响设计目标和技术方案的安全、健康、法律、环境等各种因素，并对其进行综合考虑。学生通过设计，获得有关技术手册、设计规范、电力技术标准等技术资料的正确应用能力；掌握设计计算、工程制图、技术文件编写等基本技能；获得文献查阅、资料收集、计算分析、综合比较、图纸设计等方面的能力。针对复杂工程，学生具有较强的独立分析能力和实际解决能力；能够基于电气专业理论，根据设计对象特征，选择设计路线，给出设计方案。

（3）培养学生关于工程与责任、个人与团队、沟通与交流等方面的素养。

电力工程项目的设计与实施不仅要考虑技术上的可行性，还要考虑其是否符合社会、健康、安全、法律等方面的外部制约因素。因此，在项目设计中，评价设计方案的安全性、可靠性、经济性等，其实是在考虑这些制约因素对项目设计和后续实施的影响。了解这些知识，实际上是培养学生工程设计中的责任意识。电力工程项目的设计既有整体性，又有分工性，设计者是设计团队的一员。学生通过课题设计，培养团队意识，能够在团队中独立或合作开展设计，能与其他成员有效沟通共事。通过编写设计报告文稿、研讨问题，能以口头、文稿、图表等方式准确表达设计理念、设计结果。

1.2.2　课程设计的内容及步骤

发电厂变电站电气部分的设计属于电力工程设计的范畴。在实际的火力发电厂设计各阶段，电气专业部分配套的设计内容以项目的需求为依据，其深度与广度必须满足工程建设的要求，涉及众多方面。以学习为目的的学生电力工程专题训练设计，其设计内容的深度和广度可以视设计时间的长短及课程目标来确定；一般相当于发电厂（或变电站）电气专业的初步设计阶段的内容。课程设计时间一般安排 2～4 周，设计内容的深度应浅一些；毕业设计时间较长，如 16 周，部分内容可达技术实际设计所要求的深度。

电力工程设计的每一部分内容前后都有一定的逻辑性。电力工程设计的内容和步骤如图 1-1 所示，具体说明如下。

1. 原始资料的分析及必要补充

学生进行电力工程设计的题目和内容一般由教师拟定，并以设计任务书的形式下发学生。在设计任务书中，会给出设计对象的基础背景资料，学生作为设计者，需要了解设计任务书中给定的工程基础情况，并进行分析；需要对尚不明确的信息进行必要的调研、搜索，进行补充。

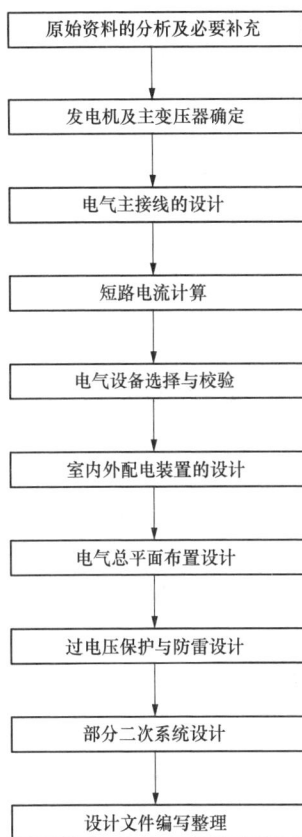

图 1-1　电力工程设计的内容和步骤

（1）工程项目概况。主要有发电厂（变电站）类型及设计规划容量（近期、远景），单机（单台变压器）容量及台数，系统运行方式，最大负荷利用小时数等。

（2）工程所连接的电力系统情况。主要有电力系统近期及远景发展规划（本期工程建成后 5～10 年），发电厂（变电站）在电力系统中的位置和作用，本期及远景与系统的连接方式，各级电压中性点接地方式等。

（3）负荷情况。主要是负荷的地理位置及性质、输电电压等级、出线回路数及其输送容量、最大负荷利用小时数等。

（4）环境条件。主要是项目工程所在地的气温、湿度、覆冰、污秽、水文、海拔及地震等。

（5）设备制造情况。了解目前与项目相关设备的国内外制造能力、电气性能、供应及制造厂商。

2. 发电机及主变压器确定

选定发电厂的发电机型号、参数；确定发电厂及各变电站主变压器的型号、容量、相数、绕组数量及连接方式、调压方式、电压等级、绝缘、冷却等。

3. 电气主接线的设计

（1）通过设计各电压等级母线接线方式，确定地区电网接线方案（近期及远景）及分期过渡接线方案等设计方案，选择接入电网的路径和导线截面，拟订电气主接线方案。一般至少应有两种可供详细计算比较的备选方案。

（2）计算两种备选方案的总投资及年运行费用。经过经济比较，选出一种指标最优的方案。

（3）绘制电气主接线图。

4. 短路电流计算

（1）以选定的最优接线方案为对象，分析主接线的运行方式。

（2）绘制出等效网络图。

（3）选择短路计算点，计算不同运行方式（最大运行方式、最小运行方式）下的短路（三相、两相、单相）电流。

（4）将短路电流计算结果列表汇总。

5. 电气设备选择与校验

（1）选择电气主接线中各种主要电气设备，包括断路器、隔离开关、电抗器、互感器、消弧线圈、避雷器等。

（2）相关母线、架空线、电缆等的选择与校验。

（3）汇总电气设备列表。

6. 室内外配电装置的设计

根据发电厂、变电站类型，考虑所在地区的地理位置、环境条件，初步拟订电气设备的布置方案。配电装置设计考虑因地制宜、节约用地，并结合运行、检修、安装等综合考虑。

7. 电气总平面布置设计

对室内外配电装置、主变压器、主控制室及辅助厂房、道路布置等进行设计，绘制出电气总平面图、布置图。

8. 过电压保护与防雷设计

（1）电气设备防止过电压的保护措施设计。

（2）主、辅建（构）筑物的防雷保护装置设计。

（3）防雷保护的设计与计算。

（4）相关接地设计。

9. 部分二次系统设计

（1）电气元件的继电保护、自动化装置的配置方案设计。

（2）变电站自动化系统的结构设计等。

10. 设计文件编写整理

（1）编写工程设计说明书，并对方案选择论证及最优方案加以简要而全面的说明。

（2）绘制、完善工程设计图纸，包括电气主接线图、厂用电接线图、配电装置布置图和断面图、地区电网潮流分布图等。

（3）编写计算说明书，反映全部计算过程和计算结果。

需要说明的是，上述设计内容是较齐全的设计内容，在实际学生设计的过程中，可根据具体情况取舍设计内容和相关的步骤；部分设计需要反复调整，重新验算。厂用电的设计实际是供配电的设计，其设计过程可参考上述步骤，特别要注意工作电源、启动/备用电源、事故保安电源的连接与设计，无功补偿容量、设备和接线方式的选择。另外，上述设计内容中的过电压保护与防雷设计、接地装置设计、二次部分的继电保护配置、自动装置设计等属于专题设计的内容，其余为通用公共部分内容。

1.3　设计文件内容及要求

1. 设计说明书的内容及要求

电力工程设计的设计说明书是描述一个电力工程的设计思想、过程及结果的技术性文件。学生完成发电厂电气部分的课程设计或毕业设计后，需要对其设计情况进行总结，撰写设计说明书。发电厂及变电站电气部分设计的说明书一般包括以下内容（具体可视设计内容取舍）：

（1）概述。说明整个工程与电气相关的主要系统概况、设计依据、设计范围及接口。对于扩建工程，需说明已建部分的情况和存在的问题。

（2）发电机、变压器及励磁系统。说明发电机、变压器、励磁系统的主要参数等。

（3）电气主接线方案及技术经济性比较。

1）说明发电厂（变电站）在系统中的作用和建设规模、本期及远景与系统连接方式和出线的要求。对主接线方案进行多方案比选（在可行性研究阶段已明确的，可不进行方案比选），确定各级电压母线接线方式（本期及远景）、分期建设与过渡方案。说明各级电压负荷、功率交换及出线回路数。

2）说明主变压器、联络变压器台数及连接方式。对大容量变压器选用三相或单相以及运输方案进行说明。对并联电抗器台数、接入方式及其回路设备进行说明。说明启动/备用电源的引接方案（在可行性研究阶段已明确的，可不进行方案比选）。

3）说明各级电压中性点接地方式，包括发电机中性点接地方式及其接入设备、变压器中性点接地方式及其接入设备、并联电抗器中性点接地方式及其接入设备、6～35kV单相接地电容电流补偿设备选择。

（4）短路电流计算。说明短路电流计算的依据及方法、接线（含远景接线）、运行方式及系统容量等，列出短路电流计算结果。

（5）导体及设备选择。说明导体及设备选择的依据、原则，选择导体及设备的形式及规范。导体包括主母线，发电机回路母线，变压器（包括主变压器、联络变压器、启动/备用变压器、高压厂用变压器等）进出线，高压电缆等。设备包括主变压器，发电机出口断路器，并联电抗器，高压断路器，高压隔离开关，110kV及以上电流互感器、电压互感器等。

需对主要设备的动、热稳定性进行校验。

（6）厂用电接线及布置。主要有：厂用电电压等级选择及接线方案比较、厂用电负荷计算及变压器选择、厂用电系统中性点接地方式及其接入设备、高压变频器接线方式选择等；说明高低压厂用工作电源、启动/备用电源连接方式，设备容量，分接头及阻抗等选择。对厂用电压水平进行验算，包括正常运行方式时厂用母线电压水平、电动机单独自启动及事故情况下成组和高低压串接等自启动时高低压厂用母线电压水平等。说明厂用配电装置布置及设备选型，厂外部分电源的供电及接线等内容。

（7）事故保安电源。说明事故保安电源的设置方案、接线方式及设备选择，事故保安电源的设备布置等。

（8）电气设备布置。主要有：电气建筑物总平面布置方案比较，电气出线走廊及厂区环境对电气设备的影响（必要时加以说明），高压配电装置形式选择论证及间隔配置；说明主变压器、联络变压器、并联电抗器、高压厂用变压器、启动/备用变压器、消弧线圈、发电机引出线及设备等的布置；说明高压厂用变压器及启动/备用变压器低压侧连接布置。

（9）直流电系统及不间断电源。说明单元控制室和网络电器室直流系统的接线方式及负荷计算，各蓄电池组、充电设备的选择及布置，直流供电方式的选择；说明远离主厂房的生产车间供电方式及设备的选择；说明不间断电源的选择及布置。

（10）二次接线、继电保护及自动装置。说明二次线、继电保护及自动装置等的配置，以及电气有关设备的布置。

（11）过电压保护及接地。说明电厂主、辅建（构）筑物的防雷保护，电气设备的绝缘配合和防止过电压的保护措施，避雷器的选型与配置；说明土壤电阻率及接地装置设计的主要原则、接地材料的选择等。

2. 计算说明书的内容及要求

计算说明书是对电力工程设计的相关计算过程和结果的说明。主要内容及要求如下：

（1）短路电流计算及主设备选择。短路电流的计算，需按 DL/T 5222—2021《导体和电器选择设计规程》规定的方法与原则进行，满足选择导体和电器的要求。计算短路电流时，采用可能产生最大短路电流的正常接线方式，计算三相、两相和单相三种短路电流。短路点及短路电流时间，按工程具体要求确定。短路电流时间一般至少要求计算 0s 及 ∞ 两种。

对导体和电器的动稳定、热稳定以及电器的开断电流进行选择计算，列出选择结果表。在导体和电器的选择中，还需按照 DL/T 5222—2021《导体和电器选择设计规程》规定的其他的一些必要的选择计算。

（2）厂用电负荷和厂用电率计算。说明高低压厂用电负荷计算，高低压厂用变压器（厂用电抗器）选择，电厂的厂用电率计算、事故保安负荷计算及设备选择。厂用电负荷计算按 DL/T 5153—2014《火力发电厂厂用电设计技术规程》规定的原则与方法进行。

（3）厂用电成组电动机自启动、单台大电动机启动的电压水平校验计算。按 DL/T 5153—2014《火力发电厂厂用电设计技术规程》规定的方法进行。

（4）发电机中性点接地设备的选择。按 DL/T 5222—2021《导体和电器选择设计规程》规定的原则与要求进行。

（5）厂用电供电方案技术经济比较计算。包括技术比较及经济比较，列出比较表。

（6）高压厂用电系统中性点接地设备的选择计算。按 DL/T 5153—2014《火力发电厂厂用电设计技术规程》规定的要求与方法进行。

（7）发电机主母线的选择计算。按 DL/T 5222—2021《导体和电器选择设计规程》规定的原则与要求进行。

（8）有关方案比较的技术经济计算。包括技术比较及经济比较，列出比较表。

3. 设计图纸

图纸是工程设计的主要成果，是设计结果的符号语言表达。绘图是工程师一项重要的技能，通过课程设计，学生应具有一定水平的制图能力，特别是要掌握计算机绘图，学会使用一种绘图软件。所有图纸要按工程图纸标准绘制，图形符号和文字符号符合国家标准，图面清晰、美观。

（1）电气主接线图。表示出发电机、变压器与各级电压主母线间的连接方式，母线设备连接方式；表示出各级电压出线名称、回路数以及避雷器、电压互感器、电流互感器、隔离开关及接地开关的配置；表示出高压厂用工作及启动/备用电源的引接和厂用变压器的调压方式；表示出各元件回路设备规范、中性点接地方式及补偿设备；表示出本期扩建与原有设备的区分、远景接线示意图等。

（2）短路电流计算接线图。表示计算接线短路点及各元件主要参数，列出计算结果表。

（3）高低压厂用电原理接线图。表示高低压厂用工作、启动/备用和保安等电源的引接及连接方式；高低压厂用母线接线方式，中性点接线方式；高低压辅机及馈线回路、主要设备的名称和规范等。

（4）电气建（构）筑物及设施平面布置图。表示主要电气设备及建（构）筑物、道路等的相对布置位置，各级电压配电装置的间隔配置及进出线排列，厂区主要电缆隧道、沟道位置；其他建（构）筑物的名称及相对位置、指北针等。

（5）各级电压及厂用电配电装置平剖面图。平面图表示所采用配电装置的类型，各层平面布置尺寸、间隔名称、出线排列通道及其他建（构）筑物的相对位置；主要厂用电布置图一般表明厂用高、低压开关柜的布置，分段及各通道出入口位置的尺寸以及低压厂用变压器的布置。剖面图一般表明不同类型间隔剖面设备的安装位置、标高、引线方式，电气距离校验尺寸；主要厂用电配电装置剖面图一般表明各层标高及建（构）筑物布置方式等。

（6）继电保护室布置图。表示继电保护屏的布置方式，相互间的主要尺寸，屏的名称、编号和对照表。

（7）发电机封闭母线平剖面图。表示发电机封闭母线的平剖面与主要尺寸，包括发电机引线出口至变压器套管处的全部母线及母线设备（如电压互感器、避雷器），以及厂用分支线及设备等；发电机励磁装置、发电机中性点设备及其他有关电气设备；封闭母线与发电机引线及变压器套管的接口方式等。

（8）高压厂用母线平剖面图。表示高压厂用母线的平剖面与主要尺寸，包括高压变压器低压侧套管至高压厂用开关柜。

（9）保护及测量仪表配置图。表示发电机-变压器组及启动/备用变压器继电保护及测量仪表的配置类型、主要保护方式、主要设备名称等，也可以与主接线合并出图。

4. 设计说明书、计算说明书的撰写要求

作为工程设计文件的设计说明书或计算说明书，一般由封面、目录、正文、结束语、参考文献及附录组成。正文中的插图、表格和公式要清楚、规范。

封面写明设计的题目，设计者（学生的班级、姓名、学号），指导老师（姓名及职称），时间等。

正文是核心部分，占主要篇幅，正文部分可以分章节撰写。正文部分层次格式可参考下面形式：

---

1 ××× （一级标题）

1.1 ××× （二级标题）

1.1.1 ××× （三级标题）

（1） ××× （条款层次，可接排）

① ××× （条款层次，一般接排）

结束语是设计的最终结果和总体的总结，结束语应准确、完整、明确、精练。

参考文献一般应是设计者直接参阅过的对设计有参考价值的发表在正式出版物上的文献，可以是图书、期刊论文、标准、专利、学位论文等。参考文献的著录格式符合GB/T 7714—2015《信息与文献　参考文献著录规则》的规定。

所有插图的图序按章编号，如第 2 章第 4 张图为"图 2-4"，所有插图均需有图题（图的说明），图号及图题应在图的下方居中标出。一幅图如有若干分图，均应编分图号，用（a），（b），（c）……按顺序编排。插图须紧跟文述。在正文中，一般应先见图号及图的内容后见图。

表格的表序应按章编号，如表 2-1，并需有表题（表的说明）。表序及表题应在表格上方并居中排列；表格的设计应紧跟文述，若为大表或作为工具使用的表格，可作为附表在附录中给出。

公式均需有公式号，公式号按章编排，如式（2-3），公式居中，编号右对齐；公式中各物理量及量纲均按国家标准（SI）及国家规定的法定符号和法定计量单位标注。

设计要点提示

- 发电厂变电站电气部分课程设计的内容一般是发电厂初步设计阶段电气部分的设计，重点是主系统的设计。
- 发电厂变电站电气部分课程设计本身就是解决一个复杂工程问题的过程，学生的能力、技能及素养在设计过程中培养。
- 规范、完整的设计文件（设计说明书、计算说明书、图纸等）是检验设计效果的依据。

设计基础习题

1. 在发电厂初步设计阶段，下面属于电气专业设计内容的是（　　　）。

    A. 电气主接线   B. 事故保安电源

    C. 过电压保护及接地   D. 导体及设备选择

2. 下面不属于火力发电厂可行性研究阶段任务的是（　　）。

    A. 推荐建厂地址   B. 投资估算

    C. 经济效益评价   D. 推荐建厂规模

3. 继电保护配置方案的设计一般在发电厂设计的（　　）阶段进行。

    A. 初步可行性研究   B. 可行性研究

    C. 初步设计   D. 施工图设计

4. 在电力工程方面的设计，设计者需要了解的内容有（　　）。

    A. 待设计工程项目概况   B. 发电厂（变电站）在电力系统中的位置和作用

    C. 负荷情况及环境条件   D. 设备制造情况

5. 电力系统远景发展规划中的"远景"一般指本期工程建成后（　　）年。

    A. 5～10   B. 5

    C. 10   D. 8

6. 电力工程的设计内容前后有一定的逻辑性，需遵循一定的顺序。（　　）

7. 电力工程设计的设计说明书是对电力工程设计的相关计算过程和结果的说明。（　　）

8. 短路电流计算、负荷统计等属于电力工程设计的计算说明书内容。（　　）

9. 电力工程设计图纸的图形符号和文字符号须符合国家标准。（　　）

10. 电力项目工程设计考虑的环境条件一般指气温、湿度、覆冰、污秽、水文、海拔及地震等。（　　）

第 2 章　发电厂电气主接线的设计

本章设计导图

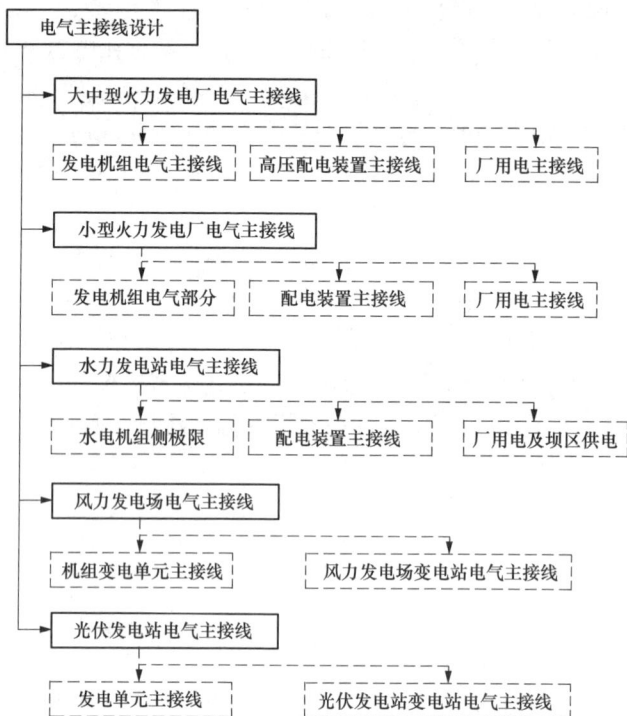

```
电气主接线设计
    ├── 大中型火力发电厂电气主接线
    │       ├── 发电机组电气主接线    ├── 高压配电装置主接线    └── 厂用电主接线
    ├── 小型火力发电厂电气主接线
    │       ├── 发电机组电气部分    ├── 配电装置主接线    └── 厂用电主接线
    ├── 水力发电站电气主接线
    │       ├── 水电机组侧极限    ├── 配电装置主接线    └── 厂用电及坝区供电
    ├── 风力发电场电气主接线
    │       ├── 机组变电单元主接线    └── 风力发电场变电站电气主接线
    └── 光伏发电站电气主接线
            ├── 发电单元主接线    └── 光伏发电站变电站电气主接线
```

2.1　主接线设计概述

1. 电气主接线设计的依据及基本要求

电气主接线设计是发电厂电气设计的核心内容，主要依据发电厂或变电站的电压和性质，选择出与其地位和作用相适应的接线方式。电气主接线设计对电气设备的选择、继电保护及自动装置的设计、总平面图的设计有决定性作用。电气主接线一般用单线图表示，用固定的设备图形和文字符号，按照电气设备实际的连接顺序绘制。

电气主接线设计在必须明确设计依据的基础上确定接线方案。主要有：

（1）电气主接线设计必须符合国家相关政策、法规和标准。

（2）根据发电厂在电力系统中的地位与作用，兼顾主接线的可靠性、灵活性和经济性要求。

（3）电气主接线设计考虑发电厂的分期和最终建设规模，考虑发展规划、分期建设的可能与前瞻性。

（4）按照负荷的重要性分级（一级负荷、二级负荷及三级负荷）确定不同的供电方式。

（5）考虑系统备用容量的大小，包括负荷备用容量、事故备用容量和检修备用容量，以适应负荷突增、机组故障停运和机组检修等情况。

（6）规划设计对电气主接线设计提供的资料。如出线的电压等级、回路数、出线方向和相序、输送距离、输送容量和导线截面积；主变压器的台数、容量和形式，变压器各侧的额定电压、阻抗、调压范围，以及各种运行方式下通过变压器的功率潮流，各级母线的电压波动值、中性点接地方式的要求；无功补偿装置、并联电抗器、串联电抗器等形式、参数、数量、容量和运行方式的要求；系统的短路容量或电抗值等。

电气主接线设计的基本要求是可靠性、灵活性和经济性三个方面。可靠性要求电气主接线在规定的条件下和规定的时间内，按照一定的质量标准和要求，不间断地向电力系统提供或传送电能。灵活性要求系统能适应各种运行状态，满足操作灵活性、调度灵活性、检修灵活性和扩建灵活性。经济性要求满足投资省、占地面积小、电能损耗小。

2. 发电厂电气主接设计的内容

电力系统中的火力发电厂有大中型火力发电厂、小型地区发电厂及企业自备发电厂三种类型。大中型火力发电厂靠近煤矿或沿海、沿江、沿路，并接入 330～1000kV 超高压、特高压系统；小型地区发电厂靠近城镇，一般接入 110～220kV 系统；企业自备发电厂则以对本企业供电、供热为主，并与地区 110～220kV 系统相连接。随着新能源技术的发展，风力发电场、光伏发电站等的建设也越来越多，在电能生产中的比重不断增加。

发电厂通过发电机组、发电机电压配电装置、升压变压器、高压配电装置，将所发电能送入电力系统；为了保证发电厂的运行，还必须设计厂用电系统。当发电机组采用发电机-变压器单元接线时，有可能不设置发电机电压配电装置，如大中型火力发电厂、单机容量较大的小型火力发电厂等。风力发电场和光伏发电站的单机容量较小，一般需要设置发电机电压配电装置。本章在叙述主接线形式的基础上，针对不同类型的发电厂电气主接线设计进行说明，主要分为大中型火力发电厂、小型火力发电厂、风力发电场、光伏发电站等部分。

3. 电气主接线设计的流程

（1）分析原始数据，明确任务要求，拟订若干个主接线方案。原始数据给出了项目的基本概况，主要有设计规划容量、单机容量及台数、最大负荷利用小时数及可能的运行方式等；电力系统近期及远景发展规划（5～10 年），项目在电力系统中的位置和作用；负荷的性质和地理位置、输电电压等级、出线回路数及输送容量等；温度、湿度、覆冰、污秽、风向、水文、地质、海拔及地震等；重型设备的运输条件；电气设备的性能、制造能力、价格等。

（2）确定两个及以上较好的接线方案。从技术上论证各方案的优、缺点，保留 2～3 个技术上能满足项目要求的方案；并对其进行短路电流简单计算，选定断路器、母线等设备，列出经济指标概算表。

（3）确定最佳接线方案。对电气主接线进行可靠性分析，通过技术和经济计算，全面比较，最终确定技术合理、经济可行的方案。经济计算比较主要对各方案的综合投资和年运行费进行综合效益比较。可靠性计算比较主要对重要的大容量发电厂或变电站主接线进行定量分析计算比较。

（4）绘制主接线图。

2.2　发电机组电气主接线常用形式及应用

对于大中型发电厂，当发电机电压超过 10kV，单机容量在 125MW 以上时，将发电机与变压器连接成一个单元，再经断路器接至高压系统，发电机出口不再设母线，构成了发电机组部分的电气主接线形式，即单元接线方式。单元接线方式不仅适用于大中型火力发电厂，也适用于无地区负荷的发电厂或原有发电机已满足该地区负荷需求的系统。单元接线方式有发电机-变压器单元接线、扩大单元接线、联合单元接线和发电机-变压器-线路单元接线等。

1. 发电机-变压器单元接线

发电机-变压器单元接线有发电机-双绕组变压器单元接线和发电机-三绕组变压器单元接线。

发电机-变压器单元接线的优点：保护简单；发电机和变压器之间可采用离相封闭母线连接，使得发生短路故障的概率降低、变压器低压侧的短路电流减小。该接线的缺点：当采用三绕组变压器时，需在各绕组侧设断路器；三绕组变压器的中压侧一般只能制造死抽头，限制了高、中压侧的调压灵活性。

该接线的适用性：发电机-双绕组变压器单元接线适用于容量在 125MW 及以上的大中型发电机组；发电机-三绕组变压器单元接线适用于单台机组容量为 125MW 级机组以两种升高电压接入电力系统。200MW 及以上的机组不宜采用三绕组变压器，当需以两种电压等级接入系统时，宜在高压配电装置间进行联络。

图 2-1 是某发电厂 660MW 发电机-双绕组变压器单元接线，发电机与变压器之间的连接、母线及厂用引出线均采用全连式离相封闭母线，发电机中性点选用干式接地变压器接地。

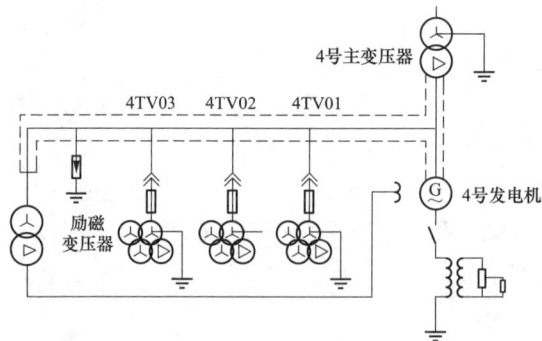

图 2-1　某发电厂 660MW 发电机-双绕组变压器单元接线

2. 发电机-变压器扩大单元接线

两台发电机与一台大型变压器相连构成扩大单元接线，其变压器有双绕组和三绕组之分。当采用扩大单元接线时，发电机出口位置应装设发电机断路器及隔离开关。

发电机-变压器扩大单元接线的优点：减少了主变压器、高压断路器和高压配电装置间隔，节省了设备投资和占地面积。该接线的缺点：单元性不强；发电机和主变压器之间应装设发电机断路器，增加了设备投资；当任一台发电机断路器故障拒动、主变压器故障时，将导致两台发电机组同时停运。

该接线的适用性：用于发电机组容量相对于升高电压等级输送容量较小的发电厂（例如125～300MW 机组接至 500kV 系统、600MW 机组接至 750kV 或 1000kV 系统），以减少主变压器、高压断路器和高压配电装置间隔。

图 2-2 是某水力发电厂 11MW 发电机-双绕组变压器扩大单元接线，发电机出口设断路器及隔离开关，厂用电从发电机电压母线取得，发电机单机容量为 11MW，发电机电压为 10.5kV。

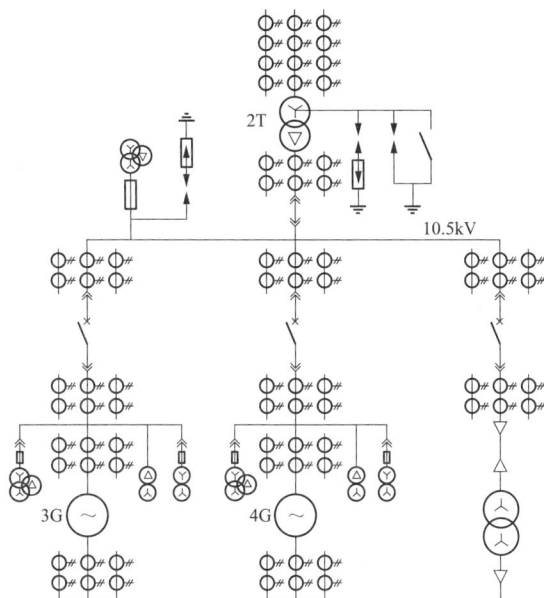

图 2-2　某水力发电厂 11MW 发电机-双绕组变压器扩大单元接线

3. 发电机-变压器联合单元接线

发电机-变压器联合单元接线是把两个发电机-变压器单元在变压器高压侧联合起来作为一个单元，通过一台断路器接入高压配电装置或电力系统。

该接线的优点：主变压器数量与发电机-变压器单元接线相同，减少了制造特大容量主变压器的困难；减少了高压断路器和高压配电装置间隔，节省了设备投资和占地面积。该接线的缺点：单元性不强；发电机和主变压器之间应装设发电机断路器，增加了设备投资；当任一台发电机断路器故障拒动、主变压器故障时，将导致两台发电机组同时停运。

该接线的适用性：一般用于发电机组容量相对于升高电压等级输送容量较小的发电厂；对于 600MW 及以上机组接入 750kV 或 1000kV 电压等级的电力系统，可采用联合单元接线作为工程初期的过渡接线。

图 2-3 是某发电厂发电机-变压器联合单元接线。发电机 G1 和 G2 的额定电压为6.3kV，经变压器 T1 和 T2 升压为 35kV。发电机 G1 和变压器 T1 组成一单元接线；发电机 G2 和变压器 T2 组成另一单元接线；两单元接线在高压 35kV 侧联合，经断路器接入外部变电站。

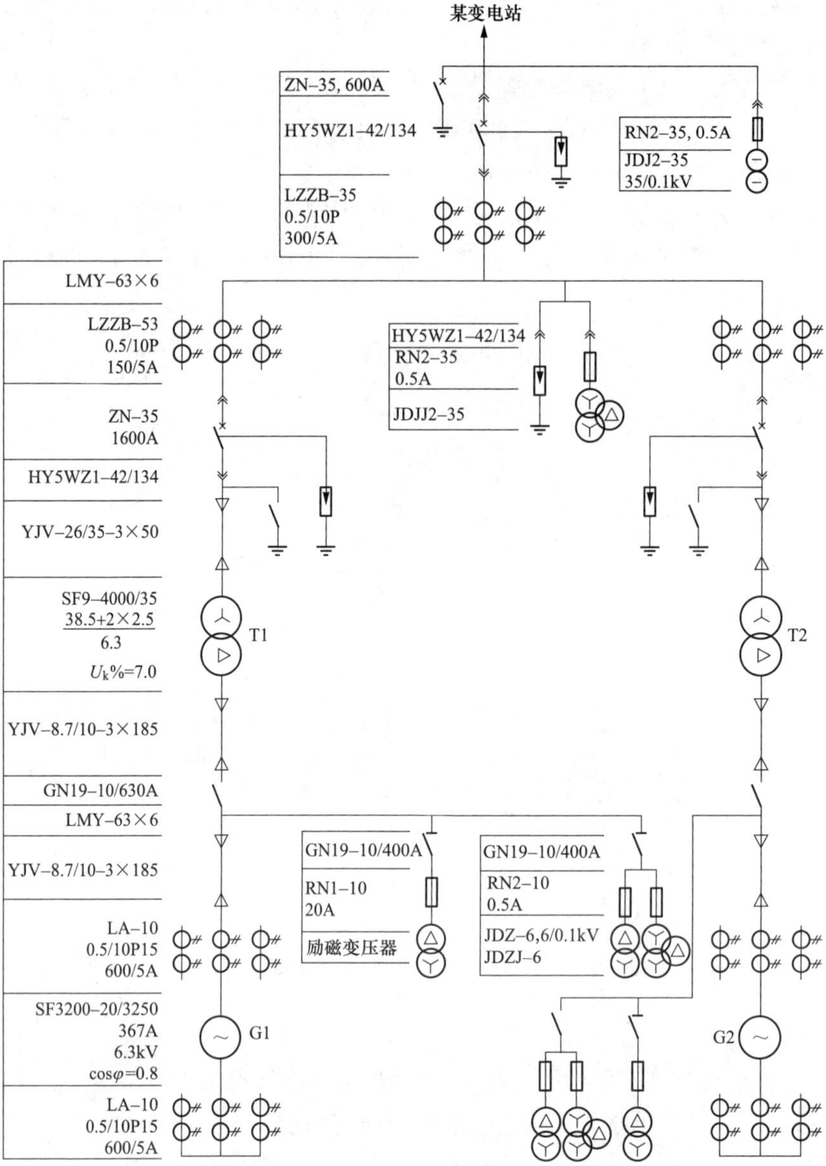

图 2-3　某发电厂发电机-变压器联合单元接线

4. 发电机-变压器-线路单元接线

若发电厂采用发电机-变压器-线路单元接线,则厂内不设高压配电装置,电能直接输送到附近的枢纽变电站。

发电机-变压器-线路单元接线的优点:接线简单,操作简单,维护工作量小;单元性好;布置紧凑,节省占地面积,设备少,设备投资小。该接线的缺点:一个回路中的任一元件(主变压器、线路)故障,将导致一台机组停运;一台机组检修时,将停运对应线路;由于厂内不设高压配电装置,需考虑启动/备用电源引接问题。

该接线适用于场地狭窄、附近有枢纽变电站的大型发电厂,其电能直接送到附近的枢纽变电站。

图 2-4 是某发电厂 4 号机组 330MW 发电机-变压器-线路单元接线，发电机与变压器采用全连式离相封闭母线，发电机电压直接经主变压器升压为 220kV，直连电缆线路，电能送入外电力网系统。

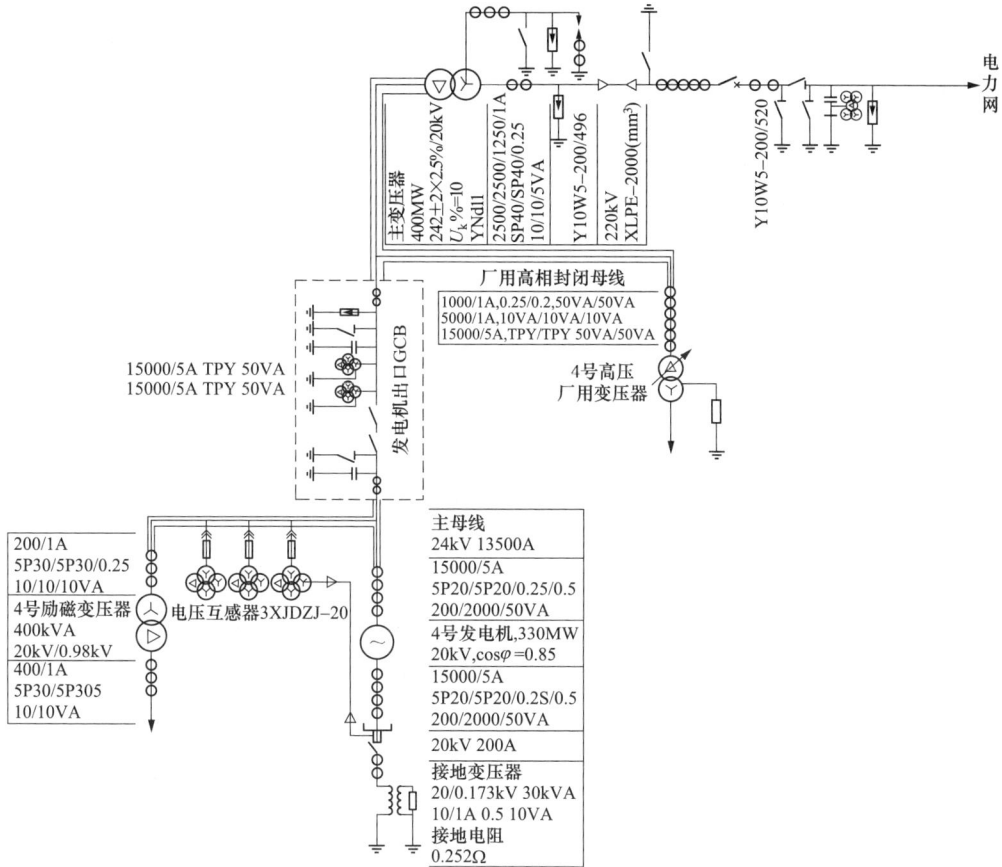

图 2-4　某发电厂 4 号机组 330MW 发电机-变压器-线路单元接线

2.3　配电装置电气主接线常用形式及应用

配电装置的作用是实现电能的接收与分配。发电厂的配电装置有发电机电压配电装置和高压配电装置。发电机电压配电装置接收发电机电能，并分配电能给主变压器、地区负荷及厂用电。高压配电装置接收主变压器升高的电压电能，与电力网相连接，实现发电厂电能的外送。配电装置的主接线分为有汇流母线的接线（如单母线、单母线分段、双母线、双母线分段、3/2 断路器接线、4/3 断路器接线、双断路器接线、变压器-母线接线等）和无汇流母线的接线（如变压器-线路单元接线、桥形接线、角形接线等）。本节对常用接线方式进行说明。

1. 单母线接线

单母线接线的所有电源和出线都接在同一组母线上，母线可保证电源并列工作和任一馈线由其获得电能。

单母线接线的优点是接线简单清晰、设备少、操作方便、经济性好、便于扩建。该接线的缺点是灵活性与可靠性不高。任一元件（母线及母线隔离开关等）故障或检修时，均需使整个配电装置停电；当有两路电源进线时，两路电源只能并列运行。

单母线接线一般用于 220kV 及以下电压等级对可靠性没有过高要求的发电厂。当以一台发电机或一台主变压器作为电源时，一般要求如下：用于 6～10kV 配电装置时，出线回路数不超过 5 回；用于 35～63kV 配电装置时，出线回路数不超过 3 回；用于 110～220kV 配电装置时，出线回路数不超过 2 回。

图 2-5 是某光伏发电站升压变电站 110kV 配电装置的单母线接线。升压变压器容量为31.5MW；断路器两端设有接地隔离开关，以便于检修安全。

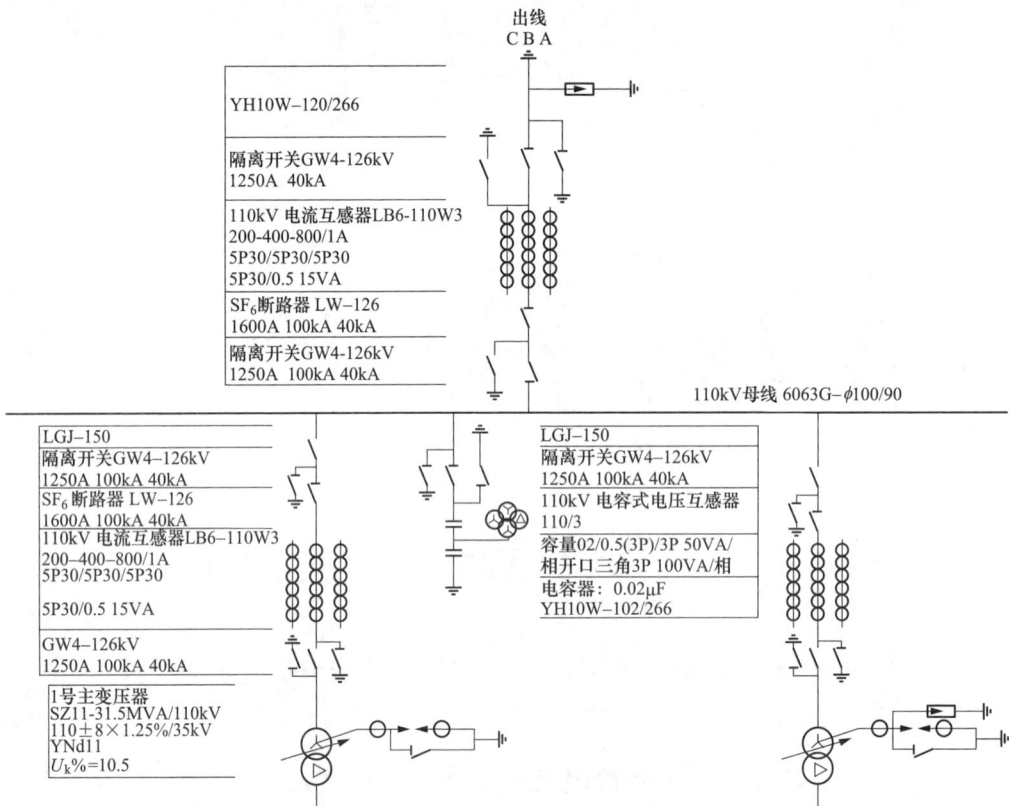

图 2-5　某光伏发电站升压变电站 110kV 配电装置的单母线接线

2. 单母线分段接线

用分段断路器或隔离开关将母线分段，可提高接线运行的可靠性。单母线分段接线的进线和出线宜均匀配置在各段母线上。

单母线分段接线的优点：用分段断路器将母线分段后，对于重要负荷，可由不同母线段分别引出一个回路，形成双电源供电，提高了可靠性；当一段母线发生故障时，分段断路器自动将故障段切除，保证非故障母线不间断供电，不致全厂（站）和重要用户停电。该接线的缺点：当一段母线或母线隔离开关故障或检修时，该段母线的回路都要在检修期间内停电；分段断路器故障可能导致分段母线均停电。

单母线分段接线一般适用于 220kV 及以下电压等级的小型发电厂。当以一台发电机或一台主变压器作为电源时，一般要求如下：用于 6～10kV 配电装置时，出线回路数为 6 回及以上；用于 35～63kV 配电装置时，出线回路数为 4～8 回；用于 110～220kV 配电装置时，出线回路数为 3～4 回。

图 2-6 是某发电厂发电机 10.5kV 配电装置的单母线分段接线。10.5kV 母线 I 段连接 1号发电机，并将电能送至 1 号主变压器升压为 20kV；1 号厂用工作变压器及 0 号厂用备用变压器均引自 10.5kV 母线 I 段；1 号引风机及污水处理变压器也引自 10.5kV 母线 I 段。10.5kV 母线 II 段连接 2 号发电机，并将电能送至 2 号主变压器升压为 20kV；厂用电的 2 号厂用工作变压器及 2 号引风机引自 10.5kV 母线 II 段。污水处理变压器回路设备参数与 1 号引风机回路相同；备用回路设备参数与主变压器回路相同；1 号厂用工作变压器回路设备参数与 0 号厂用备用变压器回路相同。10.5kV 母线 II 段各回路设备参数与母线 I 段对应回路相同，参数从略。

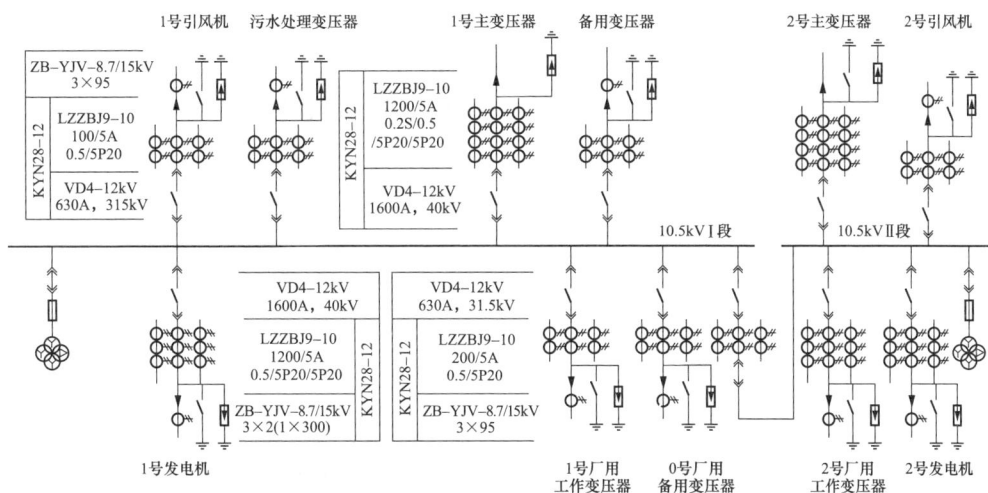

图 2-6　某发电厂发电机 10.5kV 配电装置的单母线分段接线

3. 双母线接线

双母线接线有一条工作母线和一条备用母线，两条母线通过母联断路器联络，进、出线宜均匀配置在两组母线上；一般某一回路固定与某一组母线连接，母线并列运行，简化了母线继电保护。

双母线接线的优点：

（1）供电可靠。双母线接线的供电可靠性高于单母线接线，通过两组母线隔离开关的倒换操作，可以轮流检修一组母线而不使供电中断；一组母线故障后，可迅速恢复供电；检修任一回路的母线隔离开关时，只需断开此隔离开关所属的一条支路和与该隔离开关相连的母线，其他回路可由另一组母线继续运行。

（2）调度灵活。通过隔离开关的倒换操作，可组成各种运行方式，各个进线和出线可以任意分配到某一组母线上，能灵活地适应电力系统中各种运行方式的需要。

（3）扩建方便。向双母线的左右任何一个方向扩建，均不影响两组母线的电源和负荷均匀分配，不会引起原有回路的停电。当有双回架空线路至同一负荷时，可以顺序布置，不会导致出线交叉跨越。

（4）便于试验。当某回路需要单独进行试验时，可将该回路单独接至一组母线上运行。当线路采用短路方式融冰时，可用一组母线作为融冰母线，不影响其他回路运行。

双母线接线的缺点：当母线故障或检修时，隔离开关作为倒换操作电器，容易误操作；当采用硬接线的电气防误操作回路时，母线隔离开关的电气闭锁回路较复杂；当母线联络断路器故障时，将导致全厂（站）停电；当一组母线检修时，任一进、出线断路器故障，将导致全厂（站）停电。

双母线接线主要应用于出线回路数或母线上电源较多、输送和穿越功率较大、母线故障后要求迅速恢复供电、母线或母线设备检修时不允许影响对用户的供电、系统运行调度对接线的灵活性有一定要求的情况。采用双母线接线的情况主要有：6～10kV 配电装置短路电流较大、出线需要带电抗器；35～63kV 配电装置出线回路数超过 8 回，或连接的电源较多、负荷较大；35～220kV 配电装置在电力系统中居重要地位、负荷大、潮流变化大、出线回路数较多；110～220kV 配电装置在电力系统中居重要地位、出线回路数为 4 回及以上；110～220kV 配电装置出线回路数为 6 回及以上；330～500kV 配电装置进、出线回路数少于 6 回，能满足系统稳定性和可靠性的要求，且远期拟过渡到双母线分段接线。

图 2-7 是某 220kV 变电站 110kV 配电装置的双母线接线，进线 3 回，分别来自 1～3 号三绕组变压器的 110kV 侧；出线 12 回，给负荷供电。12 条馈线的电流互感器配置完全相同。

4. 双母线分段接线

用分段断路器将工作母线分段，每段工作母线与备用母线通过母联断路器联络，构成双母线分段接线。双母线分段接线的进、出线宜均匀配置在各段母线上。根据断路器故障时，系统稳定、限制短路容量、地区供电要求可允许切除机组的台数和出线回路数，确定采用母线分段数（一组母线分段还是两组母线分段）。

双母线分段接线的优点是可靠性高于双母线接线。当某一段母线发生故障时，分段断路器自动切除故障母线，保证非故障母线不间断供电，不致所有进线和出线停电。

双母线分段接线的缺点：分段回路的二次接线及继电保护较复杂，母线分段断路器故障将对系统造成较大冲击；当两段分段母线各一回出线至同一用户时，架空线路易出现交叉跨越。

该接线的适用性：35～220kV 配电装置在电力系统中居重要地位、负荷大、潮流变化大、出线回路数较多时；当进、出线回路数为 10～14 回时，可在一组母线上装设分段断路器；当进、出线回路数为 15 回及以上时，可在两组母线上均装设分段断路器；可根据电力系统要求使用，例如为限制 220kV 母线短路电流或满足系统解列运行等要求，采用双母线分段接线；330～500kV 配电装置进、出线回路数为 6 回及以上时，为限制故障范围或短路

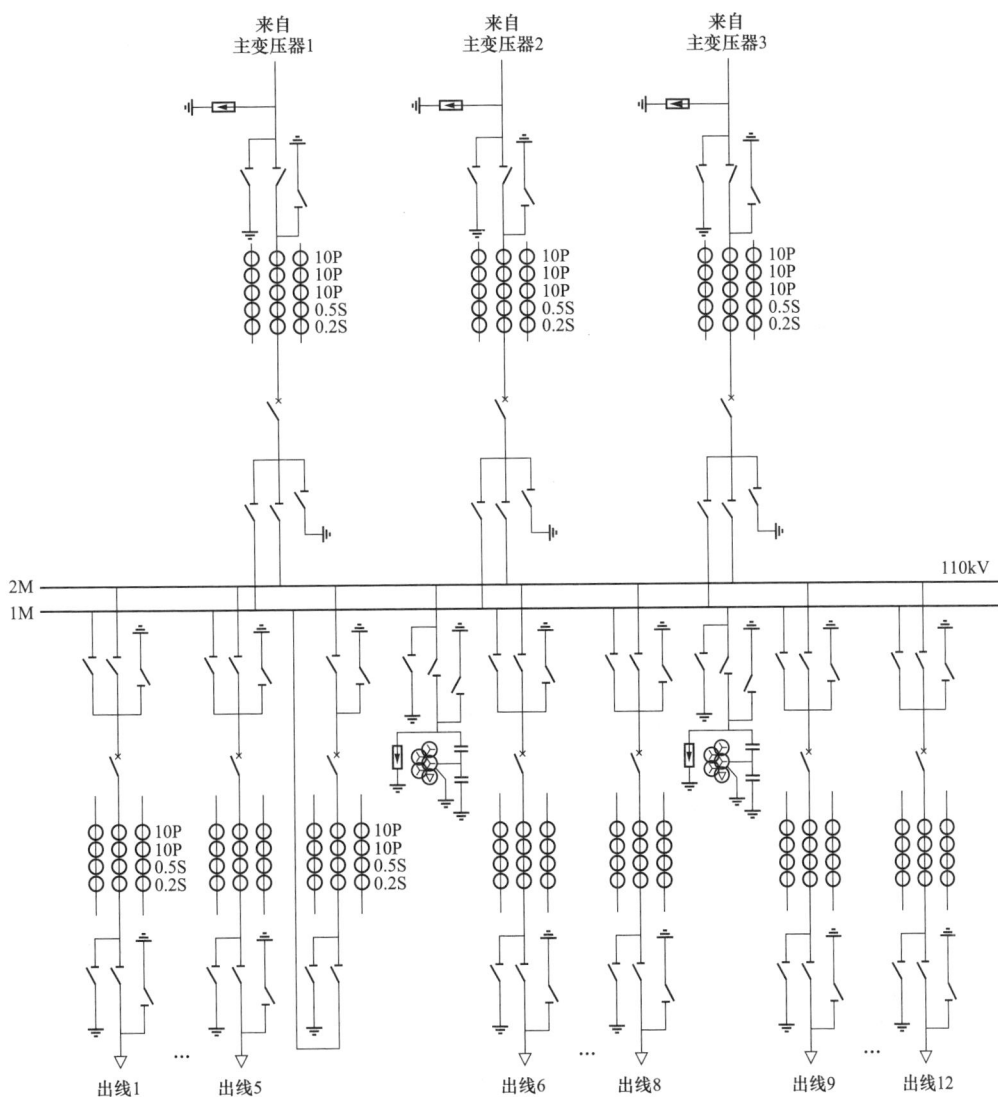

图 2-7　某 220kV 变电站 110kV 配电装置的双母线接线

容量，可采用双母线单分段或双分段接线。

图 2-8 是某热力发电厂发电机电压配电装置的双母线分段接线。工作母线按发电机台数分段，1～3 号发电机分别接至工作母线 6kV Ⅰ 段、6kV Ⅱ 段、6kV Ⅲ 段，再连至对应的升压变压器。作为区域的热力发电厂，系统向附近 6kV 负荷供电，出线回路数较多；为了限制短路电流，出线装有限流电抗器。

5. 桥式接线

通过桥断路器将两回变压器-线路单元相连，构成桥式接线。该接线的优点是高压断路器数量少，4 个回路只需 3 台断路器；缺点是桥断路器检修时，两回变压器-线路单元需解列运行。一般适用于较小容量的发电厂，终期进、出线回路数为 4 回的大中型发电厂也可采用。按照桥断路器的安装位置，桥式接线分为内桥式与外桥式两种接线。

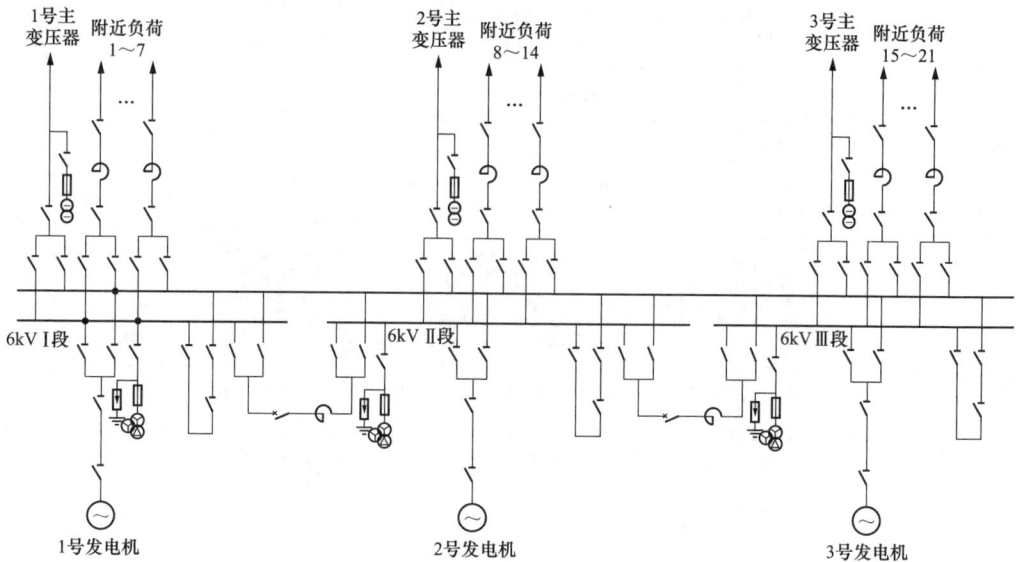

图 2-8　某热力发电厂发电机电压配电装置的双母线分段接线

内桥式接线的特点是连接桥断路器设在内侧，其他两台断路器接在线路上。内桥式接线在线路故障或切除、投入时不影响其余工作，并且操作简单；而在变压器故障或取出、投入时，使相应线路短路停电，且操作复杂。该接线适用于出线回路切换较频繁或者线路较长、故障率较高时。

外桥式接线的特点是连接桥断路器设在外侧，其他两台断路器接在变压器回路上。外桥式接线变压器操作简单，线路操作复杂。该接线适用于线路较短和变压器需要经常切换的情况。当电力系统有穿越功率通过桥式接线或者两回线路接入环形电网时，通常采用外桥式接线，而不采用内桥式接线。

图 2-9 为桥式接线实例，图中的 35kV 部分采用外桥式接线。QF5 为桥断路器，QF1 和 QF2 分别为变压器断路器。该接线方式在变压器故障时，可方便地通过跳开变压器断路器实现切换；但在线路故障时，须通过复杂倒闸操作过程，才可恢复变压器的供电。

6.3/2 断路器接线方式及 4/3 断路器接线

3/2 断路器接线又称一台半断路器接线，其每两回进出线和三台断路器交替设置构成一串，每串的两端分别接至一组母线，是大中型发电厂超高压配电装置广泛应用的一种接线方式，运行经验丰富。

3/2 断路器接线的优点：

（1）可靠性高。每一回路由两台断路器供电，发生母线故障时，只跳开与此母线相连的所有断路器，任何回路均不停电；任一台断路器检修时，任何回路均不停电；对于每一串内均有进出线时，两组母线同时故障或一组母线检修时另一组母线故障的极端情况，仍可继续运行；在故障与检修重合的情况下，停电回路不会多于两回。

（2）运行调度灵活。正常时两组母线和全部断路器都投入工作，形成多环形供电，运行调度灵活。

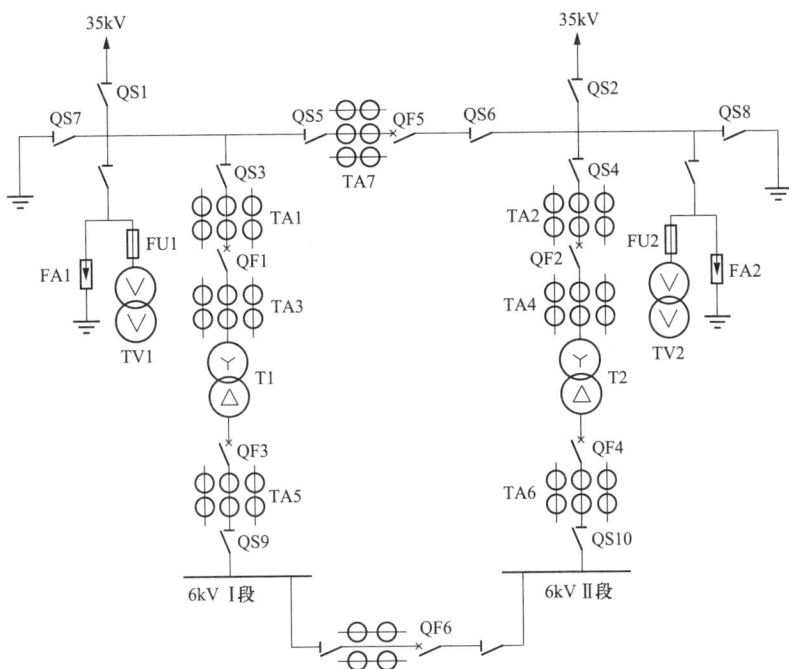

图 2-9　桥式接线实例

（3）操作检修方便。隔离开关仅在断路器检修时使用，避免了将隔离开关用作倒换操作。检修断路器时，不需要带旁路的倒换操作。检修母线时，回路不需要切换。

3/2 断路器接线的缺点：对于同样规模的高压配电装置，断路器数量多于其他接线形式，设备投资较高。

该接线的适用性：300～600MW 级机组的 220kV 配电装置，当采用双母线分段接线不能满足电力系统稳定性和地区供电可靠性要求时；具有重要地位的 330～750kV 配电装置，当进、出线回路数为 6 回及以上时；1000kV 配电装置的最终接线形式，当进、出线回路数为 5 回及以上时。

成串配置原则：

（1）进线与出线宜配对成串，同名回路宜配置在不同串内，以免当一串的中间断路器故障或一串中母线侧断路器检修时，串内另一侧回路故障，使该串中两个同名回路同时断开。

（2）发电厂建设初期，配电装置仅有两个串时，同名回路宜分别交替接入不同侧母线，即"交叉布置"。这种布置可避免当一串的中间断路器检修时，合并同名回路串的母线侧断路器故障，而将配置在同侧母线的同名回路同时断开，造成全厂（站）停电。

图 2-10 为某 4×660MW 发电厂高压配电装置 3/2 断路器接线，图中对断路器和隔离开关进行了编号。其中，有 3 回出线与 500kV 电力网系统相连；有两串分别连至 1 号厂用备用变压器和 2 号厂用备用变压器，为厂用电提供启动/备用电源。

4/3 断路器接线的一个串中有 4 台断路器接 3 个进、出线回路。与 3/2 断路器接线相比，断路器数量减少，投资节省，但可靠性有所降低，布置复杂，继电保护复杂。在一个串的 3 个回路中，电源与负荷的容量应相配，以提高供电的可靠性。当发电厂进、出线回路数量基本符合 2∶1 比例时，可将 2 个进线与 1 个出线回路组成 1 个串，采用 4/3 断路器接线。

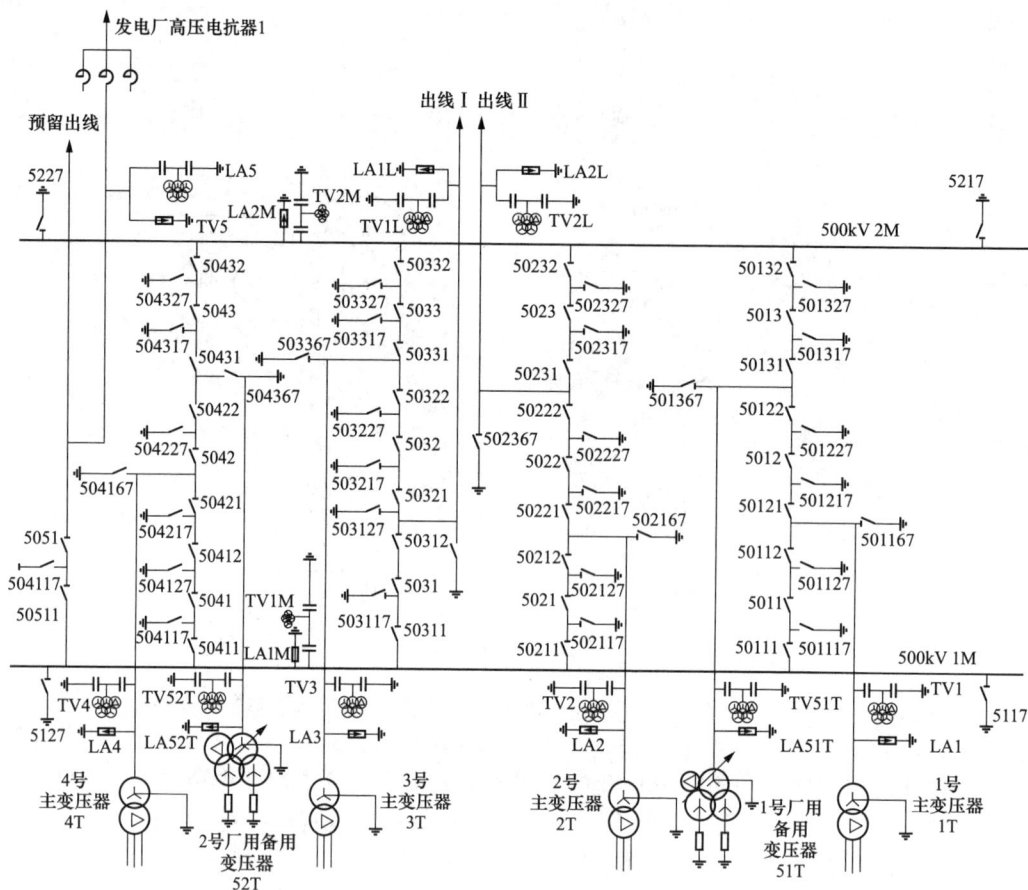

图 2-10　某 4×660MW 发电厂高压配电装置 3/2 断路器接线

2.4　大中型火力发电厂电气主接线的设计

大中型火力发电厂一般单台机组容量在 125MW 及以上。对于大中型火力发电厂，发电机与主变压器常采用简单可靠的单元接线方式，主要有发电机-变压器单元接线、扩大单元接线、联合单元接线和发电机-变压器-线路单元接线等；单元接线直接接入高压、超高压、特高压配电装置，与电力网系统相连。所以，大中型火力发电厂电气主接线的设计主要包括发电机组主接线的设计、高压配电装置主接线的设计、厂用电主接线的设计。大中型火力发电厂电气主接线的设计必须满足 GB 50660—2011《大中型火力发电厂设计规范》。

2.4.1　发电机组主接线的设计

（1）发电机组主接线的设计应符合下列规定：

1）应根据电力系统性质、系统规划、容量、环境条件和电厂的安全可靠、运行灵活、经济合理及操作维修方便等要求，合理选择方案。

2）应根据发电厂在系统中所处的地位、规划容量、工程特点及所采用的设备条件，做到远、近期结合，应以近期为主，并应适当留有扩建的条件。

3）当发电厂初期建设机组在两台及以下，出线回路数少时，宜简化电气主接线，并应采取便于扩建改造、减少停电损失的过渡措施。

4）应与高压厂用备用或启动/备用电源引接方案统筹设计。

（2）当配电装置不再扩建，能满足发电厂运行要求，且电网对发电厂主接线没有特殊要求时，宜简化接线形式，可采用发电机-变压器-线路组接线、桥式接线或角形接线。

（3）当机组容量相对较小，与电力系统不匹配，且技术经济合理时，可将两台发电机与一台双绕组变压器或分裂绕组变压器作扩大单元连接，也可将两组发电机-双绕组变压器组共用一台高压侧断路器作联合单元连接。并在下述情况下，在发电机与主变压器之间应装设发电机断路器或负荷开关：

1）125MW 级的发电机与三绕组变压器或自耦变压器为单元接线时；

2）125～300MW 级的发电机与双绕组变压器为单元接线时；

3）600MW 级及以上机组，根据工程具体情况，经技术经济论证合理时。

（4）200MW 级及以上发电机的引出线及其分支线应采用全连式离相封闭母线。

2.4.2　高压配电装置主接线的设计

配电装置是指由开关电器、母线、保护和测量设备以及必要的辅助设备和建筑物组成的整体。发电厂主系统的配电装置主要有发电机电压配电装置和高压配电装置。发电机电压配电装置一般布置在室内，是连接发电机与发电厂主变压器之间的配电装置。发电厂的高压配电装置一般为室外配电装置，是连接发电厂主变压器与外电力网系统的配电装置，实现发电厂电能向外上网配送。

（1）35～220kV 配电装置的接线方式应符合表 2-1 的规定。

表 2-1　　　　　　　　　　　**35～220kV 配电装置的接线方式**

类　别	接线方式规定	备注
一般规定	宜采用双母线接线或双母线分段接线	发电机-变压器组的高压侧断路器不宜接入
300～600MW 级机组的 220kV 配电装置	可采用 3/2 断路器接线	
35～66kV 配电装置	采用单母线分段接线且断路器无条件停电检修时，可设置不带专用旁路断路器的旁路母线	

（2）330～500kV 配电装置的接线方式应符合表 2-2 的规定。

表 2-2　　　　　　　　　　　**330～500kV 配电装置的接线方式**

条　件	接线方式规定
进出线回路数为 6 回及以上	宜用 3/2 断路器接线，电源线宜与负荷线配对成串，同名回路宜配置在不同串内
进出线回路数少于 6 回	可采用双母线接线，电源线与负荷线宜均匀配置于各段母线上
初期进出线回路数为 4 回时	采用四角形接线，进、出线应装设隔离开关

（3）500～750kV 配电装置的接线方式，初期建设可采用发电机-变压器-高压断路器组、线路侧不设断路器的单母线接线。扩建或远期可采用 3/2 断路器接线或 4/3 断路器接线。

（4）采用单母线或双母线接线的配电装置，当采用气体绝缘金属封闭开关设备（GIS）时，不应设置旁路设施，当断路器为六氟化硫型时，不宜设置旁路设施。

（5）不应装设隔离开关的情况：330kV 及以上电压等级的进、出线和母线上装设的避雷器及进、出线电压互感器；110～220kV 线路上的电压互感器与耦合电容器；变压器中性点避雷器。

（6）不宜装设隔离开关的情况：母线电压互感器；220kV 及以下线路避雷器以及接于发电机与变压器引出线的避雷器；330kV 及以上电压等级的线路并联电抗器回路。

（7）330kV 及以上电压等级的母线并联电抗器回路应装设断路器和隔离开关。

2.4.3　厂用电主接线的设计

发电厂电能生产设备的动力来源是厂用电系统。厂用电的主接线不仅要保证发电机组的正常运行，还要能够可靠启动，并在系统故障时能安全停机；必须满足不同负荷的用电要求。发电厂的负荷按照安全性和重要性分为 0 类负荷和非 0 类负荷。0 类负荷又包含 0Ⅰ类（交流不间断）负荷、0Ⅱ类（直流保安）负荷、0Ⅲ类（交流保安）负荷；非 0 类负荷又包含Ⅰ类负荷、Ⅱ类负荷、Ⅲ类负荷。

发电厂厂用电的设计实质上是发电厂自用电设计，属于供配电设计的内容。厂用电系统主接线设计的内容主要是厂用电压等级的确定、厂用工作电源的设计、启动/备用电源的设计、事故保安电源的设计等。发电厂负荷有高压负荷与低压负荷，火力发电厂电气主接线的设计又包括高压厂用部分的设计和低压厂用部分的设计。

1. 厂用电压等级的确定

大中型火力发电厂的厂用电压等级选择除应符合 GB/T 156—2017《标准电压》的有关规定外，还应符合 GB 50660—2011《大中型火力发电厂设计规范》的要求。高压厂用电压等级由发电机的容量和电压决定，见表 2-3，主厂房内的低压厂用电系统宜采用动力与照明分开供电的方式。

表 2-3　　　　　　　　　　　　　　　厂用电压等级

类　别		电压等级
高压	25～300MW 级的机组	宜采用 6kV 一级
	600MW 级及以上的机组	采用 6kV 一级、10kV 一级或 6kV、10kV 两级
低压	200MW 级及以上的机组动力负荷	宜采用 380V、380/220V
	照明负荷	宜采用 380/220V

2. 厂用工作电源的设计

厂用工作电源是保证发电机组系统正常运行的基本电源。

（1）高压厂用工作电源。高压厂用工作电源（变压器或电抗器）应由发电机电压回路引接，并满足发电机供给机、炉、电的厂用负荷。高压厂用工作电源引接见表 2-4。

表 2-4	高压厂用工作电源引接
发电机出线形式	引接方式
有发电机电压母线	由各段母线引接，供给接在该母线段的机组的厂用负荷
发电机与主变压器为单元接线	从主变压器低压侧引接
发电机装设有出口断路器的单元接线	一般从出口断路器与主变压器之间引接

（2）低压厂用工作电源。低压厂用变压器一般由高压厂用母线段引接；当无高压厂用母线段时，可从发电机电压主母线或发电机出口引接。按机或炉分段的低压厂用母线，其工作变压器应由对应的高压厂用母线段供电。

（3）厂用母线接线。高压厂用母线应采用单母线接线。每台锅炉每一级高压厂用电压不应少于两段母线。高压厂用母线的设置原则如下：

1）单机容量为 125～250MW 级的机组，每台机组可由两段母线供电，并将双套辅机的电动机分接在两段母线上，两段母线可由一台变压器供电。

2）单机容量为 300W 级及以上的机组，每台机组应按需设置成对的母线，并将双套辅机的电动机分接在成对的母线上，每段母线宜由一台变压器供电；当成对设置母线使变压器容量选择有困难时，可以增加母线的段数，或合理采用明备用方式。

低压厂用母线也应采用单母线接线，并按如下方式设置段数：

1）锅炉容量为 410～1000t/h 时，每台锅炉应至少设置两段母线供电，双套辅机的电动机应分接于两段母线上，两段母线可由一台变压器供电。

2）锅炉容量为 1000t/h 级及以上时，每台锅炉应设置两段及以上母线，每段母线可由一台或两台变压器供电。

公用负荷母线的设置原则如下：

1）厂区公用负荷较多、容量较大、负荷集中时，宜设置高压公用负荷母线，全厂高压公用负荷母线不应少于两段，并由两台机组的高压母线供电或由单独的厂用变压器（如启动/备用变压器）供电。

2）当全厂仅设一台高压厂用备用（兼公用）变压器时，高压公用负荷的备用电源只能借助高压厂用工作变压器的手动切换或另加专门的切换装置，实现备用。公用母线段的电源引接及接线方式如图 2-11 所示。

3. 启动/备用电源的设计

备用电源用于工作电源事故、检修、不可用等条件下代替工作电源，起后备作用。启动电源在机组启动或停用过程中，工作电源不可用条件下，为机组负荷提供电源，启动电源是一种备用电源。

图 2-11　公用母线段的电源引接及接线方式

（1）高压启动/备用电源。大中型火力发电厂高压厂用备用或启动/备用电源可采用下列引接方式：

1）由高压母线中电源可靠的最低一级电压母线或由联络变压器的第三（低压）绕组引

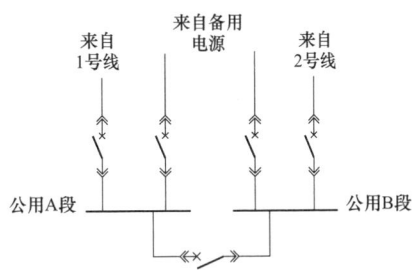

接，并应保证在全厂停"机"的情况下，能从外部电力系统取得足够的电源，包括三绕组变压器的中压侧从高压侧取得电源。

2）当装设发电机断路器且机组台数为两台及以上、出线回路为两回及以上时，还可由一台机组的高压厂用工作变压器低压侧的厂用工作母线，引接另一台机组的高压事故停机电源。

3）当技术经济合理时，可由外部电网引接专用线路供电。

4）当全厂有两个及以上高压厂用备用或启动/备用电源时，宜引自两个相对独立的电源。

大中型火力发电厂高压厂用备用电源或启动/备用电源的容量与装设发电机断路器和负荷开关情况有关，具体如下：

1）未装设发电机断路器或负荷开关时，应符合下列规定：当设置专用的高压启动/备用变压器时，其容量宜与最大一台（组）高压厂用工作变压器的容量相同；当启动/备用变压器带有公用负荷时，其容量还应满足作为最大一台（组）高压厂用工作变压器备用的要求。

2）容量为 600~1000MW 级的机组，当装设发电机断路器或负荷开关时，应符合下列规定：若设置高压厂用备用变压器，则高压厂用备用变压器应兼有停机功能，其容量宜按最大单台高压厂用变压器容量的 100% 设置；若不设置高压厂用备用变压器，则应设置高压停机电源，同时可根据需要，再设置一台不接线的高压厂用工作变压器作为检修备用。高压停机电源的容量应满足机组事故停机的需求，机组事故停机的容量应按工程具体情况核定。

大中型火力发电厂高压厂用备用或启动/备用变压器的台数配置也与装设发电机断路器和负荷开关情况有关，具体如下：

1）当未装设发电机断路器或负荷开关时，125MW 级的机组，全厂应设置一台；200~300MW 级的机组，每两台机组可设置一台；600MW 级及以上的机组，每两台机组可设置一台或两台。

2）600MW 级及以上的机组，当装设发电机断路器或负荷开关时，应符合下列规定：当从厂内高压配电装置母线引接机组的高压厂用备用电源，并可使用同容量高压厂用备用电源的四台及以下机组时，可设置一台；可使用同容量高压厂用备用电源的五台及以上机组时，除设置一台高压厂用备用变压器外，还可再设置一台不接线的高压厂用工作变压器；当从另一台机组的高压厂用工作变压器低压侧的厂用工作母线引接本机组的高压停机电源，机组之间对应的高压厂用母线设置联络，互为事故停机电源时，则可不设置专用的高压厂用备用变压器。

（2）低压启动/备用电源。

1）当低压厂用备用电源采用专用备用变压器时，125MW 级的机组，低压厂用工作变压器的数量在八台及以上，可增设第二台低压厂用备用变压器；200MW 级的机组，每两台机组宜设置一台低压厂用备用变压器；300MW 级及以上的机组宜按机组设置低压厂用备用变压器。

2）当低压厂用变压器成对设置时，互为备用的负荷应分别由两台变压器供电，两台互为备用的变压器之间不应装设备用电源自动投入装置。远离主厂房的负荷宜采用邻近两台变压器互为备用的方式。

3）低压厂用备用变压器不宜与需要由其自动投入的低压工作变压器接在同一高压母线上。

4）专用备用的低压厂用备用变压器容量应与最大一台低压厂用工作变压器的容量相同。

（3）启动/备用电源与工作母线连接。启动/备用电源与工作母线的连接形式有：

1）一个备用电源与厂用工作母线段连接。全厂只有一个高压或低压厂用备用或启动/备用电源时，与各厂用工作母线段的连接方式宜采用分组连接的方式，如图 2-12 所示。每组连接的母线段可为 2～4 段，在备用或启动/备用变压器低压侧的总出口处，宜装设隔离开关（刀开关），以便该电源故障或检修时，各母线段可相互备用。

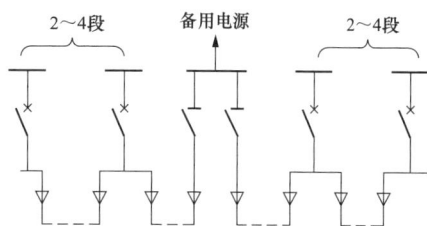

图 2-12　一个备用电源与厂用工作母线段连接

2）两个备用电源与厂用工作母线段连接。单机容量在 200MW 及以下的火力发电厂，当全厂设有两个高压（或低压）备用电源，而且其容量及短路水平相近时，与各厂用工作母线段连接，如图 2-13 所示。正常情况下，两个备用电源分别匹配一个独立的厂用系统，互不连接。当一个备用电源检修时，可由另一个备用电源作为全厂备用。对于高压备用电源，尚应考虑在一个备用电源带了一段母线后，通过切换操作，其他母线段有可能由另一备用电源供电。

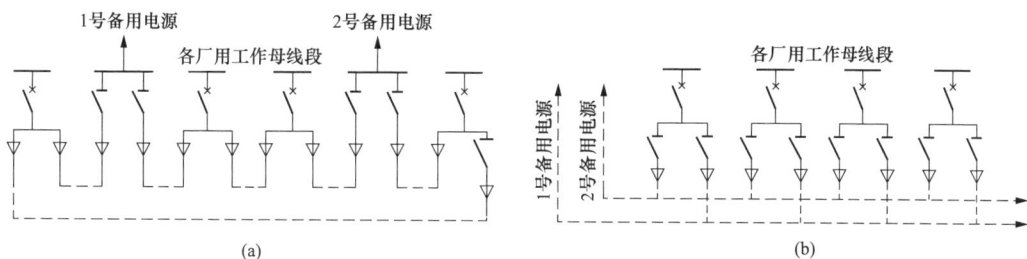

图 2-13　两个备用电源与厂用工作母线段连接
（a）环形连接；（b）双母连接

当中、小容量机组的发电厂扩建大容量机组时，高压备用电源的容量及短路水平相差较大，两个高压备用电源一般不考虑互为备用。全厂安装两台低压备用变压器时，两台变压器分别作为几台工作变压器的备用电源，并在其间设联络电缆。

3）双绕组备用变压器与厂用工作母线段连接。一台双绕组备用变压器二次侧引出两个分支，每个分支各作为一台或数台机组的备用电源，如图 2-14 所示。

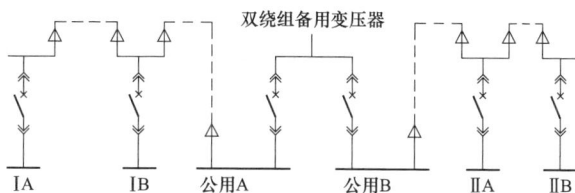

图 2-14　双绕组备用变压器与厂用工作母线段连接

4) 分裂绕组备用变压器与厂用工作母线段连接。一台分裂绕组备用变压器二次侧的一个分支，作为各机组 A 段高压厂用母线的备用电源，而另一分支作为相应机组 B 段高压厂用母线备用电源，如图 2-15 所示。

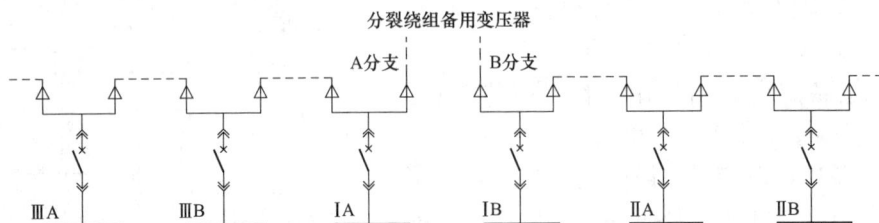

图 2-15　分裂绕组备用变压器与厂用工作母线段连接

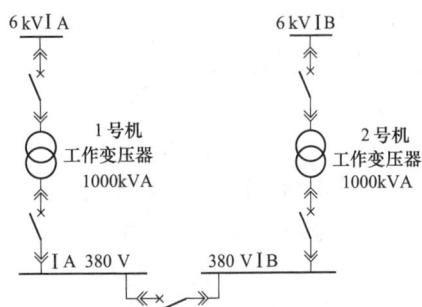

图 2-16　两台工作变压器互为备用连接

5) 两台工作变压器互为备用连接。200MW 及以上大容量机组的低压厂用电系统，采用两台变压器互为备用的方式时，每台变压器对应一段母线，两母线段设联络开关。联络开关不设自动投入装置，以免当一母线段发生永久性故障时投入，继电保护误动作或联络开关拒动，造成事故范围扩大。远离主厂房的 Ⅱ 类负荷，也宜采用由邻近的两台变压器互为备用的连接方式，如图2-16 所示。

4. 事故保安电源的设计

在厂用工作电源和备用电源都消失时，为保证在严重事故状态下能安全停机，事故后又能及时恢复供电，设置事故保安电源，以保证事故负荷，如润滑油泵、热工仪表及自动装置、计算机等的连续供电。事故保安电源必须独立可靠，通常采用自启动的柴油发电机组、蓄电池组以及不间断电源。

(1) 交流保安电源。对于大中型火力发电厂，200MW 级及以上的机组应设置交流保安电源；200～300MW 级的机组宜按机组设置交流保安电源；600～1000MW 级的机组应按机组设置交流保安电源。交流保安电源应采用快速启动的柴油发电机组。

(2) 蓄电池组的设计。火力发电厂内应装设向直流控制负荷和动力负荷供电的蓄电池组。与电力系统连接的火力发电厂选择蓄电池组容量时，厂用交流电源事故停电时间应按 1h 计算；不与电力系统连接的孤立火力发电厂，厂用交流电源事故停电时间应按 2h 计算。蓄电池配置应符合表 2-5 的规定。

表 2-5　　　　　　　　　　　　　　　　蓄电池配置

发电厂容量	配 置 规 定
200MW 级及以下机组	每台机组宜装设 2 组对动力负荷和控制负荷合并供电的蓄电池
300MW 级机组	每台机组宜装设 3 组蓄电池，其中 2 组对控制负荷供电，1 组对动力负荷供电；或每台机组装设 2 组蓄电池
600MW 级及以上机组	每台机组应装设 3 组蓄电池，其中 2 组对控制负荷供电，1 组对动力负荷供电

火力发电厂的直流系统宜采用单母线或单母线分段接线方式。2 组蓄电池宜采用两段单母线接线，每组蓄电池和相应的充电装置应接在同一母线上，公用备用的充电装置应能切换到相应的两段母线上。蓄电池和充电装置均应经隔离和保护电器接入直流母线。

除有特殊要求外，火力发电厂的直流系统应采用不接地方式。

（3）交流不间断电源。单机容量为 600MW 级及以上机组，每台机组宜配置两台交流不间断电源装置；容量为 300MW 级及以下机组，当计算机控制系统仅需一路不间断电源时，每台机组可配置一台交流不间断电源装置。

对于网络继电器室和远离主厂房的辅助车间，当需要向交流不间断负荷供电时，可分区设置独立的交流不间断电源装置，也可与就地直流系统合并设置交直流电源成套装置。

单元机组的交流不间断电源装置宜由一路交流主电源、一路交流旁路电源和一路直流电源供电。交流主电源和交流旁路电源应由不同厂用母线段引接。对于设置有交流保安电源的机组，交流主电源宜由保安电源引接。直流电源可由机组的直流动力电源引接或独立设置蓄电池组供电。

交流不间断电源主母线应采用单母线或单母线分段接线方式。当有冗余供电或互为备用的不间断负荷时，交流不间断电源主母线宜采用单母线分段，双重化的交流不间断电源装置和负荷应分别接到不同的母线段上。

（4）事故保安电源举例。图 2-17 是交流事故保安电源系统接线的一种方案。每台机组

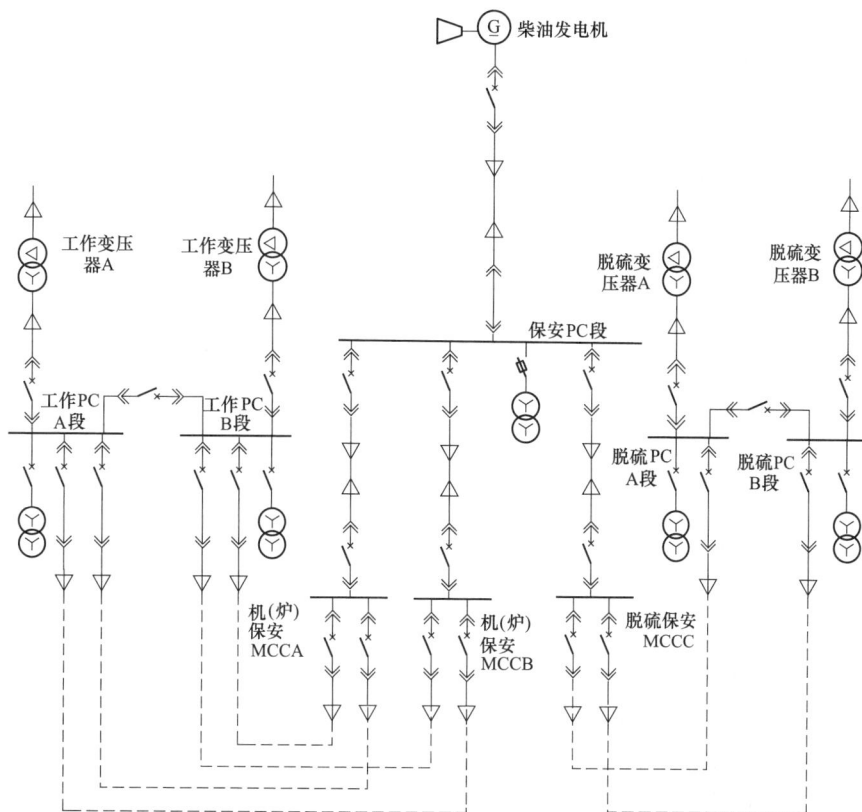

图 2-17　交流事故保安电源系统接线

主厂房设置一套柴油发电机组、一段保安 PC（power center，动力中心）、若干段保安 MCC（motor control center，电动机控制中心）。每段保安 PC 设一路进线，来自柴油发电机组。正常运行时，保安 PC 不带电。每台机组主厂房设置两段汽轮机保安 MCC、两段锅炉保安 MCC，保安 MCC 设三路进线，两路工作电源来自机组厂用 PC，一路交流保安电源来自保安 PC；每台机组设置一段脱硫保安 MCC，脱硫保安 MCC 设三路进线，两路工作电源来自脱硫 PC，一路交流保安电源来自保安 PC。

保安 MCC 两回工作电源均失电后，经延时确认自动启动柴油发电机组，当转速和电压达到额定值时，柴油发电机组出口断路器自动合闸，保安 PC 及保安 MCC 由柴油发电机组供电。

5. 低压检修供电网络的设计

火力发电厂应设置固定的交流低压检修供电网络，并应在各检修现场装设检修电源箱，供电焊机、电动工具和试验设备等使用。检修电源的容量一般按电焊机的容量选择。检修网络宜采用单电源分组连接的供电接线，其接线原则如下：

（1）在主厂房内，宜从对应的动力中心引接。当 380V 厂用电为三相三线制时，可在检修配电箱内装设 380/220V 变压器，用于供给 220V 检修用电。

（2）单机容量为 300MW 级及以上的机组，可设置专用的检修变压器，其低压侧中性点直接接地。

（3）主厂房以外的检修配电箱，宜从就近的动力中心或电动机控制中心引接。

（4）在主厂房内的检修配电箱中，其回路数应不少于 4 回。

6. 大中型火力发电厂厂用电接线实例

图 2-18 与图 2-19 是某 300MW 火力发电厂厂用电高压 6.3kV 部分电气主接线图。该火力发电厂有两台 300MW 火力发电机组，各机组的厂用电系统是独立的，一台机组故障或停用，不会影响另一台机组的运行。图 2-18 为 1 号发电机组的厂用电 6kV ⅠA 段及ⅠB 段接线。图 2-19 为 2 号发电机组的厂用电 6kV ⅡA 段及ⅡB 段接线。300MW 火力发电机组高压厂用电采用不设公用负荷母线的接线方案，全厂公用负荷输煤、除灰、化水等设备分别接在各机组母线的 A、B 段上。此接线方案由于不设公用负荷母线，投资省、供电可靠性高。为了避免某一机组停机时，公用负荷供电的中断，系统设有后备变压器，作为公用负荷的备用电源。后备变压器的电源取自独立的 10kV 系统母线。

2.4.4 大中型火力发电厂电气主接线设计实例

图 2-20 为某 4×330MW 发电厂的电气主接线。1、3、4 号发电机分别与其对应的双绕组变压器构成单元接线，发电机和变压器之间采用离相封闭母线连接。系统可靠性高，接线形式简单、设备少、操作简便，继电保护简单，发生短路故障的概率降低。发电机电压为 20kV，经主变压器升压为 220kV。1、3、4 号发电机与其对应的主变压器（主变压器 1、3、4）连接至 220kV 高压配电单元；220kV 高压配电单元采用双母线接线；电能通过两回馈线送入电力网。外电力网可以通过主变压器 1 向发电厂提供启动电源。

图 2-20 中，2 号发电机、主变压器 2 及馈电构成了发电机-变压器-线路单元接线方式；其电能送入外电力网系统。通过主变压器 2，可以由外电力网向发电厂提供启动电源，并且与主变压器 1 提供的启动电源进行切换和备用。图中未标出的设备型号与具有一致功能部分相同。

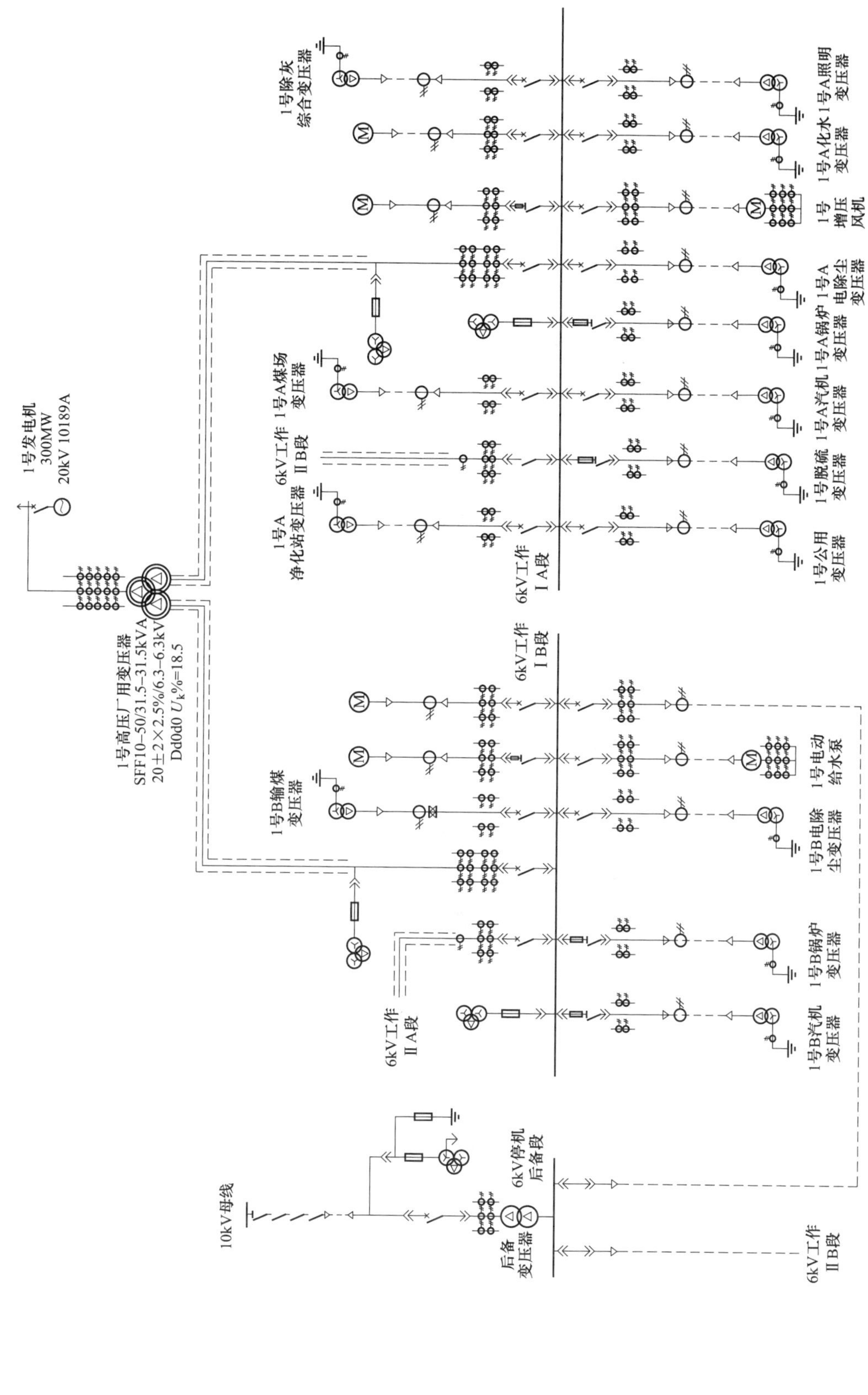

图 2-18　厂用电 6kV ⅠA 段及 ⅠB 段接线

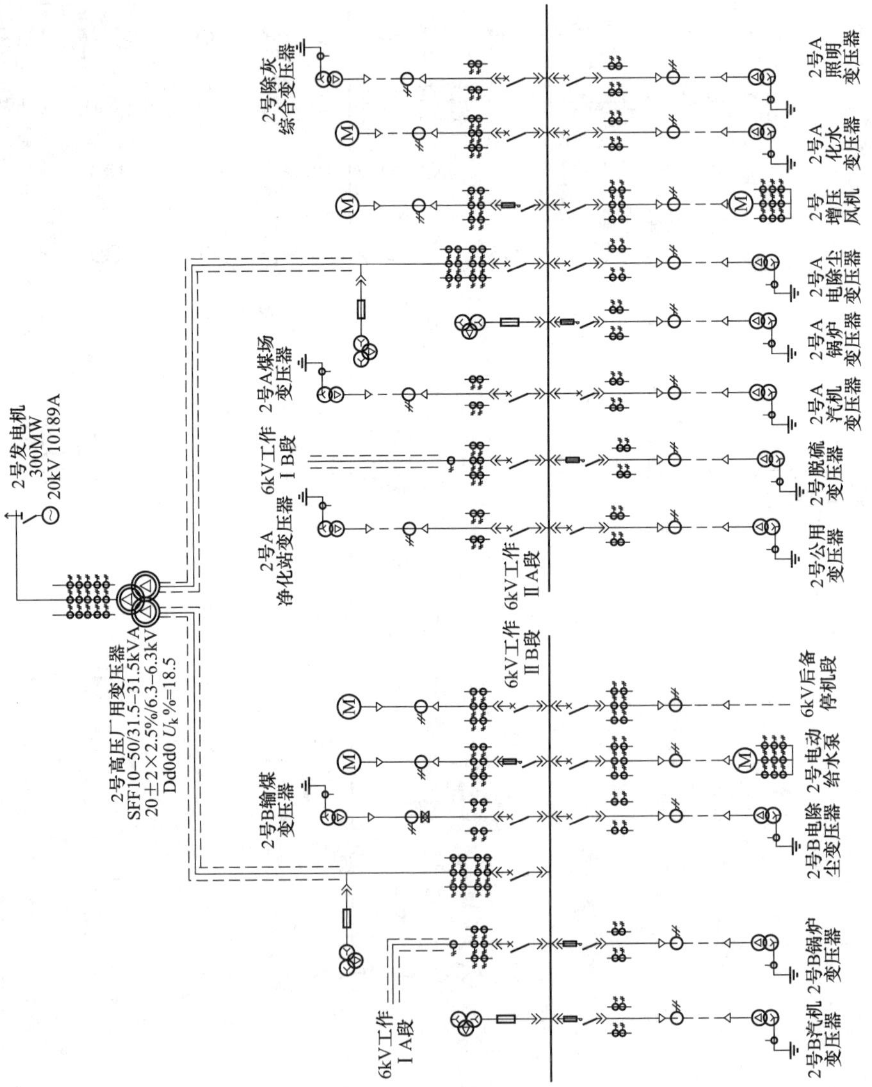

图 2-19　厂用电 6kV ⅡA 段及ⅡB 段接线

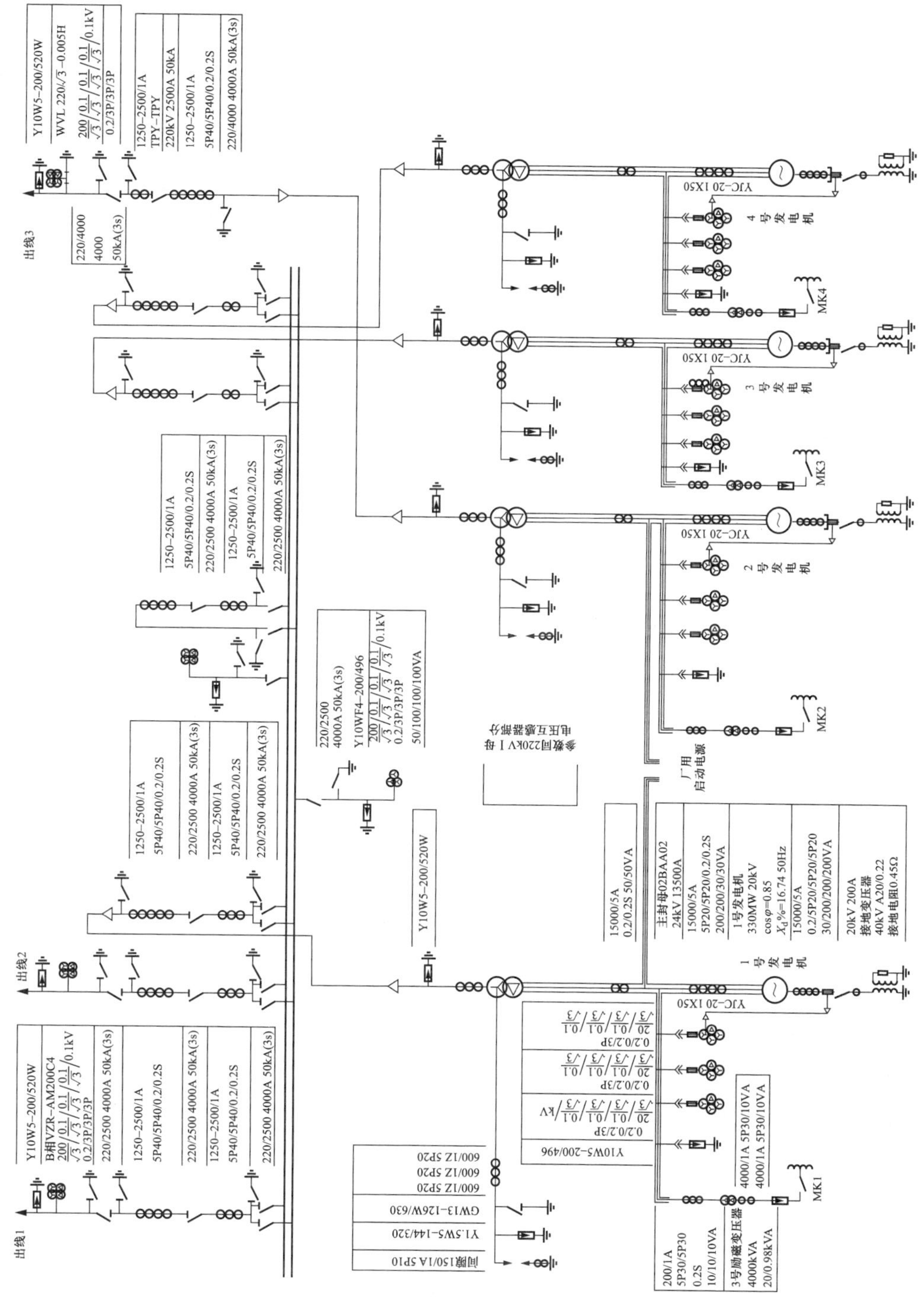

图 2-20　某 4×330MW 发电厂的电气主接线

2.5　小型火力发电厂电气主接线的设计

小型火力发电厂指高温高压及以下参数、单机容量小于 125MW、采用直接燃烧方式、主要燃用固体化石燃料的火力发电厂。小型火力发电厂一般建在工业企业或城镇附近，除少数为凝汽式发电厂外，多数为热力发电厂，经常设有 6.3kV 或 10.5kV 发电机电压配电装置向附近供电。小型火力发电厂电气主接线的设计必须满足 GB 50049—2011《小型火力发电厂设计规范》。大型火力发电厂的部分接线形式也适用于小型火力发电厂的设计。

2.5.1　发电机组主接线的设计

按照 GB 50049—2011《小型火力发电厂设计规范》，小型火力发电厂发电机组部分主接线的设计应遵循如下原则：

（1）发电机的额定电压。

1）当有发电机电压直配线时，应根据地区电力网的需要采用 6.3kV 或 10.5kV。

2）50MW 级及以下发电机与变压器为单元接线且有厂用分支引出时，宜采用 6.3kV。

（2）发电机电压母线的接线方式。

1）每段上的发电机容量为 12MW 及以下时，宜采用单母线或单母线分段接线。

2）每段上的发电机容量为 12MW 以上时，可采用双母线或双母线分段接线。

（3）当发电机电压母线的短路电流超过所选择的开断设备允许值时，可在母线分段回路中安装电抗器。当仍不能满足要求时，可在发电机回路、主变压器回路、直配线上安装电抗器。

（4）100MW 发电机电压为 10.5kV，一般与变压器采用单元接线，但也可接至发电机电压母线。125MW 发电机组则与变压器采用单元接线。

（5）连接于 6.3kV 配电装置的发电机总容量不能超过 120MW，连接于 10.5kV 配电装置的发电机总容量不能超过 240MW，以免母线分段过多和短路电流太大。

2.5.2　配电装置主接线的设计

小型火力发电厂配电装置的设计包括发电机电压配电装置和高压配电装置的设计。

（1）35～220kV 配电装置接线方式的确定。当配电装置在地区电力系统中居重要地位，负荷大，潮流变化大，且出线回路数较多时，宜采用双母线接线。采用单母线或双母线接线的 66～220kV 配电装置，当断路器为六氟化硫型时，不宜设置旁路设施；当配电装置采用气体绝缘金属封闭开关设备时，不应设置旁路设施。

（2）当 35～66kV 配电装置采用单母线分段接线且断路器无停电检修条件时，可设置不带专用旁路断路器的旁路母线；当采用双母线接线时，不宜设置旁路母线，有条件时可设置旁路隔离开关。

（3）发电机-变压器组的高压侧断路器不宜接入旁路母线。

（4）发电机中性点的接地方式可采用不接地方式、经消弧线圈或高电阻接地的方式。

2.5.3　厂用电主接线的设计

1. 厂用电压等级的确定

小型火力发电厂电压的确定与发电机的容量和电压有关。当机组单机容量为 50～60MW 级，发电机电压为 10.5kV 时，高压厂用电压可采用 3kV 或 10kV；发电机电压为 6.3kV 时，高压厂用电压可采用 6kV。

火力发电厂一般采用 380V、380/220V 作为低压厂用电系统的标称电压。

2. 厂用工作电源的设计

（1）高压厂用工作电源。小型火力发电厂高压工作电源的设计与大中型火力发电厂类同，一般考虑以下内容：

1）当有发电机电压母线时，由各段母线引接，供给接在该段母线上的机组厂用负荷。

2）当发电机与变压器为单元接线时，应从主变压器低压侧引接，供给该机组的厂用负荷。

3）当发电机与主变压器为单元接线时，其厂用分支线上宜装设断路器。当无开断短路电流的断路器时，可采用能够满足动稳定要求的断路器，也可采用能满足动稳定要求的隔离开关或连接片等。

（2）低压厂用工作电源。小型火力发电厂低压电源设置类同大中型火力发电厂。低压厂用变压器电源由高压厂用母线段引接。当无高压厂用母线段时，可从发电机电压主母线或发电机出口引接。按机或炉分段的低压厂用母线，其工作变压器应由对应的高压厂用母线段供电。

（3）厂用母线接线。火力发电厂高压厂用母线应采用单母线接线。在确定每台机组高压厂用母线的段数时，应考虑母线额定电流、短路电流水平、双辅机由不同的母线段供电等，主要原则如下：

1）高压厂用电系统应采用单母线接线。锅炉容量为 410t/h 级以下时，每台锅炉可由一段母线供电；锅炉容量为 410t/h 级时，每台锅炉每一级高压厂用电压不应少于两段母线。

2）低压厂用母线也应采用单母线接线。锅炉容量为 220t/h 级，且在母线上接有机炉的 I 类负荷时，宜按炉或机对应分段；锅炉容量为 410t/h 级时，每台锅炉可由两段母线供电。

3）机组单机容量为 50～60MW 级，且在低压厂用母线上接有机炉的 I 类负荷时，宜按炉或机对应分段，且低压用电与高压厂用电分段一致。

3. 启动/备用电源的设计

（1）设置原则。小型火力发电厂厂用备用电源的设置应符合下列规定：

1）接有 I 类负荷的高压和低压厂用母线应设置备用电源，并应装设备用电源自动投入装置。

2）接有Ⅱ类负荷的低压厂用母线应设置手动切换的备用电源。

3）只有Ⅲ类负荷的低压厂用母线可不设备用电源。

（2）引接方式类同大中型火力发电厂。

（3）启动/备用变压器容量。高压厂用备用变压器（电抗器）或启动/备用变压器的容量不应小于最大一台（组）高压厂用工作变压器（电抗器）的容量。低压厂用备用变压器的容量应与最大的一台低压厂用工作变压器的容量相同。

（4）举例。图 2-21 是某小型火力发电厂启动/备用电源接线。该发电厂只有一级 110kV 的升高电压母线，启动/备用变压器连接到有双母线接线方式的 110kV 母线，并由此以附近的电网作为启动/备用电源；系统设有专用的启动/备用变压器和高压 6kV 备用母线段。备用母线与厂用工作母线联络，提供备用电源。

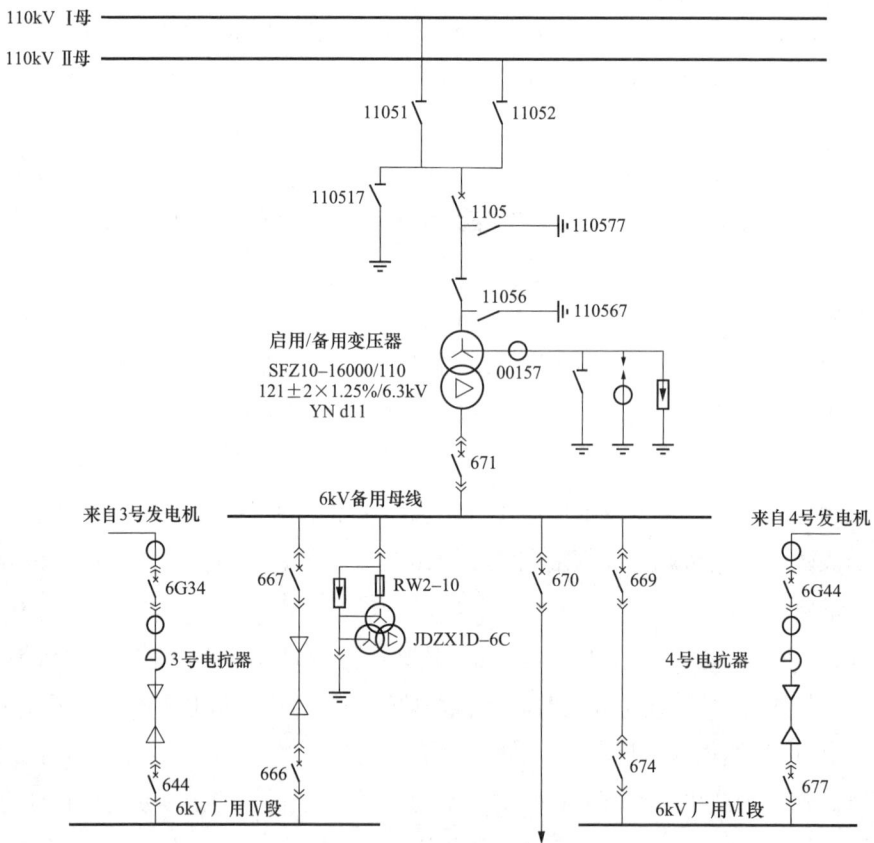

图 2-21　某小型火力发电厂启动/备用电源接线

4. 事故保安电源的设计

小型火力发电厂内应装设蓄电池组，向机组的控制、信号、继电保护、自动装置等负荷（以下简称控制负荷）和直流油泵、交流不间断电源装置、断路器合闸机构及直流事故照明负荷等（以下简称动力负荷）供电。

蓄电池组数的一般要求为：当单机容量在 50MW 级及以上时，每台机组可装设 1 组蓄电池；当机组总容量为 100MW 及以上时，宜装设 2 组蓄电池；当机组总容量小于 100MW 时，可装设 1 组蓄电池。

直流系统采用对控制负荷与动力负荷合并供电的方式，直流系统的标称电压为 220V。直流母线电压应符合下列规定：

1）正常运行时，直流母线电压应为直流系统标称电压的 105%。

2）均衡充电时，直流母线电压应不高于直流系统标称电压的 110%。

3）事故放电时，直流母线电压宜不低于直流系统标称电压的 87.5%。

发电厂蓄电池组负荷统计应符合下列规定：当装设 2 组蓄电池时，对于控制负荷，每组应按全部负荷统计；对于事故照明负荷，每组应按全部负荷的 60% 统计；对于动力负荷，宜平均分配在 2 组蓄电池上，每组可按所连接的负荷统计。

选择蓄电池组容量时，与电力系统连接的发电厂，厂用交流电源事故停电时间应按 1h 计算；不与电力系统连接的孤立发电厂，厂用交流电源事故停电时间应按 2h 计算；交流不间断电源用的计算时间可按 0.5h 计算。

当采用计算机监控时，应设置交流不间断电源。交流不间断电源应采用在线式。交流不间断电源装置旁路开关的切换时间不应大于 5ms；交流厂用电消失时，交流不间断电源满负荷供电时间不应小于 0.5h。

5. 小型火力发电厂厂用电实例

图 2-22 是某小型火力发电厂Ⅱ期厂用电部分主接线。火力发电厂Ⅱ期有两台 50MW 发电机组，即 3 号机组和 4 号机组。该厂用电系统高压采用 6kV；低压采用 380/220V 中性点直接接地的动力与照明负荷合并供电；辅机设备容量在 200kW 及以上的采用 6kV 电压供电，容量在 200kW 以下的设备采用 0.4kV 电压供电。

高压厂用工作电源由发电机出口引接，经限流电抗器后用电缆引至 6kV 高压厂用段，即 6kV 母线Ⅳ段和 6kV 母线Ⅵ段；高压厂用电采用按锅炉分段的接线形式。3 号机组的高压工作母线为 6kV 母线Ⅳ段；6 号机组的高压工作母线为 6kV 母线Ⅵ段。电厂设一台启动/备用变压器，引自系统的 110kV，降压为 6kV，接至 6kV 厂用备用段，作为厂用 6kV 高压段的备用电源。

1、2 号低压厂用变压器及 1、2 号除尘变压器的电源分别引自高压厂用母线 6kV 母线Ⅳ段和 6kV 母线Ⅵ段。净水站变压器和化水变压器的电源引自 6kV 母线Ⅳ段；除渣变压器和污水站变压器的电源引自 6kV 母线Ⅵ段。

各机组低压负荷供电的母线（0.4kV 母线ⅣA 段、0.4kV 母线ⅣB 段、0.4kV 母线ⅥA 段、0.4kV 母线ⅥB 段）、0.4kV 化水段母线、0.4kV 除渣段母线均从 0.4kV 备用段获得备用电源。0.4kV 净水段母线和 0.4kV 污水段母线互为备用。0.4kV 除尘Ⅰ段母线和 0.4kV 除尘Ⅱ段母线互为备用。

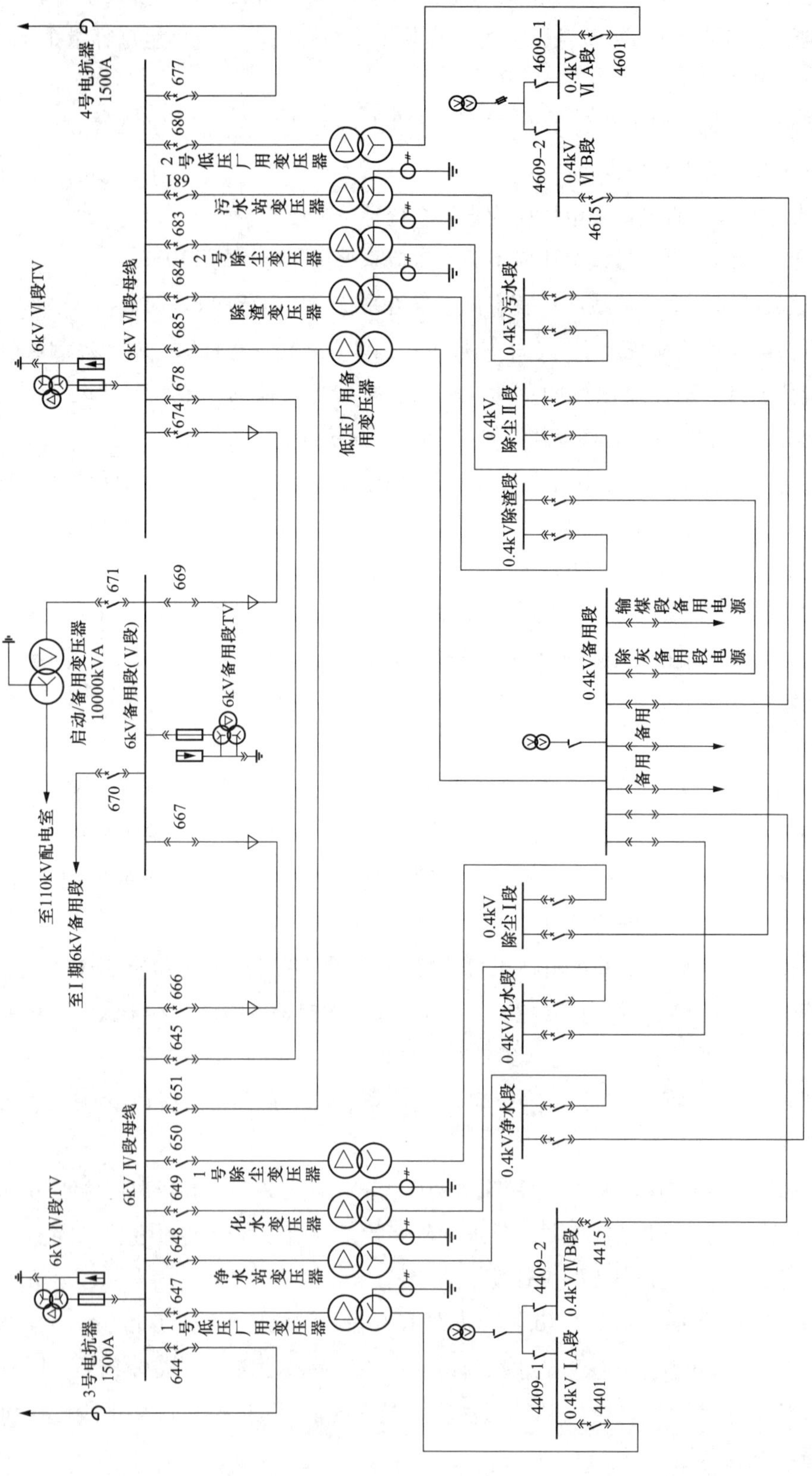

图 2-22　某小型火力发电厂Ⅱ期厂用电部分主接线

2.5.4　小型火力发电厂电气主接线设计示例

图 2-23 是某小型火力发电厂 I 期工程 2×15MW 机组电气主接线简图。

该 I 期工程以两炉两机方式运行。发电机与变压器采用单元接线方式，发电机出口电压为 6kV，经变压器升压后接入 110kV 母线。110kV 母线为双母线接线方式，110kV 系统采用 GIS 配电装置。高压厂用工作电源由发电机主回路经限流电抗器引接。发电机至 110kV 升压变压器（即 1、2 号主变压器）的引线采用封闭母线。110kV 配电装置采用室内配电装置。

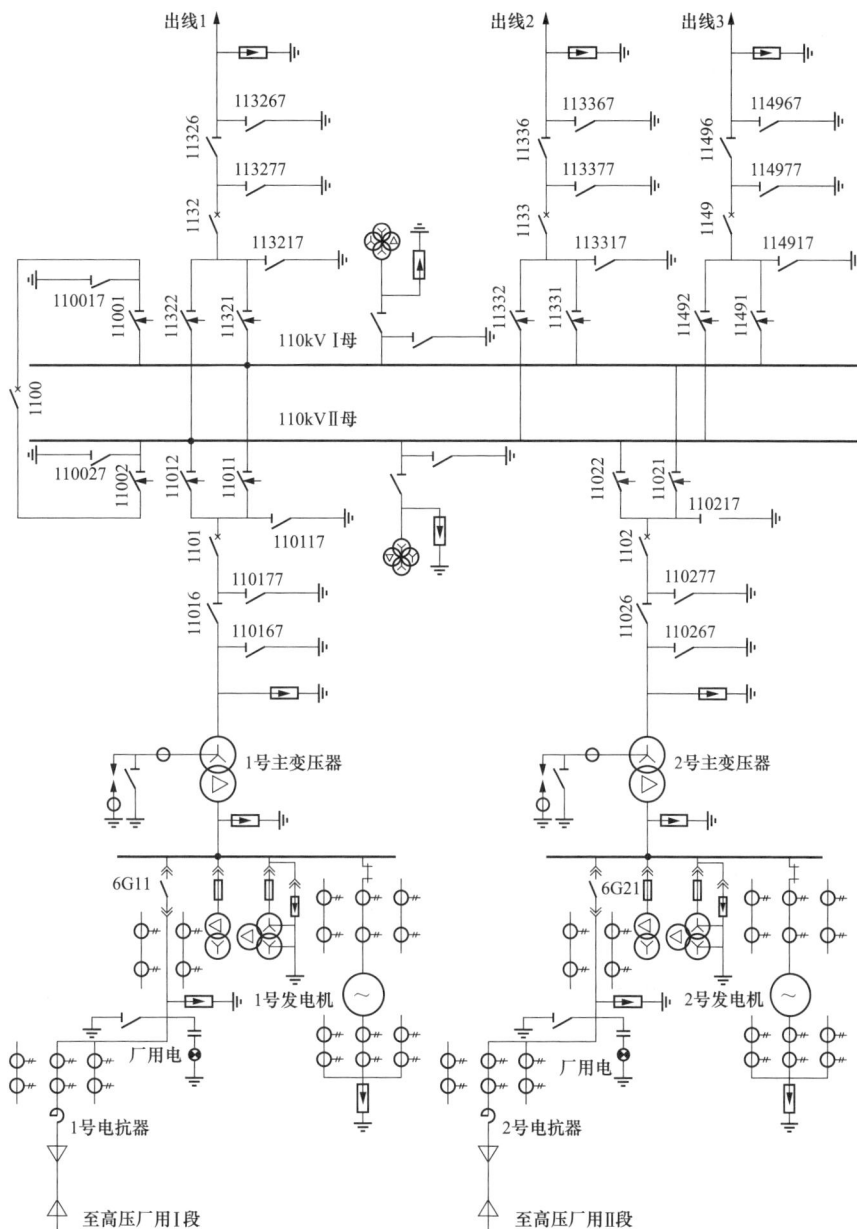

图 2-23　某小型火力发电厂 I 期工程 2×15MW 机组电气主接线简图

2.6　站用电的设计及中性点接地方式的选择

2.6.1　站用电的设计

站用电的设计遵循 DL/T 5155—2016《220kV～1000kV 变电站站用电设计技术规程》。

1. 站用电负荷及接线要求

（1）站用电负荷及供电。变电站设备用电统称为站用电。站用电负荷分为三类，即Ⅰ类负荷、Ⅱ类负荷和Ⅲ类负荷。Ⅰ类负荷指短时停电可能影响人身或设备安全，使生产运行停顿或主变压器减载的负荷。Ⅱ类负荷指允许短时停电，但停电时间过长，有可能影响正常生产运行的负荷。Ⅲ类负荷指长时间停电不会直接影响生产运行的负荷。站用电负荷的供电一般考虑如下内容：

1）站用电负荷宜由站用配电屏直配供电，对于重要负荷，应采用分别接在两段母线上的双回路供电方式。

2）当站用变压器容量大于 400kVA 时，大于 50kVA 的站用电负荷宜由站用配电屏直接供电；小容量负荷宜集中供电就地分供。

3）主变压器、高压并联电抗器的强迫冷却装置、有载调压装置及带电滤油装置，设置互为备用的双电源。采用三相设备时，宜按台分别设置双电源；采用成组单相设备时，宜分别设置双电源，各相变压器的用电负荷接在经切换后的进线上。

4）330～1000kV 变电站的主控通信楼、综合楼、下放的继电器小室，可根据负荷需要设置专用配电分屏向就地负荷供电。专用配电分屏宜采用单母线接线，当带有Ⅰ类负荷回路时应采用双电源供电。

5）断路器、隔离开关的操作及加热负荷，可采用按配电装置电压区域划分，分别接在两段站用电母线上，采用双电源供电方式。

6）站内电源应优先作为工作电源，当检测到任何相电压中断时，应延时将负荷从工作电源切换至备用电源。当工作电源恢复正常时，宜延时自动由备用电源返回至工作电源供电。

（2）站用电接线方式。

1）330～750kV 变电站站用电源宜选用一级降压方式。1000kV 变电站站用电源应根据主变压器低压侧的电压水平，选用两级降压或一级降压方式。当采用两级降压方式时，中间电压等级宜与站外电源的电压等级一致。高压站用电源宜采用独立的线路-变压器组接线方式。

2）站用电低压系统额定电压采用 220/380V。站用电母线采用按工作变压器划分的单母线接线，相邻两段工作母线同时供电分列运行。两段工作母线间不应装设自动投入装置。当任一台工作变压器失电退出时，备用变压器应能自动快速切换至失电的工作母线段继续供电。

3）有发电车接入需求的变电站，站用电低压母线应设置移动电源引入装置。

2. 站用电源的要求

（1）330～500kV 变电站，有两台（组）及以上主变压器时，从主变压器低压侧引接的站用工作变压器不少于两台，并应装设一台从站外可靠电源引接的专用备用变压器。每台工作变压器的容量至少考虑两台（组）主变压器的冷却用电负荷，专用备用变压器的容量应与最大的工作变压器的容量相同；初期只有一台（组）主变压器时，除由站内引接一台工作变压器外，应再设置一台由站外可靠电源引接的站用工作变压器。

（2）220kV 变电站，有两台及以上主变压器时，宜从变压器低压侧分别引接两台容量相同、可互为备用、分裂运行的站用工作变压器，每台工作变压器按全站计算负荷选择；只有一台主变压器时，其中一台站用变压器宜从站外电源引接。

（3）35～110kV 变电站，有两台及以上主变压器时，宜装设两台容量相同、可互为备用的站用工作变压器，每台工作变压器按全站计算负荷选择，两台站用变压器可分别由主变压器最低电压级的不同母线段引接，如有可靠的 6～35kV 电源联络线，也可将一台工作变压器接于联络线断路器外侧；如能从变电站外引入可靠的低压站备用电源，也可装设一台站用变压器；如果采用直流控制电源，并且主变压器为自冷式，则可在主变压器最低电压级母线上装设一台站用变压器。

（4）变电站的交流不间断电源，宜采用成套交流不间断电源装置，还可由直流系统和逆变器联合组成。

（5）为保证对直流负荷可靠供电，变电站应设置直流电源。

1）500kV 变电站，装设两组 110V 或 220V 蓄电池组。当采用弱电控制、信号时，还应装设两组 48V 蓄电池组。

2）220～330kV 变电站、重要的 35～110kV 变电站及无人值班变电站，装设一组 110V 或 220V 蓄电池组；一般的 35～110kV 变电站，装设一组成套的小容量镉镍电池装置或电容储能装置。

（6）每回站用电源的容量应满足全站计算负荷用电需要。

（7）站外电源电压可采用 10～66kV 电压等级，当可靠性满足要求时宜采用低电压等级电源。

（8）站内应急电源可采用快速自启动柴油发电机组。

3. 站用变压器的引接方式

对于 220kV 变电站站用电源，宜从不同主变压器低压侧分别引接 2 回容量相同、可互为备用的工作电源。当初期只有一台主变压器时，除从其引接 1 回电源外，还应从站外引接 1 回可靠的电源。

对于 330～750kV 变电站站用电源，应从不同主变压器低压侧分别引接 2 回容量相同、可互为备用的工作电源，并从站外引接 1 回可靠的站用备用电源。当初期只有一台（组）主变压器时，除从其引接 1 回电源外，还应从站外引接 1 回可靠的电源。

对于 1000kV 变电站站用电源，应从不同主变压器低压侧分别引接 2 回容量相同、可互为备用的工作电源，并从站外引接 1 回可靠的站用备用电源。当初期只有一台（组）主变压器时，宜再从站外引接 2 回来自两个不同变电站的可靠电源。

2.6.2　发电机及变压器中性点接地方式的选择

1. 发电机中性点接地方式

发电机中性点的接地方式可采用不接地、经消弧线圈或高电阻接地的方式。300MW 级及以上的发电机应采用中性点经高电阻或消弧线圈接地的方式。

发电机额定电压为 6.3kV 及以上的系统，当发电机内部发生单相接地故障不要求瞬时切机，发电机单相接地电容电流不大于表 2-6 规定的最高允许值时，可采用中性点不接地方式；当超过最高允许值时，发电机中性点应采取经消弧线圈接地的方式，消弧线圈可装在厂用变压器中性点上或发电机中性点上。注意表 2-6 中，对于额定电压为 13.8～15.75kV 的氢冷发电机，电流允许值为 2.5A。

表 2-6　　　　　　　　　　　　发电机单相接地故障时电容电流的最高允许值

发电机额定电压（kV）	发电机额定容量（MW）	电流允许值（A）
6.3	≤50	4
10.5	50～100	3
13.8～15.75	125～200	2/2.5
≥18	≥300	1

发电机额定电压为 6.3kV 及以上的系统，当发电机内部发生单相接地故障要求瞬时切机时，宜采用中性点经高电阻接地方式，当电阻器体积过大不易布置时，电阻器可接在发电机中性点变压器的二次绕组上。各种接地方式适用性如下：

（1）发电机中性点不接地方式单相接地故障电流应不超过允许值。发电机中性点应装设电压为额定相电压的避雷器，防止三相进行波在中性点反射引起过电压；在出线端应装设电容器和避雷器，以削弱当有发电机电压架空直配线时，进入发电机的冲击波陡度和幅值。中性点不接地方式适用于 125MW 及以下的小型机组。

（2）发电机中性点经消弧线圈接地方式对具有直配线的发电机，宜采用过补偿方式；对单元接线的发电机，宜采用欠补偿方式。经补偿后的单相接地电流一般小于 1A，因此，可不跳闸停机，仅作用于信号。消弧线圈可接在直配线发电机的中性点上，也可接在厂用变压器的中性点上。当发电机为单元接线时，则应接在发电机的中性点上。发电机中性点经消弧线圈接地方式，适用于单相接地电流大于允许值的小型机组或 300MW 及以上大型机组，要求能带单相接地故障运行。

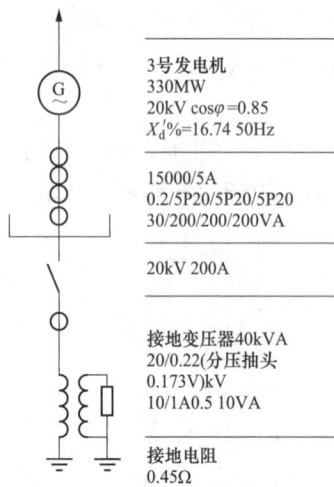

图 2-24　某发电厂 330MW 发电机
中性点经高电阻接地方式

（3）发电机中性点经高电阻接地方式可达到：限制过电压不超过 2.6 倍额定相电压；限制接地故障电流不超过 10A；为定子接地保护提供电源，便于检测。为减小电阻值，一般经配电变压器接入中性点，电阻接在配电变压器的二次侧。发生单相接地时，总的故障电流不宜小于 3A，以保证接地保护不带时限立即跳闸停机。发电机中性点经高电阻接地方式适用于 300MW 及以上大中型机组。

图 2-24 是某发电厂 330MW 发电机中性点经高电阻接地方式。为减小电阻值，0.45Ω 的电阻经接地变压器的二次侧接入中性点。

图 2-25 是某发电厂 6300kW 发电机中性点不接地方式。为防止进行波在中性点反射引起过电压，发电机中性点装设避雷器 FCD-4。

图 2-26 是某发电厂 300MW 发电机中性点经消弧线圈接地方式。

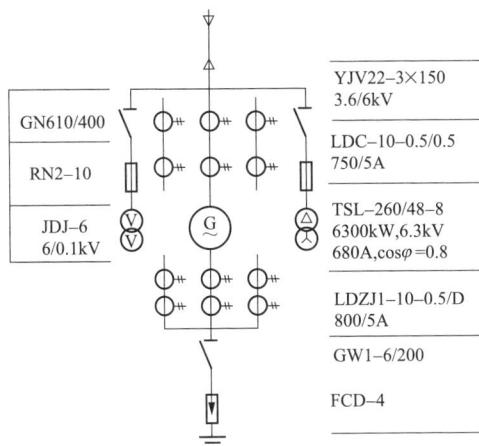

图 2-25　某发电厂 6300kW 发电机中性点
不接地方式

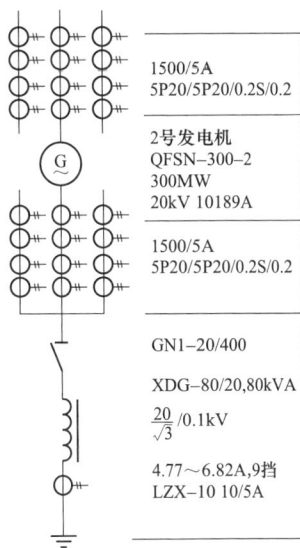

图 2-26　某发电厂 300MW 发电机
中性点经消弧线圈接地方式

2. 主变压器中性点接地方式

发电机（升压）主变压器中性点接地方式应根据所处电网的中性点接地方式及系统继电保护的要求确定，具体见表 2-7。

表 2-7　　　　　　　　　　　　　　主变压器中性点接地方式

主变压器不同电压侧	接地方式
110kV 及 220kV（330kV）系统侧	可采用直接接地
500～1000kV 系统侧、自耦变压器	采用直接接地或经小电抗接地
35kV 系统、66kV 系统、不直接连接发电机且由钢筋混凝土杆或金属杆塔的架空线路构成的 6～20kV 系统	电容电流不大于 10A 时，采用中性点不接地方式；电容电流大于 10A 时，采用中性点经消弧线圈接地

图 2-27 为某火力发电厂主变压器中性点接地方式。该主变压器将发电机 20kV 的电压升高为 220kV，送入高压 220kV 母线。主变压器 20kV 侧绕组为三角形连接。主变压器 220kV 绕组为星形连接，中性点直接接地。为限制系统短路电流，变压器中性点装设隔离开关 GW3-126/630、避雷器 Y1.5W5-144/320 及间隙 150/1A 10P10 等设备。

3. 厂用变压器中性点接地方式

大中型火力发电厂厂用变压器中性点接地方式见表 2-8。

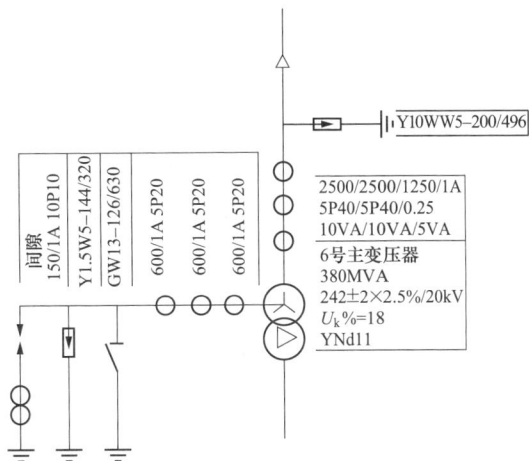

图 2-27　某火力发电厂主变压器中性点接地方式

表 2-8 大中型火力发电厂厂用变压器中性点接地方式

类别		接地方式
高压	系统的接地电容电流在 10A 以下	采用不接地方式或经高电阻接地（接地电阻选择应控制单相接地故障总电流小于 10A）
	系统的接地电容电流在 7A 以上	采用电阻接地（接地电阻选择应使电阻性电流不小于电容性电流）
低压	动力系统	采用高电阻接地、直接接地或不接地
	照明/检修系统	采用直接接地
	辅助厂房的低压厂用电系统	采用直接接地

小型火力发电厂高压厂用变压器宜采用 6kV 中性点不接地方式，低压厂用变压器宜采用 380V 动力和照明网络共用的中性点直接接地方式。

2.7 主要设备配置

合理的设备配置是接线设计的一个重要方面。《电力工程设计手册 火力发电厂电气一次设计》对发电厂主接线设备的配置经验进行了总结。本节对断路器、隔离开关、接地开关、避雷器、互感器等的配置进行说明。

2.7.1 发电机断路器的配置

（1）断路器的配置应从接线的灵活性、运行的可靠性、操作的方便性、工程的经济性等方面综合考虑。一般可装设发电机断路器的情况如下：

1）对于 125MW 以下供热机组，当存在停机不停炉供热工况时；

2）对于 600MW 级及以上机组，根据工程具体情况，经技术经济论证合理时；

3）当发电厂从所在区域电网引接启动/备用电源困难时，两台机组高压厂用变压器低压侧相互联络，互为事故停机电源；

4）当发电厂由外部不同电网引接启动/备用电源，启动/备用电源与机组所发电源存在较大相角差，导致厂用电切换困难时；

5）当发电厂以 750kV 或 1000kV 特高压接入电网时，可通过技术经济比较，装设发电机断路器，以减少 750kV 或 1000kV 断路器数量；

6）发电机与变压器采用扩大单元接线或联合单元接线时；

7）发电机与三绕组变压器或自耦变压器为单元接线时；

8）燃气轮发电机组或燃气-蒸汽联合循环机组用作调峰时；

9）启、停频繁的电厂接入角形接线的高压配电装置时，为提高运行可靠性、避免经常开环运行；

10）为提高厂用电运行可靠性、简化操作。

（2）对于 125～300MW 级机组，发电机与双绕组变压器为单元接线时，不宜在发电机与主变压器之间装设发电机断路器。

2.7.2　隔离开关的配置

（1）一般在下述情况下可配置隔离开关：

1）小型发电机出口位置一般装设隔离开关。

2）在出线上装设电抗器的 6～10kV 配电装置中，当向不同用户供电的两回线共用一台断路器和一组电抗器时，每回线上应各装设一组出线隔离开关。

3）220kV 及以下电压等级 AIS（空气绝缘的敞开式开关设备）配电装置，其母线避雷器和电压互感器宜合用一组隔离开关。

4）330kV 及以上电压等级 AIS 配电装置，其母线并联电抗器回路应装设断路器和隔离开关。

5）110～220kV（330kV）系统中性点直接接地的变压器，通常为了限制系统短路电流，变压器中性点可通过隔离开关接地。

6）3/2 断路器接线中，当仅装设两串时，为避免开环运行，进、出线应装设隔离开关。

7）角形接线中，进、出线应装设隔离开关，以便在进、出线检修时，保证闭环运行。

8）桥式接线中，若装设跨条，则跨条宜用两组隔离开关串联，以便进行不停电检修。

9）断路器的两侧通常配置隔离开关，以便在断路器检修时隔离电源。

10）为了便于试验和检修，GIS 的母线避雷器和电压互感器、电缆进线间隔的避雷器、线路电压互感器应设置独立的隔离开关或隔离断口。

（2）一般在下述情况下可不配置隔离开关：

1）容量为 125MW 及以上大中型机组与双绕组变压器为单元接线时，其出口不装设独立的隔离开关，可设置可拆卸连接点。

2）330kV 及以上电压等级 AIS 配电装置，其避雷器不应装设隔离开关，其母线电压互感器不宜装设隔离开关，其进、出线避雷器及电压互感器均不应装设隔离开关。

3）110～220kV 线路上的电压互感器和耦合电容器不应装设隔离开关。变压器中性点避雷器不应装设隔离开关。220kV 及以下电压等级的线路避雷器不宜装设隔离开关。接于发电机、变压器中性点侧或出线侧的避雷器不宜装设隔离开关。

4）自耦变压器的中性点不应装设隔离开关。

5）3/2 断路器接线中，当装设两串及以上时，进、出线可不装设隔离开关。

6）对于发电厂内高压配电装置的主变压器及启动/备用变压器进线回路，高压断路器的变压器侧可不装设隔离开关，断路器检修可配合发电机-变压器组或启动/备用变压器检修进行。

2.7.3　接地开关的配置

（1）对于室外 AIS 配电装置，为保证电气设备和母线的检修安全，每段母线上应装设接地开关，接地开关的安装数量应根据母线上的电磁感应电压和平行母线的长度以及间隔距离计算确定。对于 1000kV 母线，优先考虑配置不少于 2 组接地开关。

（2）110kV 及以上电压等级 AIS 配电装置，断路器两侧的隔离开关靠断路器一侧，线路隔离开关靠线路一侧，变压器进线隔离开关靠变压器一侧，应装设接地开关。

（3）110kV 及以上电压等级 AIS 配电装置，并联电抗器的高压侧应装设接地开关。

（4）对于双母线接线，两组与母线连接的隔离开关，其断路器侧可共用一组接地开关。

（5）GIS 配电装置接地开关的配置应满足运行检修的要求，与 GIS 配电装置连接并需要单独检修的电气设备、母线和出线，均应配置接地开关。一般情况下，出线回路的线路一侧接地开关和母线接地开关应采用具有关合动稳定电流能力的快速接地开关。

（6）当变压器与 GIS 配电装置采用气体管道母线连接时，在变压器侧或 GIS 侧应设置接地开关。

2.7.4 避雷器的配置

1. 发电厂高压配电装置避雷器的配置

（1）变压器和高压并联电抗器的中性点经接地电抗器接地时，中性点应装设金属氧化物避雷器。

（2）1000kV 出线回路的线路侧、主变压器各级电压侧出口应装设避雷器，高压并联电抗器前、母线是否装设避雷器应根据计算确定。

（3）具有架空进出线的 35kV 及以上电压等级发电厂 AIS 配电装置中，高压配电装置采用单母线、双母线或分段的电气主接线时，金属氧化物避雷器可仅安装在母线上。金属氧化物避雷器至变压器间的最大电气距离不能超过规定值。与其他设备的最大距离可相应增加 35%。金属氧化物避雷器与被保护设备的最大电气距离超过规定值时，可在主变压器附近增设一组金属氧化物避雷器。

（4）发电厂的 35kV 及以上电压等级电缆进线，电缆与架空线的连接处应装设金属氧化物避雷器。当电缆长度超过 50m，且断路器在雷季经常断路运行时，应在电缆末端装设金属氧化物避雷器；当电缆长度不超过 50m 或虽超过 50m 但经校验装一组金属氧化物避雷器能符合保护要求时，可只在电缆一侧末端装设金属氧化物避雷器。当采用全线电缆线路-变压器组接线时，是否装设金属氧化物避雷器，应根据电缆另一端有无雷电过电压波侵入的可能，经校验确定。

（5）全线架设地线的 66～220kV 线路，其发电厂配电装置进线隔离开关或断路器经常断路运行，同时线路侧又带电时，宜在靠近隔离开关或断路器处装设一组金属氧化物避雷器。

（6）未沿全线架设地线的 35～110kV 线路，其发电厂配电装置进线隔离开关或断路器经常断路运行，同时线路侧又带电时，宜在靠近隔离开关或断路器处装设一组金属氧化物避雷器。

（7）有效接地系统中的中性点不接地或经隔离开关接地的变压器，中性点采用分级绝缘时，应在中性点装设保护间隙和金属氧化物避雷器；中性点采用全绝缘时，配电装置为单进线且为单台变压器运行，发电厂仅建设一台机组且采用发电机-变压器-线路单元接线时，也应在变压器中性点装设保护间隙和金属氧化物避雷器。中性点不接地、经消弧线圈接地和经高电阻接地系统中的变压器中性点可不装设金属氧化物避雷器，多雷区单进线配电装置且变压器中性点引出时，宜装设金属氧化物避雷器。

（8）自耦变压器应在其两个自耦合的绕组出线上装设金属氧化物避雷器，该金属氧化物避雷器应装在自耦变压器和断路器之间，并采用保护接线。

（9）35～20kV 配电装置，应根据其重要性和进线回路数，在进线上装设金属氧化物避雷器。

（10）为防止变压器高压绕组雷电波电磁感应传递的过电压对其他相应绕组的损坏，应在与架空线路连接的三绕组变压器的第三开路绕组或第三平衡绕组上装设一支金属氧化物避雷器；对于发电厂双绕组升压变压器，当发电机断开由变压器高压侧倒送厂用电时，二次绕组的三相上应装设金属氧化物避雷器。

2. 发电机避雷器的配置

（1）每台发电机出线处应装设一组发电机用金属氧化物避雷器。

（2）当发电机中性点能引出且未直接接地时，应在中性点上装设发电机中性点用金属氧化物避雷器。

（3）当接在每组发电机电压母线上的发电机不超过两台时，金属氧化物避雷器可装设在每组母线上。

2.7.5　互感器的配置

1. 电压互感器的配置

（1）电压互感器的配置与主接线形式有关，电压互感器的数量、类型、绕组和准确度等级应满足继电保护、测量仪表、同期和自动装置的要求。

（2）110kV 及以上电压等级配电装置，电压互感器可按照母线配置，也可按照回路配置。电压互感器的配置应能保证在运行方式改变时，保护装置不失压，同期点的两侧都能提取到电压。

（3）对于双重化保护，两套保护装置应配置不同的电压互感器或同一组电压互感器的不同二次绕组。

（4）对于单母线、单母线分段、双母线、双母线分段接线，每组母线及出线间隔均应装设一组电压互感器，出线间隔电压互感器装设在出线隔离开关（或阻波器）的外侧；当电压等级为 220kV 及以下时，每组母线三相均装设电压互感器，出线间隔可在一相或三相装设电压互感器；当电压等级为 330kV 及以上时，宜在每组母线和每个出线间隔三相均装设电压互感器。

（5）对于 3/2 断路器接线、4/3 断路器接线，每组母线及进出线间隔均应装设一组电压互感器，出线间隔电压互感器装设在出线隔离开关（或阻波器）的外侧；每组母线可在一相或三相装设电压互感器；进出线间隔应在三相上装设电压互感器。

（6）对于角形接线、桥式接线，每组进出线间隔均应装设一组电压互感器，出线间隔电压互感器装设在出线隔离开关（或阻波器）的外侧；进出线间隔应在三相上装设电压互感器；当角形接线或桥式接线为过渡接线时，电压互感器的配置还应考虑终期接线的要求。

（7）对于发电机-变压器-线路单元接线，线路断路器两侧均应装设一组电压互感器，线路侧电压互感器装设在出线隔离开关（或阻波器）的外侧；当线路电压等级为 330kV 及以上时，线路侧宜在三相上装设电压互感器；当该接线为过渡接线时，电压互感器的配置还应考虑终期接线的要求。

（8）对于无发电机母线的接线，发电机出线侧应装设 2～3 组电压互感器；对于有发电机母线的接线，发电机母线上应装设一组电压互感器。

（9）当发电机出线侧装设断路器时，可在发电机断路器与主变压器之间装设 1～2 组电压互感器。

（10）当发电机中性点不接地时，可在发电机中性点装设一组单相电压互感器。

（11）架空进线的 GIS 线路间隔电压互感器宜采用外置结构。

2. 电流互感器的配置

（1）电流互感器的配置与主接线形式有关，电流互感器的数量、类型和准确度等级应满足继电保护、测量仪表、同期和自动装置的要求。

（2）对于双重化保护，两套保护装置应配置不同的电流互感器或同一组电流互感器的不同二次绕组。

（3）保护用电流互感器的配置应避免出现主保护的死区，电流互感器二次绕组的分配应避免当一套保护停用时，出现被保护区内故障时的保护动作死区。

（4）电流互感器一般随断路器间隔对应装设。在未设置断路器的下列位置也应装设电流互感器：发电机的中性点侧和出线侧、变压器和电抗器的中性点和高压侧、桥式接线的跨条上等。

（5）当高压配电装置采用 GIS、HGIS（混合式气体绝缘金属封闭开关设备）或罐式断路器时，宜在断路器两侧分别配置电流互感器。

（6）对于单母线、单母线分段、双母线、双母线分段接线，进出线、分段、母联间隔均应装设一组电流互感器，电流互感器装设在断路器与隔离开关之间；当电压等级为 220kV及以上时，进出线间隔电流互感器宜配置至少 4 组保护级绕组和 2 组测量（计量）级绕组，分段间隔电流互感器宜配置 5 组保护级绕组和 1 组测量级绕组；当电压等级为 110kV 及以下采用单套保护配置时，电流互感器可相应减少保护级绕组数量；进出线间隔电流互感器保护级绕组宜靠近母线侧，测量（计量）级绕组宜靠近线路侧。

（7）对于 3/2 断路器接线、4/3 断路器接线，电流互感器随断路器间隔对应装设，电流互感器装设在断路器与隔离开关之间：当电压等级为 220kV 及以上时，各断路器间隔电流互感器宜配置至少 5 组保护级绕组和 2 组测量（计量）级绕组。

（8）对于发电机-变压器-线路单元接线，应在线路侧装设电流互感器，宜装设在线路断路器靠变压器侧；当电压等级为 220kV 及以上时，电流互感器宜配置 5 组保护级绕组和 2组测量（计量）级绕组。

（9）发电机中性点侧和出线侧均应装设电流互感器。对于容量为 100MW 及以下的发电机，其中性点侧和出线侧电流互感器均宜配置 2 组保护级绕组和 1 组测量级绕组；对于设置发电机电压母线的接线，当定子绕组单相接地电流大于允许值时，发电机机端零序电流互感器应装设 1 组保护级绕组。对于容量为 100MW 以上的发电机，其中性点侧和出线侧电流互感器均宜配置 2 组保护级绕组和 2 组测量级绕组，如发电机套管安装电流互感器有困难，可将电流互感器安装在离相封闭母线内。

（10）发电机中性点采用经消弧线圈接地或经配电变压器电阻接地时，在发电机中性点与地之间的电流互感器宜配置 1 组保护级绕组，可根据需要再配置 1 组测量级绕组。

（11）当装设发电机断路器，且发电机保护采用 TPY 级电流互感器时，宜在发电机与主变压器之间再配置 1～2 组保护级绕组，用于断路器失灵保护。

（12）主变压器中性点和高压侧应装设电流互感器，主变压器高压侧套管电流互感器宜配置 2 组保护级绕组和 1 组测量级绕组。当变压器进线需设置短引线差动保护时，还应增加设置 2 组保护级绕组。当电压等级为 110kV 及以上时，主变压器高压侧中性点电流互感器宜配置 1～2 组保护级绕组；当采用经隔离开关及间隙接地时，中性点间隙电流互感器宜配置 1～2 组保护级绕组。

（13）励磁变压器高压侧、低压侧电流互感器宜分别配置 2 组保护级绕组和 1 组测量级绕组。

3. 电流互感器配置举例

（1）某 110kV 出线电流互感器配置。图 2-28 为某发电厂高压 110kV 一回馈出线的电流互感器配置。该发电厂的 110kV 母线采用单母线接线。馈出线路互感器有 6 个二级绕组（4个保护级、2 个测量级）；线路电流互感器二次绕组分别接入线路保护、母线差动保护、故障录波、备用、电能表屏、公用 LCU 屏。线路保护的保护范围指向线路，放在第一组二次侧，母线差动保护的保护范围指向 110kV 母线，放在第二组二次侧，这样可以将线路保护与母线差动保护形成交叉，任意一点故障都有保护进行切除。

（2）500kV 升压变电站部分电流互感器配置。图 2-29 是 500kV 升压变电站，母线为3/2 断路器接线方式中一串的电流互感器配置。电流互感器配置在断路器的一侧。

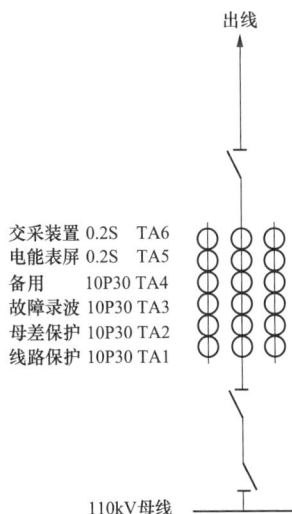

图 2-28　某发电厂高压 110kV 一回馈
出线的电流互感器配置

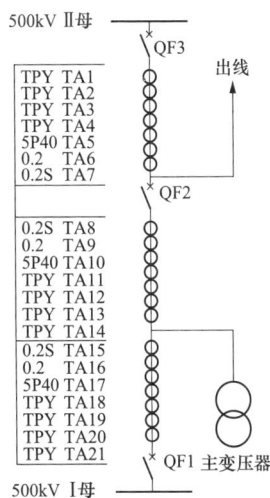

图 2-29　500kV 升压变电站 3/2 断路器
接线的电流互感器配置

边断路器 QF3 侧绕组 TA1、TA2 为 TPY 级，用于线路保护；TA3、TA4 为 TPY 级，用于 Ⅱ 母线保护；TA5 为 5P40 级，用于 QF3 断路器保护；TA6 为 0.2 级，用于测量；TA7 为 0.2S 级，用于计量。

中间断路器 QF2 的处理方式与断路器 QF3 类似，在保证保护范围交叉重叠无死区的同时，应尽可能避免保护的重叠区域故障导致线路和主变压器保护同时动作跳闸，将断路器保护、测量和测量用绕组放在同一侧。中间断路器 QF2 侧绕组 TA8 为 0.2S 级，用于计量；TA9 为 0.2 级，用于测量；TA10 为 5P40 级，用于 QF2 断路器保护；TA11、TA12 为 TPY 级，用于变压器保护；TA13、TA14 为 TPY 级，用于线路保护。

边断路器 QF1 两侧 TA 绕组的处理方式与断路器 QF3 相同。

2.8　水力发电站电气主接线的设计

水力发电站，也称水力发电厂，简称水电站，是把水的位能和动能转换成电能的工厂。水力发电站与火力发电厂一样都具有发电设备、变电设备、配电设备、输电设备，实现电能产生、外送与厂用，其主接线的设计在许多方面相同。按单厂装机容量规模分类，单厂装机容量在 250MW 及以上的为大型水电站，250MW 以下至 25MW 的为中型水电站，小于25MW 的为小型水电站。GB 50071—2014《小型水力发电站设计规范》对装机容量为 0.5～50MW 的水电站的设计给出了要求，本节据此说明其主接线，并进行举例。

2.8.1　水电站电气主接线的设计要求

1. 电气主接线

电气主接线应根据水电站在电力系统中的地位、水电站的动能参数、枢纽布置和设备特点等因素确定，并应满足运行可靠、接线简单、操作维修方便和节省工程投资等要求。当水电站分期建设时，接线应便于过渡。接线方式如下：

（1）水电站升高电压侧接线宜选用单母线或单母线分段、变压器-线路组、桥式和角形接线方式。

（2）发电机电压侧接线可选用单元或扩大单元接线、单母线或单母线分段接线。

（3）水电站主变压器应采用三相式，其容量可按与其连接的发电机容量选择。当发电机电压母线上连接有近区负荷时，可扣除近区最小负荷选择主变压器容量。当主变压器有穿越功率通过时，主变压器容量还应加上最大穿越功率。

（4）启、停机频繁或需要通过系统倒送厂用电时，单元接线的发电机出口处应装设断路器。

2. 发电厂厂用电及坝区供电要求

（1）厂用电的电源宜由两个电源供电，主电源宜从发电机电压母线或单元分支线上引接，备用电源可从 35kV 及以下电压母线或出线上引接。

（2）当厂用变压器安装在室内且为 35kV 及以下配电时，宜采用干式变压器；当安装在室外时，厂用变压器可采用油浸式变压器。厂用变压器台数应根据机组台数及水电站特性确定。对于厂用变压器容量，装设一台变压器时，容量应满足最大计算负荷；装设两台变压器时，若其中一台检修或出现故障，则另一台应能担负水电站正常运行时的厂用电负荷或短时最大负荷。计算厂用电负荷时，应计及负荷率和网损率，并校验电动机自启动负荷。

（3）厂用变压器的高压侧宜装设断路器或熔断器保护。

（4）厂用电的电压应采用 380/220V。

（5）装设两台厂用变压器时，厂用电母线宜采用单母线或单母线分段接线。

（6）坝区用电可由专设的坝区用电变压器或厂用电直接供电。

2.8.2　水电站电气主接线的设计实例

图 2-30 为某小型水电站电气主接线。水电站有三台 6300kW 的发电机，发电机额定电压为 6.3kV，水电站附近有区域性负荷。6.3kV 部分采用两个单母线接线方式。发电机 G1 的 6.3kV 侧采用单母线接线，并通过主变压器 T1 升压为 38.5kV；厂用变压器 T41 电源及一回备用出线引自 G1 的 6.3kV 母线Ⅰ。发电机 G2 和 G3 通过单母线 6.3kV 母线Ⅱ汇流，并通过主变压器 T2 升压为 38.5kV；厂用变压器 T41 和 T42 电源分别引自 6.3kV 母线Ⅰ和母线Ⅱ。6.3kV 母线Ⅱ给附近区域负荷供电。水电站 38.5kV 高压配电装置采用单母线接线，通过两回馈线接入电力网系统。

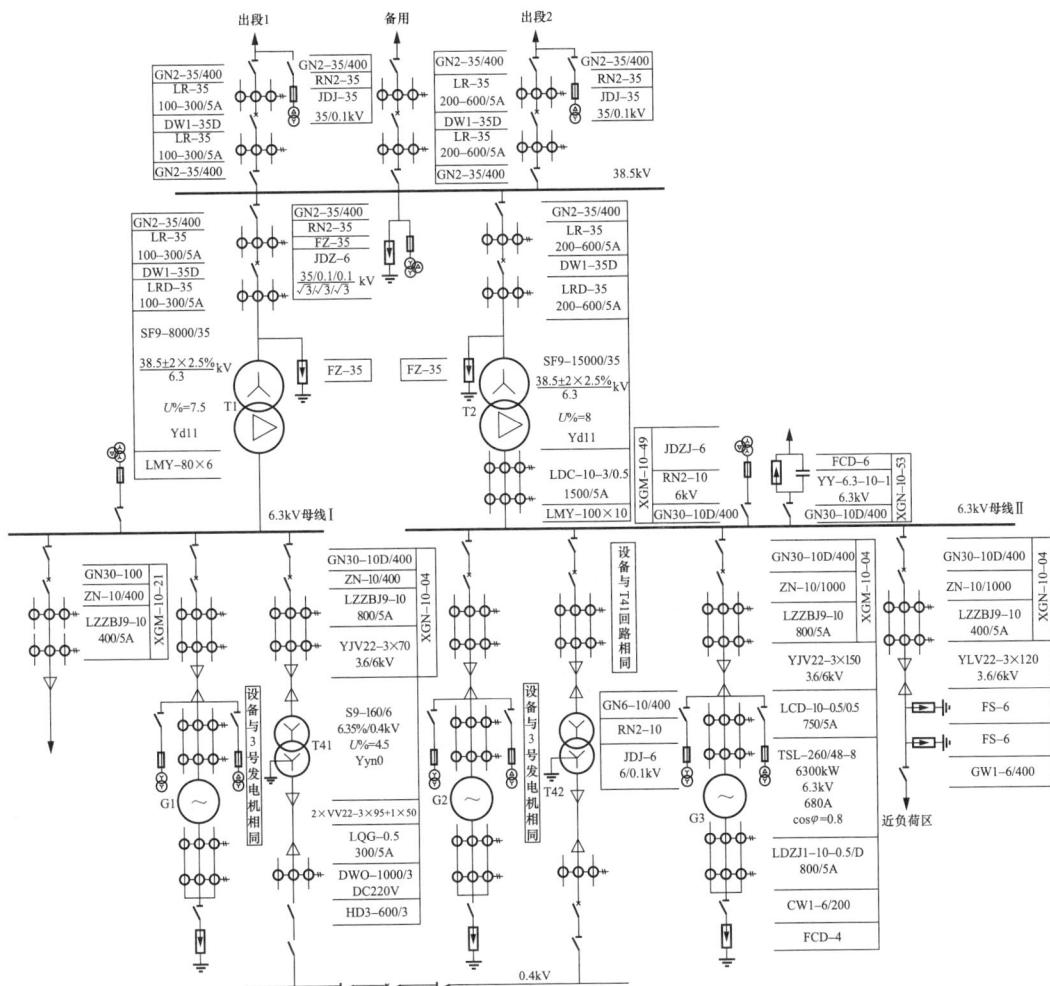

图 2-30　某小型水电站电气主接线

2.9 风力发电场电气主接线的设计

风能是一种清洁无公害的可再生能源。风力发电把风的动能转变成机械能，再把机械能转化为电能。风力发电的原理，是利用风力带动风车叶片旋转，再通过增速机将旋转的速度提升，来促使发电机发电。其中，并网型风力发电场是风力发电机组与电网相联，向电网输送有功功率，同时吸收或者发出无功功率的风力发电系统，并网型风力发电场是规模较大的风力发电场，容量为几兆瓦到几百兆瓦，由几十台甚至成百上千台风力发电机组构成。并网型的风力发电可更加充分地开发可利用的风力资源，是国内外风力发电的主要发展方向。本节主要以并网型风力发电场主接线为例进行说明。GB 51096—2015《风力发电场设计规范》对并网型风力发电场的电气部分进行了规定。

2.9.1 风力发电场电气主接线要求

1. 机组变电单元的电气接线

（1）风力发电机组与机组变电单元宜采用一台风力发电机组对应一组机组变电单元的单元接线方式。经技术经济比较后，也可采用两台风力发电机组对应一组机组变电单元的扩大单元接线方式。

（2）机组变电单元的高压电气元件应具有保护机组变电单元内部短路故障的功能。

（3）机组变电单元的低压电气元件应能保护风力发电机组出口断路器到机组变电单元之间的短路故障。

（4）机组变电单元与集电线路间宜设置明显的断开点。

2. 风力发电场变电站电气主接线

（1）电气主接线宜采用单母线接线或线路-变压器组接线，当规模较大的风力发电场变电站与电网连接超过两回线路时，可采用单母线分段或双母线接线形式。

（2）当风力发电场变电站装有两台及以上主变压器时，主变压器低压侧母线宜采用单母线分段接线，每台主变压器对应一段母线。

3. 风力发电场主变压器低压侧母线电压等级、中性点接地方式

风力发电场主变压器低压侧母线电压宜采用 35kV 电压等级；分散接入的风力发电场，经技术经济比较后可选择 35kV 或更低电压等级。

主变压器高压侧中性点的接地方式应由所连接电网的中性点接地方式决定。主变压器低压侧系统，当不需要在单相接地故障条件下运行时，可采用电阻接地方式，迅速切除故障；消弧线圈或接地电阻可安装在主变压器低压绕组的中性点上，当主变压器无中性点引出时，可在主变压器低压侧装设专用接地变压器。

2.9.2 风力发电场主变压器及站用电系统

1. 主变压器

风力发电场变压器的选择应符合 GB/T 6451—2015《油浸式电力变压器技术参数和要求》、GB/T 10228—2015《干式电力变压器技术参数和要求》和 DL/T 5222—2021《导体和

电器选择设计规程》的有关规定。一般风力发电场变压器宜选用自冷式、低损耗、免维护的电力变压器。

风力发电场机组变电单元变压器应符合下列规定：

（1）机组变电单元变压器的容量应按风力发电机组的额定视在功率选取。

（2）机组变电单元变压器高压绕组的额定电压，宜取所在电压等级的较高电压，机组变电单元变压器低压绕组的额定电压宜与风力发电机组的额定电压一致。

（3）机组变电单元变压器宜选用无励磁调压变压器。

机组变电单元自用变压器的容量应能满足机组变电单元自用变压器的照明、检修要求，选用三相或单相干式电力变压器。风力发电机组的自用电宜由风力发电机组内部配置的自用变压器引接。当机组变电单元安装在风力发电机组的机舱或塔筒内时，自用变压器宜统一考虑。

2. 站用电系统

站用电系统主接线的设计应符合下列规定：

（1）站用电系统的电压等级宜采用 380V，并采用动力与照明网络共用的中性点直接接地方式。

（2）站用工作电源宜从主变压器低压侧发电母线引接。

（3）站用电系统应设置备用电源，且引接方式如下：风力发电场变电站仅有一回送出线路时，备用电源宜从站外引接；当变电站有两回及以上送出线路时，站用工作电源和备用电源宜分别从不同主变压器低压侧发电母线引接；当只有一台主变压器时，备用电源宜从站外引接；当无法从站外取得备用电源或站外电源的可靠性无法满足时，可采用柴油发电机作为备用电源。

（4）变电站应装设向直流控制负荷和动力负荷供电的蓄电池组，蓄电池组及充电装置应符合 DL/T 5044—2014《电力工程直流电源系统设计技术规程》的有关规定。

（5）变电站直流系统电压等级宜采用 220V，机组变电单元不宜设置直流系统。

（6）变电站应装设交流不间断电源，宜采用在线式。交流不间断电源的配置应符合 DL/T 5136—2012《火力发电厂、变电站二次接线设计技术规程》的有关规定。

（7）变电站交流不间断电源的负荷统计宜包括风力发电机组监控系统主机、变电站监控系统、电能计费系统、自动及保护装置、通信设备及火灾报警装置。

（8）变电站宜配置一套交流不间断电源系统。220kV 变电站宜采用主机冗余配置方式。

（9）当机组变电单元需要可靠的控制保护电源时，可设置一套独立的交流不间断电源装置。

2.9.3　风力发电场电气主接线实例

图 2-31 和图 2-32 是某风力发电场升压变电站的电气主接线图。该升压变电站进线有 6回（1～6 号进线），电压等级为 35kV。35kV 配电装置采用单母线分段接线方式，1～3 号进线连接至 35kV 母线 I 段，4～6 号进线连接至 35kV 母线 II 段。变电站主变压器为两台双绕组变压器。变电站 110kV 母线采用单母线接线方式，并通过两回线路接入 110kV 电力系统。该升压变电站的站用电由 35kV 母线 I 段引接。

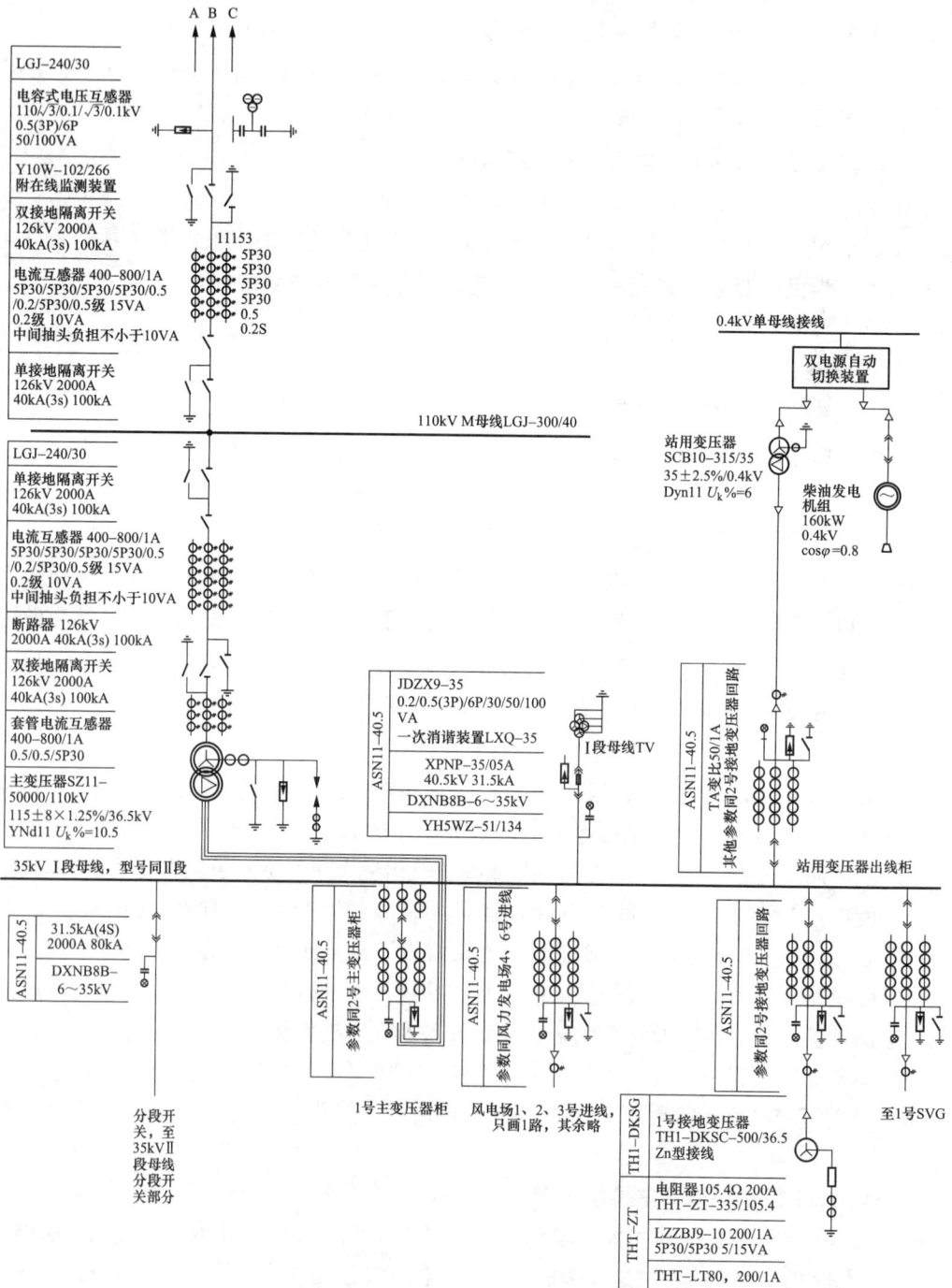

图 2-31　某风力发电场升压变电站电气主接线 35kV 母线 I 段部分

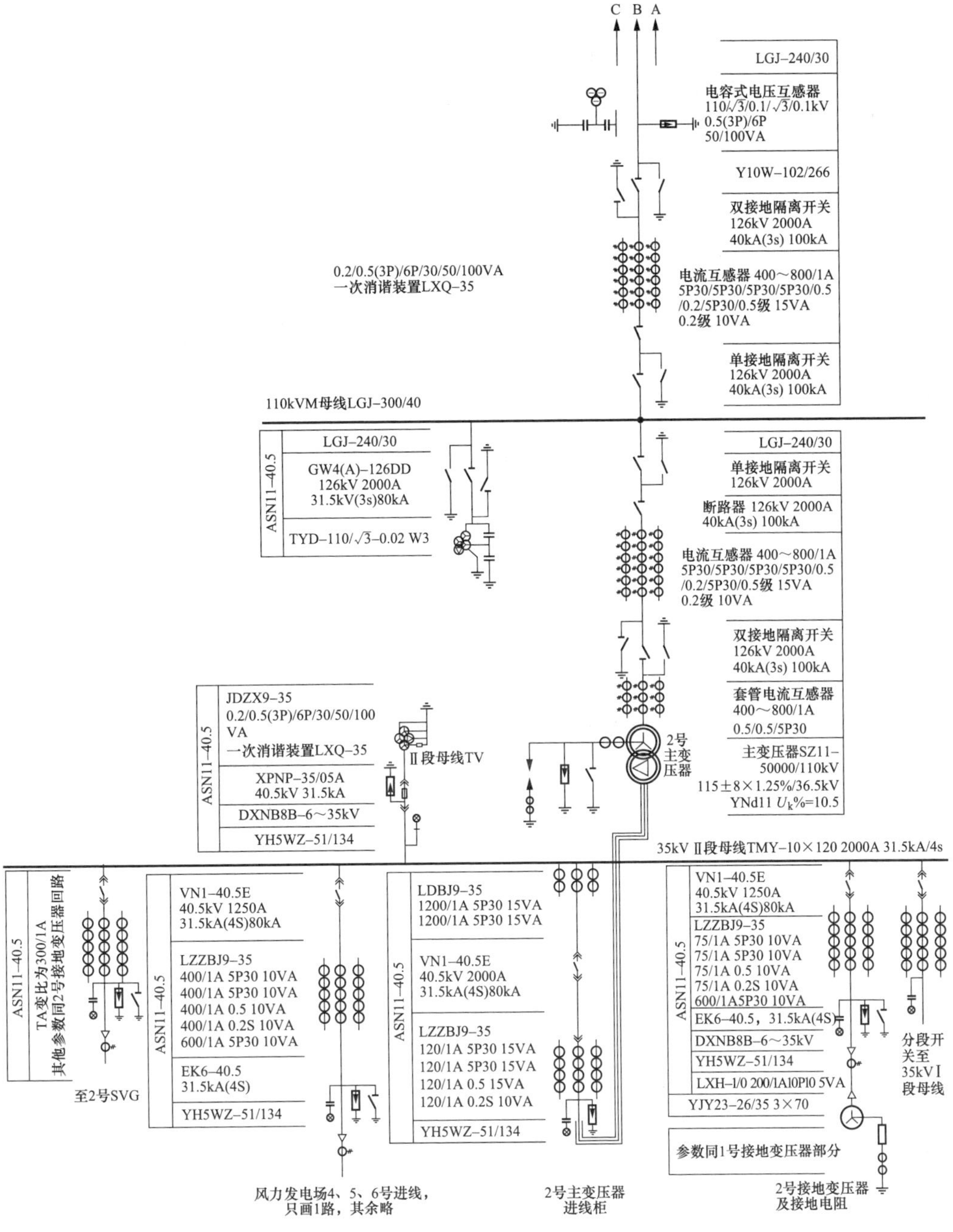

图 2-32　某风力发电场升压变电站电气主接线 35kV 母线 Ⅱ 段部分

以下为图中主要文字标注：

C B A

LGJ-240/30

电容式电压互感器
110/√3/0.1/√3/0.1kV
0.5(3P)/6P
50/100VA

Y10W-102/266

双接地隔离开关
126kV 2000A
40kA(3s) 100kA

0.2/0.5(3P)/6P/30/50/100VA
一次消谐装置LXQ-35

电流互感器 400～800/1A
5P30/5P30/5P30/5P30/0.5
/0.2/5P30/0.5级 15VA
0.2级 10VA

单接地隔离开关
126kV 2000A
40kA(3s) 100kA

110kVM母线LGJ-300/40

LGJ-240/30

LGJ-240/30

ASN11-40.5
GW4(A)-126DD
126kV 2000A
31.5kV(3s)80kA

TYD-110/√3-0.02 W3

单接地隔离开关
126kV 2000A

断路器 126kV 2000A
40kA(3s) 100kA

电流互感器 400～800/1A
5P30/5P30/5P30/5P30/0.5
/0.2/5P30/0.5级 15VA
0.2级 10VA

双接地隔离开关
126kV 2000A
40kA(3s) 100kA

套管电流互感器
400～800/1A
0.5/0.5/5P30

JDZX9-35
0.2/0.5(3P)/6P/30/50/100
VA
一次消谐装置LXQ-35

ASN11-40.5

XPNP-35/05A
40.5kV 31.5kA

DXNB8B-6～35kV

YH5WZ-51/134

Ⅱ段母线TV

2号主变压器

主变压器SZ11-
50000/110kV
115±8×1.25%/36.5kV
YNd11 U_k%=10.5

35kV Ⅱ段母线TMY-10×120 2000A 31.5kA/4s

ASN11-40.5
TA变比为300/1A
其他参数同2号接地变压器回路
至2号SVG

VN1-40.5E
40.5kV 1250A
31.5kA(4S)80kA

LZZBJ9-35
400/1A 5P30 10VA
400/1A 5P30 10VA
400/1A 0.5 10VA
400/1A 0.2S 10VA
600/1A 5P30 10VA

EK6-40.5
31.5kA(4S)

YH5WZ-51/134

LDBJ9-35
1200/1A 5P30 15VA
1200/1A 5P30 15VA

VN1-40.5E
40.5kV 2000A
31.5kA(4S)80kA

ASN11-40.5

LZZBJ9-35
120/1A 5P30 15VA
120/1A 5P30 15VA
120/1A 0.5 15VA
120/1A 0.2S 10VA

YH5WZ-51/134

VN1-40.5E
40.5kV 1250A
31.5kA(4S)80kA

LZZBJ9-35
75/1A 5P30 10VA
75/1A 5P30 10VA
75/1A 0.5 10VA
75/1A 0.2S 10VA
600/1A5P30 10VA

ASN11-40.5

EK6-40.5, 31.5kA(4S)

DXNB8B-6～35kV

YH5WZ-51/134

LXH-1/0 200/1A10Pl0 5VA

YJY23-26/35 3×70

分段开关至35kV I段母线

参数同1号接地变压器部分

风力发电场4、5、6进线，只画1路，其余略

2号主变压器进线柜

2号接地变压器及接地电阻

2.10　光伏发电站电气主接线设计

光伏发电站是一种利用太阳能、采用特殊材料如晶硅板、逆变器等电子元件组成的发电系统，利用光生伏特的效应，将辐射的太阳能转换成电能。光伏发电系统可以分为独立光伏发电系统和并网光伏发电系统。独立光伏发电系统也称作离网发电系统，主要应用于偏远无

电地区,解决无电问题,结构简单。并网光伏发电系统可以将太阳能电池阵列输出的直流电转化为与电网电压同幅、同频、同相的交流电,并实现与电网连接并向电网输送电能。独立光伏发电系统具有灵活性的特点。在日照较强时,光伏发电系统可将多余的电能送入电网;而当日照不足时,可从电网索取电能为负荷供电。本节主要以并网光伏发电系统主接线为例进行说明。GB 50797—2012《光伏发电站设计规范》对并网型光伏发电站的电气部分进行了规定。

2.10.1　光伏发电站电气主接线规定

1. 发电单元接线及就地升压变压器的连接

光伏发电站发电单元接线及就地升压变压器的连接应符合下列要求:

(1) 逆变器与就地升压变压器的接线方案应依据光伏发电站的容量、光伏方阵的布局、光伏组件的类别和逆变器的技术参数等条件,经技术经济比较确定。

(2) 一台就地升压变压器连接两台不自带隔离变压器的逆变器时,宜选用分裂变压器。

2. 光伏发电站发电母线电压及接线设计要求

(1) 光伏发电站发电母线电压。

1) 光伏发电站安装总容量小于或等于 1MW 时,宜采用 0.4~10kV 电压等级。

2) 光伏发电站安装总容量大于 1MW,且不大于 30MW 时,宜采用 10~35kV 电压等级。

3) 光伏发电站安装容量大于 30MW 时,宜采用 35kV 电压等级。

(2) 光伏发电站发电母线的接线方式。

1) 光伏发电站安装容量小于或等于 30MW 时,宜采用单母线接线。

2) 光伏发电站安装容量大于 30MW 时,宜采用单母线或单母线分段接线。

3) 当母线分段时,应采用分段断路器。

(3) 光伏发电站母线上的短路电流超过所选择的开断设备允许值时,可在母线分段回路中安装电抗器。母线分段电抗器的额定电流应按其中一段母线上所连接的最大容量的电流值选择。

(4) 光伏发电站内各单元发电模块与光伏发电母线的连接方式,可采用辐射式连接方式或 T 形连接方式。

(5) 光伏发电站母线上的电压互感器和避雷器应合用一组隔离开关,并组装在一个柜内。

3. 中性点接地方式及其他要求

(1) 光伏发电站内 10kV 或 35kV 系统中性点可采用不接地、经消弧线圈接地或小电阻接地方式。经汇集形成光伏发电站群的大、中型光伏发电站,其站内汇集系统宜采用经消弧线圈接地或小电阻接地的方式。就地升压变压器的低压侧中性点是否接地应依据逆变器的要求确定。

(2) 当采用消弧线圈接地时,应装设隔离开关。

(3) 光伏发电站 110kV 及以上电压等级的升压变电站接线方式,应根据光伏发电站在电力系统的地位、地区电力网接线方式的要求、负荷的重要性、出线回路数、设备特点、本期和规划容量等条件确定。

(4) 220kV 及以下电压等级的母线避雷器和电压互感器宜合用一组隔离开关,110~

220kV 线路电压互感器与耦合电容器、避雷器、主变压器引出线的避雷器不宜装设隔离开关；主变压器中性点避雷器不应装设隔离开关。

2.10.2　光伏发电站变压器及站用电系统

1. 主变压器

光伏发电站升压变电站主变压器的选择应符合 DL/T 5222—2021《导体和电器选择设计规程》的规定，参数宜按 GB/T 6451—2015《油浸式电力变压器技术参数和要求》、GB/T 10228—2015《干式电力变压器技术参数和要求》、GB 20052—2020《电力变压器能效限定值及能效等级》的规定进行选择。

光伏发电站升压变电站主变压器的选择应符合下列要求：

（1）应优先选用自冷式、低损耗电力变压器。

（2）当无励磁调压电力变压器不能满足电力系统调压要求时，应采用有载调压电力变压器。

（3）主变压器容量可按光伏发电站的最大连续输出容量进行选取，且宜选用标准容量。

光伏方阵内就地升压变压器的选择应符合下列要求：

（1）宜选用自冷式、低损耗电力变压器。

（2）变压器容量可按光伏方阵单元模块最大输出功率选取。

（3）可选用高压（低压）预装式箱式变电站或变压器、高低压电气设备等组成的装配式变电站。对于沿海或风沙大的光伏发电站，当采用户外布置时，沿海光伏发电站的防护等级应达到 IP 65，风沙大的光伏发电站的防护等级应达到 IP 54。

（4）就地升压变压器可采用双绕组变压器或分裂变压器。

（5）就地升压变压器宜选用无励磁调压变压器。

2. 站用电系统

（1）光伏发电站站用电系统的电压宜采用 380V，应采用动力与照明网络共用的中性点直接接地方式。

（2）站用电工作电源的引接方式宜符合下列要求：当光伏发电站有发电母线时，宜从发电母线引接供给自用负荷；当技术经济合理时，可由外部电网引接电源供给发电站自用负荷；当技术经济合理时，就地逆变升压室站用电也可由各发电单元逆变器变流出线侧引接。

（3）站用电系统应设置备用电源，其引接方式宜符合下列要求：当光伏发电站只有一段发电母线时，宜由外部电网引接电源；当发电母线为单母线分段接线时，可由外部电网引接电源，也可由其中的另一段母线引接电源；各发电单元的工作电源分别由各自的就地升压变压器低压侧引接时，宜采用邻近的两发电单元互为备用的方式或由外部电网引接电源；工作电源与备用电源间宜设置备用电源自动投入装置。

（4）站用电变压器的容量选择应符合下列要求：站用电工作变压器的容量不宜小于计算负荷的 1.1 倍；站用电备用变压器的容量与工作变压器的容量相同。

2.10.3　光伏发电站电气主接线实例

图 2-33～图 2-35 为某光伏发电站 110kV 升压变电站电气主接线图。该系统的主变压器为两台双绕组变压器，型号为 SZ11-31.5MVA/110kV，额定电压比为 110±8×1.25%/35kV。接线形式为 YNd11。主变压器 110kV 侧装有 LB6-110W3 型 TA，110kV 侧中性点装有 LRB-60 型 TA，主变压器中性点经过隔离开关（GW4-72.5/630A）接地，并配有放电间隙。

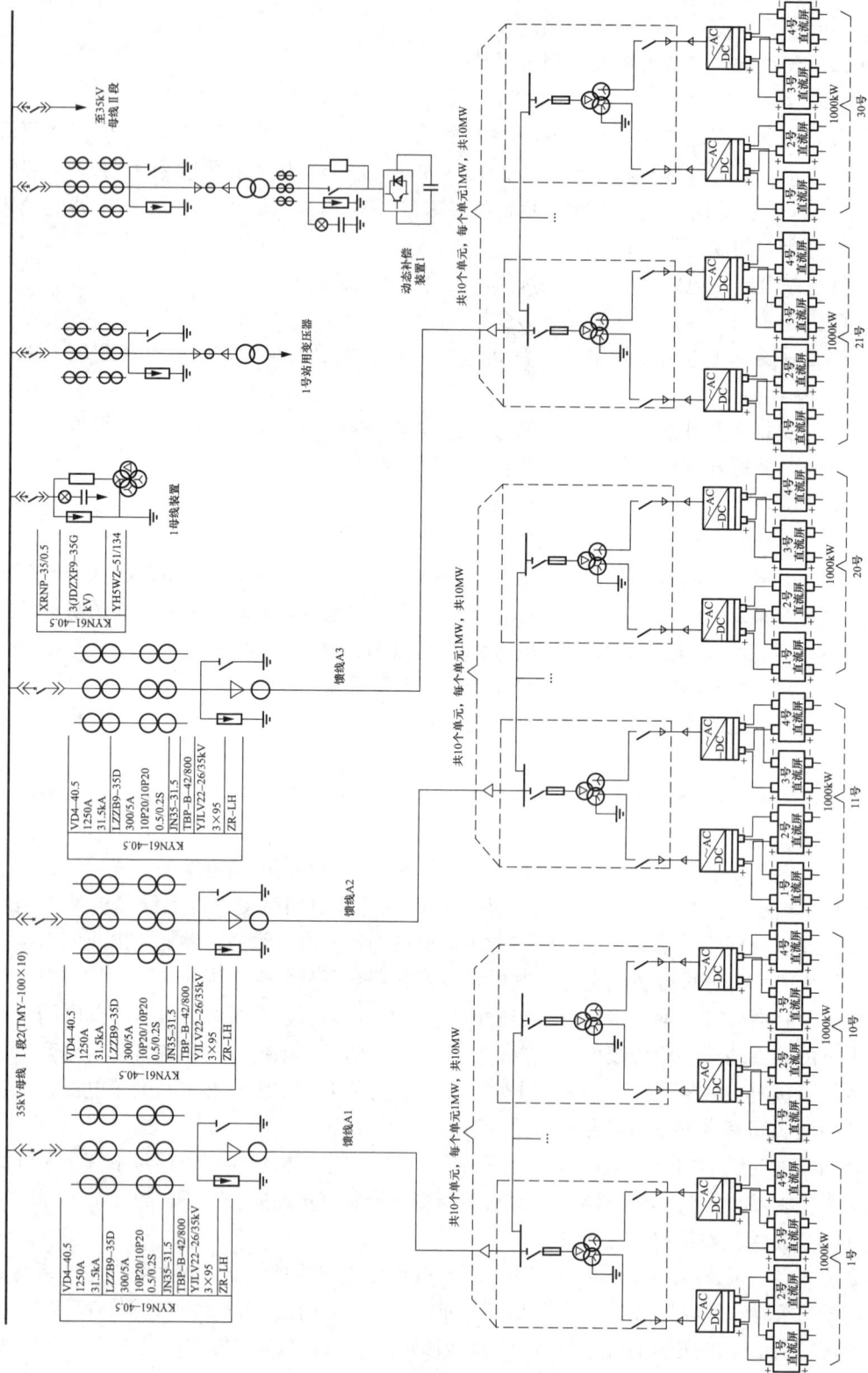

图 2-33　某光伏发电站 35kV 母线 I 段部分接线

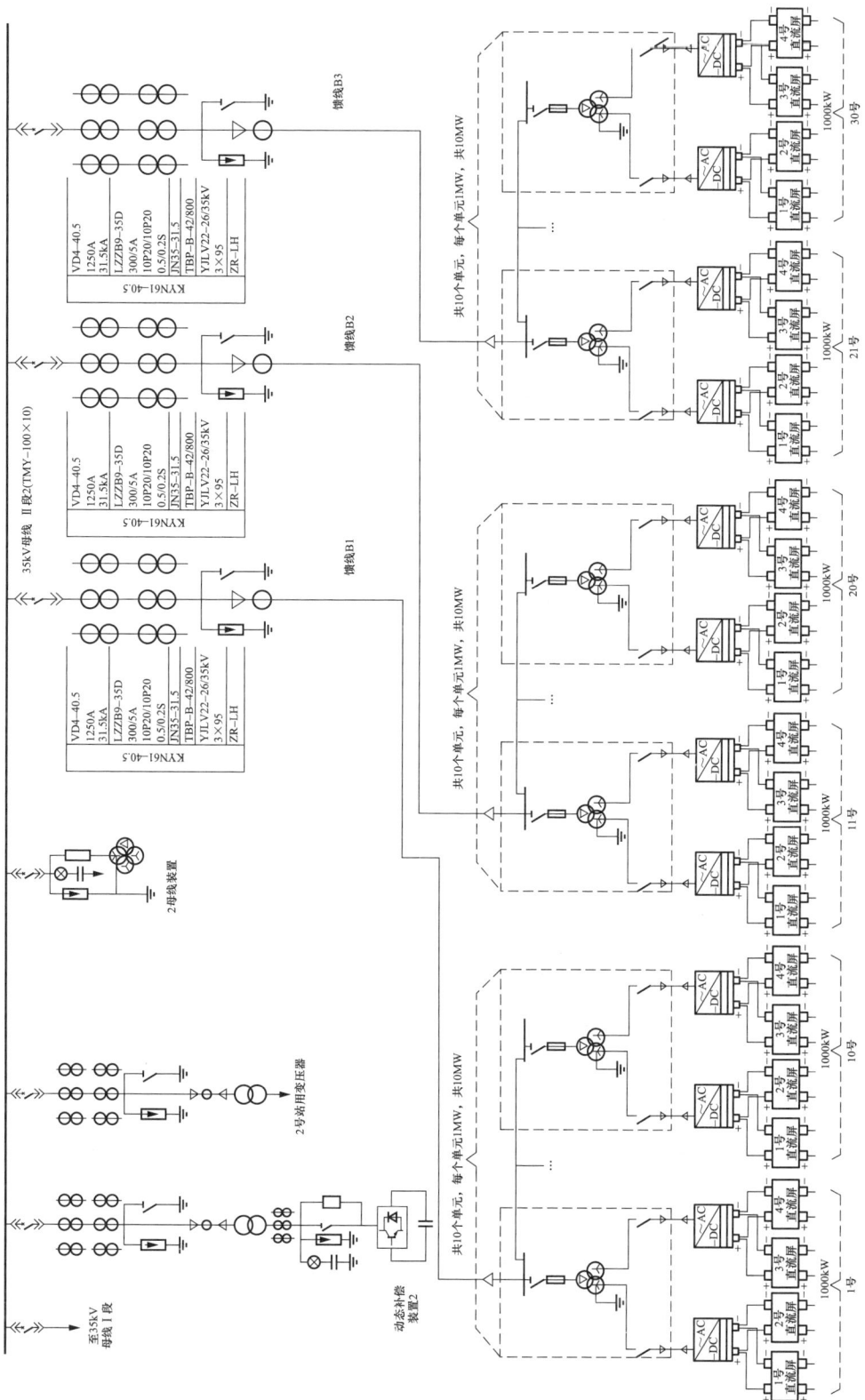

图 2-34 某光伏发电站 35kV 母线 II 段部分接线

出线
C B A

LGJ–50

YH10W–120/266

隔离开关GW4–126kV
1250A 40kA

110kV 电流互感器LB6–110W3
200–400–800/1A
5P30/5P30/5P30
5P30/0.5/0.2S

SF₆断路器LW–126
1600A 100kA 40kA

隔离开关 GW4–126kV
1250A 100kA 40kA

110kV 母线 6063G– ϕ100/90

LGJ–50
隔离开关GW4–126kV
1250A 100kA 40kA
SF₆断路器LW–126
1600A 100kA 40kA

110kV电流互感器LB6–110W3
200–400–800/1A
5P30/5P30/5P30

GW4–126kV
1250A 100kA 40kA

1号主变压器
SZ11–31.5MVA/110kV
110±8×1.25%/35kV
YNd11 Uₖ%=10.5

LGJ–150
隔离开关 GW4–126kV
1250A 100kA 40kA
110kV电容式电压互感器
容量0.2/0.5(3P)/3P 50VA/相
开口三角3P 100VA/相
电容器:0.02μF

YH10W–102/266

LBZ–10W35P30
100–200–400/1A
5P30 15VA
GW4–72.5/630A
中性点TA LRB–60 5P30
100–200–400/1A
5P30 15VA

2号主变压器

带电显示
1250A 80kA 31.5kA接地开关
YH5W–51/134
电流互感器
500–1000/1A
5P20/5P20/5P20/0.5/0.2S
真空断路器
1250A 80kA,31.5kA

开关柜

35kV Ⅰ 2(TMY–100×10)

35kV Ⅱ 2(TMY–100×10)

VD4–40.5
1250A
31.5kA
电流互感器
500–1000/1A
5P20/5P20/5P20/0.5/0.2S

KYN61–40.5

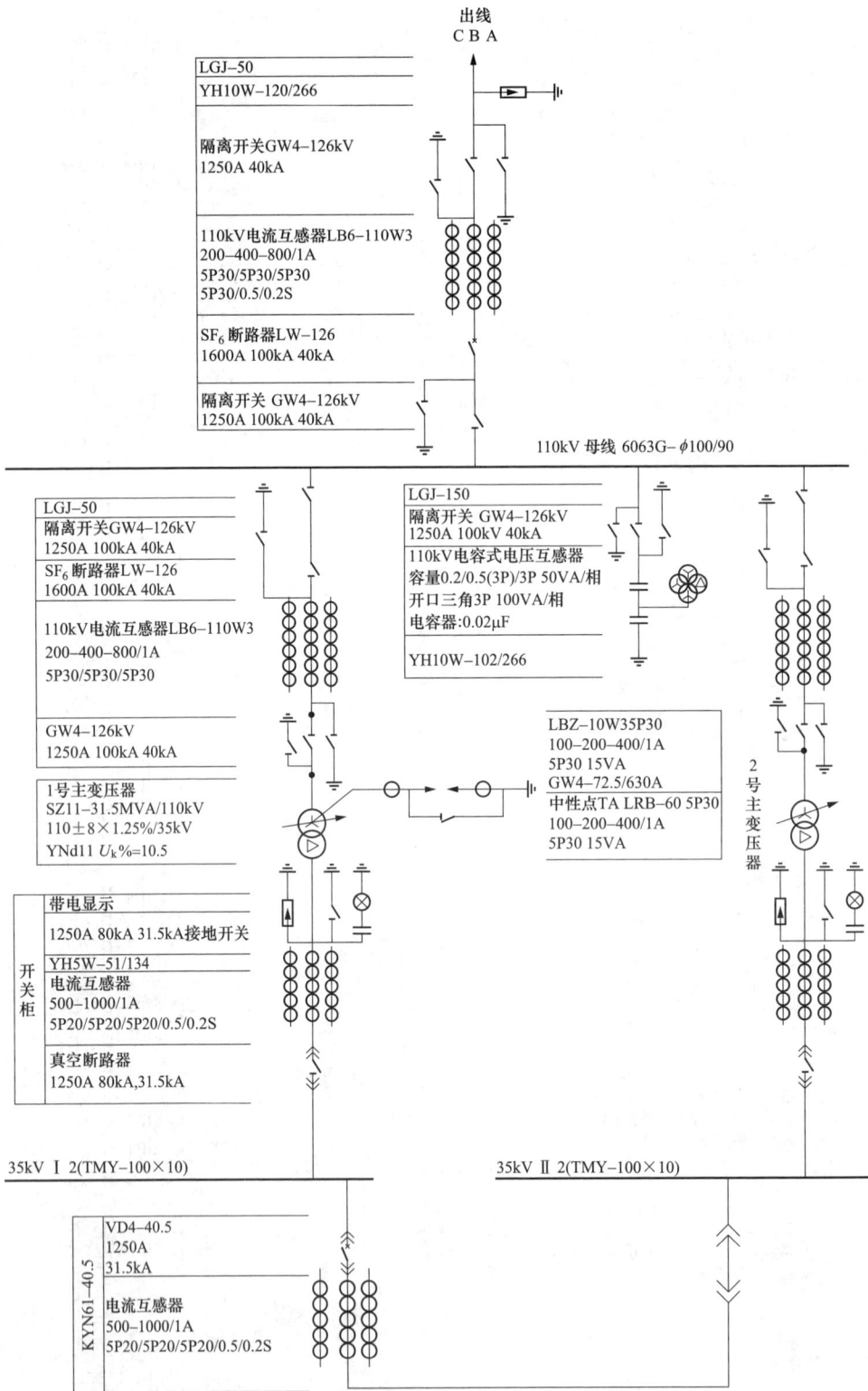

图 2-35　某光伏发电站升压变电站部分接线

110kV 电气主接线出线 1 回，至外部系统，接线形式为单母线接线。35kV 电气主接线出线 6 回，接线形式为单母线二分段接线。在 35kV Ⅰ、Ⅱ段母线上装设 1×40MVA 的动态补偿装置（SVG）成套装置。在 35kV Ⅰ～Ⅱ段母线上装设干式变压器作为站用变压器。另外，从站外引入一回 10kV 电源作为站用电系统备用电源，变压器容量为 400kVA，采用箱式变压器形式。两路电源互为备用，供全站动力、电热、照明及光伏管理区等交流负荷用电。110kV 为中性点直接接地系统，主变压器中性点可以通过隔离开关根据运行要求直接接地或不接地运行。

设计要点提示

- 发电厂电气主接线的设计是在分析原始数据，明确任务要求基础上的设计。
- 大中型火力发电厂电气主接线的设计涵盖发电机组主接线的设计、高压配电装置主接线的设计、厂用电主接线的设计。
- 厂用电设计、站用电设计均属于供电设计，注重满足负荷用电需求。
- 设备配置是主接线设计的重要环节。
- 水力发电站电气主接线设计注重适应其特点，即一般离用电负荷中心远、发电机负荷不大或没有，电能主要升压送出。
- 风力发电机组与机组变电单元宜采用单元接线，风力发电场变电站宜采用单母线接线或线路-变压器接线。
- 光伏发电站主接线设计要适应发电系统部分的多级回流、分散逆变、逆变就地升压、集中并网的特点。

设计基础习题

1. 单母线接线用于 6～10kV 系统时出线回路数一般不超过（　　）回。
　　A. 3　　　　　　B. 4　　　　　　C. 5　　　　　　D. 6

2. 35kV 双母线运行方式，主要用于出线回路数为（　　）以上的系统。
　　A. 6　　　　　　B. 8　　　　　　C. 10　　　　　D. 12

3.（　　）MW 级以上大容量机组一般采用发电机-双绕组变压器单元接线，而不采用发电机-三绕组变压器单元接线。
　　A. 100　　　　　B. 150　　　　　C. 200　　　　　D. 300

4. 外桥式接线不适用于的情况是（　　）。
　　A. 线路较短，变压器不经常切换，穿越功率较大
　　B. 线路较长，变压器不经常切换，穿越功率较小
　　C. 线路较长，变压器经常切换，穿越功率较小
　　D. 线路较短，变压器经常切换，穿越功率较大

5. 电气主接线设计的灵活性，主要考虑（　　）。
　　A. 操作灵活性　　B. 调度灵活性　　C. 检修灵活性　　D. 扩建灵活性

6. 220kV 系统线路为 4 回及以上时宜采用双母线接线。（　　）

7. 母线分段设计中，电源和负荷应尽量均衡地分配于各母线段上，以减少各分段之间的穿越功率。（　　）

8. 600MW 级及以上的机组，每台机组均可设 1 台或 2 台高压厂用备用或启动/备用变压器。（　　）

9. 光伏发电站内各单元发电模块与光伏发电母线的连接方式，一般不采用辐射式连接方式。（　　）

10. 3/2 断路器接线中，当仅装设两串时，为避免开环运行，进、出线应装设隔离开关。（　　）

第3章 变压器的选择

本章设计导图

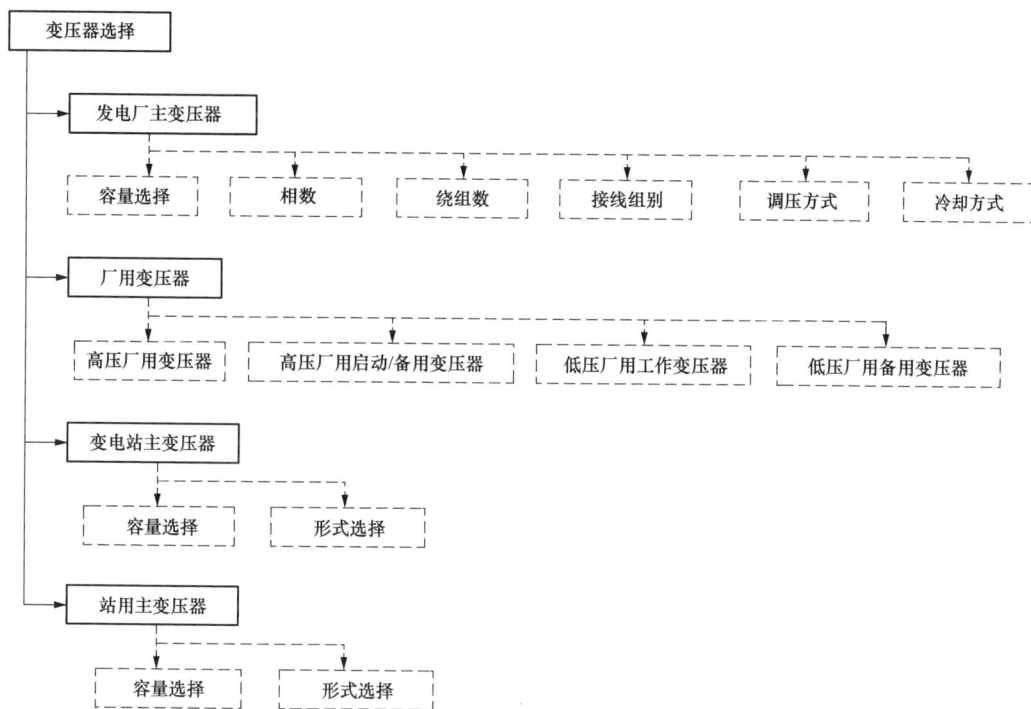

```
变压器选择
├── 发电厂主变压器
│   ├── 容量选择
│   ├── 相数
│   ├── 绕组数
│   ├── 接线组别
│   ├── 调压方式
│   └── 冷却方式
├── 厂用变压器
│   ├── 高压厂用变压器
│   ├── 高压厂用启动/备用变压器
│   ├── 低压厂用工作变压器
│   └── 低压厂用备用变压器
├── 变电站主变压器
│   ├── 容量选择
│   └── 形式选择
└── 站用主变压器
    ├── 容量选择
    └── 形式选择
```

3.1 概　述

变压器是发电厂和变电站的主要设备之一。变压器不仅能升高电压把电能送到用电地区，还能把电压降低为各级使用电压，以满足用电的需要。合理地选择变压器非常重要。变压器容量选择过大，不但会增加初投资，而且会使变压器长期处于空载或轻载运行，导致空载损耗比重增大、功率因数降低、网络损耗增加，这样运行既不经济又不合理。变压器容量选择过小，会使变压器长期过负荷，易损坏设备。

在发电厂中，变压器主要有将发电机的发电升压外送的发电厂主变压器、给发电厂设备供电的厂用变压器、进行电能变换的变电站主变压器及站用变压器等。不同类型的发电形式和发电厂对变压器的选择要求存在差异。

GB 50797—2012《光伏发电站设计规范》规定了光伏发电站变压器的选择要求。光伏发电站升压站主变压器应优先选用自冷式、低损耗电力变压器；当无励磁调压电力变压器不能满足电力系统调压要求时，应采用有载调压电力变压器；主变压器容量可按光伏发电站的最大连续输出容量进行选取，且宜选用标准容量。光伏方阵内就地升压变压器宜选用自冷式、低损耗电力变压器；其容量可按光伏方阵单元模块最大输出功率选取；可采用双绕组变压器或分裂变压器，宜选用无励磁调压变压器。

GB 51096—2015《风力发电场设计规范》规定了风力发电场变压器的选择要求。风力发电场变压器宜选用自冷式、低损耗、免维护电力变压器。机组变电单元变压器容量按风力发电机的额定视在功率选取，宜选用无励磁调压变压器。

火力发电厂和水力发电厂是具有多年运行经验的发电厂，厂用设备较多，运行复杂；其变压器的选择形成了完整的技术方法。本章选择不同层次的变压器重点论述。

3.2　发电厂主变压器的选择

3.2.1　主变压器容量和台数的选择

发电厂的主变压器将发电厂发出的电能输送至电力系统。该主变压器的选择主要考虑输送功率的大小、与系统的联系紧密程度，既要保证发电厂剩余功率的有效输送，又要保证投资及运行的经济性。

1. 单元接线的主变压器容量选择

单元接线的主变压器容量 S_{NT} 应按发电机额定容量扣除本机组的厂用负荷后，留有 10% 的裕度选择，即

$$S_{NT} = 1.1 P_{NG}(1 - K_P)/\cos\varphi_G \tag{3-1}$$

式中　P_{NG}——发电机额定容量，在扩大单元接线中为两台发电机容量之和，kW；

　　　$\cos\varphi_G$——发电机额定功率因数；

　　　K_P——厂用电率。

2. 接于发电机电压母线与升高电压母线之间的主变压器容量选择

（1）当发电机电压母线上的负荷最小时应能将发电厂的最大剩余功率送至系统，即满足此要求的变压器容量 S_{NT1} 为

$$S_{NT1} \approx \left[\sum P_{NG}(1 - K_P)/\cos\varphi_G - P_{min}/\cos\varphi_{min}\right]/n \tag{3-2}$$

式中　$\sum P_{NG}$——发电机电压母线上的发电机容量之和，kW；

　　　P_{min}——发电机电压母线上的最小负荷，kW；

　　　$\cos\varphi_{min}$——最小负荷时的功率因数；

　　　n——发电机电压母线上的主变压器台数。

（2）若发电机电压母线上接有两台及以上主变压器，当负荷最小且其中容量最大的一台变压器退出运行时，其他主变压器应能将发电厂最大剩余功率的 70% 以上送至系统，即满足此要求的变压器容量 S_{NT2} 为

$$S_{NT2} \approx \left[\sum P_{NG}(1 - K_P)/\cos\varphi_G - P_{min}/\cos\varphi\right] \times 0.7/(n-1) \tag{3-3}$$

（3）若发电机电压母线上接有两台及以上主变压器，当发电机电压母线上的负荷最大且其中容量最大的一台机组退出运行时，主变压器应能从系统倒送功率，满足发电机电压母线上最大负荷的需要，即满足此要求的变压器容量 S_{NT3} 为

$$S_{NT3} \approx [P_{max}/\cos\varphi_{max} - \sum P'_{NG}(1-K_P)/\cos\varphi_G]/n \tag{3-4}$$

式中　P_{max}——发电机电压母线上的最大负荷，kW；

　　　$\cos\varphi_{max}$——最大负荷时的功率因数；

　　　$\sum P'_{NG}$——发电机电压母线上除容量最大一台机组外，其他发电机容量之和，kW。

（4）对于水力发电厂中比重较大的系统，由于经济运行的要求，在丰水期应充分利用水能，这时有可能停用火力发电厂的部分或全部机组，以节约燃料，火力发电厂的主变压器应能从系统倒送功率，满足发电机电压母线上最大负荷的需要，即满足此要求的变压器容量 S_{NT4} 为

$$S_{NT4} \approx [P_{max}/\cos\varphi_{max} - \sum P''_{NG}(1-K_P)/\cos\varphi_G]/n \tag{3-5}$$

式中　$\sum P''_{NG}$——发电机电压母线上停用部分机组后，其他发电机容量之和，kW。

按照上面的四个条件初步确定变压器容量后，最终取最大的结果作为变压器的选择容量 S_{NT}，即

$$S_{NT} = \max\{S_{NT1}, S_{NT2}, S_{NT3}, S_{NT4}\} \tag{3-6}$$

注意上述四个条件，对某项无要求者可不进行计算。接于发电机电压母线上的主变压器一般来说不少于两台，但对主要向发电机电压供电的地方电厂、系统电源作为备用时，可以只装一台。

3.2.2　主变压器形式的选择

1. 主变压器相数的确定

从投资、占地、运行损耗、维护等方面考虑，容量为 300MW 及以下机组单元连接的主变压器和 330kV 及以下电力系统中，一般都应选用三相变压器。考虑变压器的制造条件和运输条件的限制，特别是大型变压器，运输可能受到限制时，则可选用单相变压器组。

容量为 600MW 机组单元连接的主变压器和 500kV 电力系统中的主变压器应综合考虑运输和制造条件，经技术经济比较，可采用单相组成三相变压器。

2. 主变压器绕组数的确定

主变压器按每相的绕组数分为双绕组、三绕组或更多绕组等形式；按电磁结构分为普通双绕组、三绕组、自耦式绕组及低压绕组分裂式等形式。

（1）发电厂以两种升高电压级向用户供电或与系统连接时，可以采用两台双绕组变压器或三绕组变压器。

（2）机组容量为 125MW 及以下的发电厂多采用三绕组变压器，但三绕组变压器每个绕组的通过容量应达到该变压器额定容量的 15% 及以上，否则绕组未能充分利用，反而不如选用两台双绕组变压器在经济上更加合理。

（3）在一个发电厂或变电站中采用的三绕组变压器一般不多于三台，以免由于增加了中压侧引线的构架，造成布置的复杂和困难。

（4）三绕组变压器根据三个绕组的布置方式不同，分为升压变压器和降压变压器。升压变压器用于功率流向由低压绕组传送到高压和中压绕组，常用于发电厂；降压变压器用于功率流向由高压绕组传送至中压和低压绕组，常用于变电站。

（5）机组容量为 200MW 以上的发电厂采用发电机-双绕组变压器单元接线接入系统，而两种升高电压级之间加装联络变压器更为合理。联络变压器宜选用三绕组变压器（或自耦

变压器），低压绕组可作为厂用备用电源或厂用启动电源，也可连接无功补偿装置。

（6）扩大单元接线的主变压器，应优先选用低压分裂绕组变压器，可以大大限制短路电流。

（7）在 110kV 及以上中性点直接接地系统中，凡需选用三绕组变压器的场所，均可优先选用自耦变压器，因其损耗小、价格低。

3. 主变压器绕组接线组别的确定

主变压器三相绕组的接线组别必须与系统电压相一致，否则不能并联运行。电力系统常用的绕组接线方式只有星形（Y）和三角形（D）两种。变压器三绕组的接线方式应根据具体项目确定。目前我国电力系统中电压等级 110kV 及以上，变压器三相绕组采用 YN 接线，中性点直接接地；35kV 采用 Y 接线，中性点经消弧线圈接地；10kV 系统中性点不接地，常采用 D 接线。

4. 主变压器调压方式及冷却方式的确定

在运行供电过程中，为了保证变电站的供电质量，电压必须维持在允许范围内。通过变压器的分接头切换开关，可改变变压器高（中）压侧绕组匝数，从而改变其变比，实现电压调整。分接头切换开关有两种切换方式：不带电切换，称为无励磁调压，调压范围小，通常在 ±2×2.5% 以内；带负荷切换，称为有载调压，调压范围可达 30%。在上述两种切换方式中，有载调压结构复杂且昂贵，一般作为功率变化大或发电机低功率因数运行的发电厂的主变压器。

变压器的冷却方式随其容量不同而异。一般常用的变压器冷却方式有自然风冷却、强迫空气冷却、强迫油循环风冷却等。自然风冷却变压器额定容量在 10 000kVA 及以下；强迫空气冷却变压器额定容量在 8000kVA 及以上；强迫油循环风冷却变压器额定容量在 40 000kVA 及以上。

3.3 厂用变压器的选择

3.3.1 厂用负荷的计算

厂用负荷的计算是选择变压器容量的前提，厂用计算负荷一般利用换算系数法根据用电设备的额定功率估算。设备运行方式复杂，有经常使用和不经常使用的设备之分，设备运行时又有连续、短时和断续之分。因此，一段母线上有多台设备时，各设备不一定同时运行、同时运行的设备不一定在最大额定功率下运行，另外设备还有损耗，这些因素都用换算系数来考虑。

厂用母线段或变压器的计算负荷 S（单位为 kVA）计算公式为

$$S = \sum(KP) \tag{3-7}$$
$$K = (K_m K_L)/(\eta \cos\varphi)$$

式中　P——电动机的计算功率，kW；

　　　K——换算系数，可取表 3-1 所列的数值，与同时系数 K_m、负荷率 K_L、效率 η 和功率因数 $\cos\varphi$ 有关，是一综合系数。

表 3-1	不同设备的换算系数	
机组容量（MW）	≤125	≥200
给水泵及循环水泵电动机	1.0	1.0
凝结水泵电动机	0.8	1.0
高压电动机及低压厂用变压器	0.8	0.85
其他低压电动机	0.8	0.7

电动机的计算负荷 P 根据其铭牌额定功率及负荷的运行方式确定如下：

（1）连续运行（经常、连续运行和连续而不经常运行）的电动机设备，均应全部计入其功率，设电动机额定功率为 $P_N(kW)$，则

$$P = P_N \tag{3-8}$$

（2）经常短时及经常断续运行的电动机的计算功率 P 为

$$P = 0.5 P_N \tag{3-9}$$

（3）不经常短时及不经常断续运行的设备，一般可不予计算，即

$$P = 0 \tag{3-10}$$

（4）对于修配厂的用电负荷，考虑最大的电动机对负荷的影响，通常按二项式法计算，即

$$P = 0.14 P_\Sigma + 0.4 P_{\Sigma 5} \tag{3-11}$$

式中　P_Σ——全部电动机的额定功率总和，kW；

$P_{\Sigma 5}$——最大 5 台电动机的额定功率之和，kW。

（5）煤场机械负荷中，对于大型机械，应根据机械工作情况具体分析，按二项式法确定。

中、小型机械的计算负荷为

$$P = 0.35 P_\Sigma + 0.6 P_{\Sigma 3} \tag{3-12}$$

式中　$P_{\Sigma 3}$——最大 3 台机械的额定功率之和，kW。

翻斗机的计算负荷为

$$P = 0.22 P_\Sigma + 0.5 P_{\Sigma 5} \tag{3-13}$$

轮斗机的计算负荷为

$$P = 0.13 P_\Sigma + 0.3 P_{\Sigma 5} \tag{3-14}$$

（6）照明设备的计算负荷按需要系数法计算，即

$$P = K_d P_A \tag{3-15}$$

式中　K_d——需要系数，一般取 0.8～1.0；

P_A——安装容量，即安装的所有负荷额定功率总和，kW。

3.3.2　厂用变压器容量的选择

厂用电源有工作电源和启动/备用电源，两者又各分为高压和低压两部分。因此，对应的厂用变压器也包括厂用高压工作变压器、高压启动/备用变压器、低压工作变压器和低压备用变压器。厂用变压器的容量按照其所带负荷容量来选择，以计算负荷为依据。

1. 高压厂用工作变压器容量

高压厂用工作变压器的容量应按高压厂用计算负荷的 110% 与低压厂用计算负荷之和进

行选择。

（1）高压双绕组变压器容量选择为

$$S_{\mathrm{NT}} \geqslant 1.1 S_{\mathrm{H}} + S_{\mathrm{L}} \tag{3-16}$$

式中　S_{NT}——变压器容量，kVA；

　　　S_{H}——高压厂用计算负荷之和，kVA；

　　　S_{L}——低压厂用计算负荷之和，kVA。

（2）高压分裂绕组变压器容量选择须同时考虑分裂绕组、高压绕组及其重复计算负荷。

任一分裂绕组的额定容量 $S_{\mathrm{2NT}}(\mathrm{kVA})$ 应满足

$$S_{\mathrm{2NT}} \geqslant S_{\mathrm{c}} \tag{3-17}$$

$$S_{\mathrm{c}} = 1.1 S_{\mathrm{H2}} + S_{\mathrm{L2}}$$

式中　S_{c}——高压厂用变压器分裂绕组的计算负荷，kVA；

　　　S_{H2}——分裂绕组供电的高压厂用计算负荷之和，kVA；

　　　S_{L2}——分裂绕组供电的低压厂用计算负荷之和，kVA。

高压绕组的额定容量 $S_{\mathrm{1NT}}(\mathrm{kVA})$ 应满足

$$S_{\mathrm{1NT}} \geqslant \sum S_{\mathrm{c}} - S_{\mathrm{r}} \tag{3-18}$$

式中　$\sum S_{\mathrm{c}}$——分裂绕组计算负荷之和，kVA；

　　　S_{r}——两个分裂绕组的重复计算负荷，kVA。

2. 高压厂用启动/备用变压器容量

高压厂用启动/备用变压器容量应满足其所带的公用负荷及最大一台工作变压器的备用要求。

（1）双绕组启动/备用变压器的容量 S_{NT} 应满足

$$S_{\mathrm{NT}} \geqslant S_0 + S_{\max} \tag{3-19}$$

式中　S_0——启动/备用变压器所带的公用计算负荷，kVA；

　　　$S_{\max}$——最大一台高压厂用工作变压器的容量，kVA。

（2）分裂绕组启动/备用变压器的容量。

任一分裂绕组的额定容量 $S_{\mathrm{2NT}}(\mathrm{kVA})$ 应满足

$$S_{\mathrm{2NT}} \geqslant S_{\mathrm{c}} \tag{3-20}$$

$$S_{\mathrm{c}} = S_0 + S_{\max}$$

式中　S_{c}——启动/备用变压器分裂绕组的计算负荷，kVA。

启动/备用变压器高压绕组的额定容量 $S_{\mathrm{1NT}}(\mathrm{kVA})$ 应满足

$$S_{\mathrm{1NT}} \geqslant \sum S_{\mathrm{c}} - S_{\mathrm{r}} \tag{3-21}$$

式中　$\sum S_{\mathrm{c}}$——启动/备用变压器分裂绕组计算负荷之和，kVA；

　　　S_{r}——启动/备用变压器两个分裂绕组的重复计算负荷，kVA。

3. 低压厂用工作变压器容量

低压厂用工作变压器容量选择为

$$S_{\mathrm{NT}} \geqslant S_{\mathrm{L}} / K_{\theta} \tag{3-22}$$

式中　S_{NT}——低压厂用工作变压器容量，kVA；

　　　S_{L}——低压厂用计算负荷之和，kVA；

　　　K_{θ}——变压器温度修正系数。

一般对于装在屋外或由屋外进风的小间内的变压器，温度修正系数可取 1，但宜将小间进出风温差控制在 10℃ 以内；对于由主厂房进风的小间内的变压器，当温度变化较大时，随地区而异，应当考虑对温度进行修正。

4. 低压厂用备用变压器容量

低压厂用备用变压器的容量应与最大一台低压厂用工作变压器的容量相同。

3.3.3　厂用变压器台数配置及形式选择要求

厂用变压器台数配置及形式选择可参考 GB 50660—2011《大中型火力发电厂设计规范》及 GB 50049—2011《小型火力发电厂设计规范》的要求。

高压厂用工作变压器的台数配置应符合下列规定：125MW 级机组的高压厂用工作电源宜采用 1 台双绕组变压器；200～300MW 级机组的高压厂用工作电源宜采用 1 台分裂变压器；600MW 级机组的高压厂用工作电源可采用 1 台分裂变压器或 1 台分裂变压器加 1 台双绕组变压器；1000MW 级机组的高压厂用工作电源可采用 2 台分裂变压器或 1 台分裂变压器加 1 台双绕组变压器。

高压厂用变压器不应采用有载调压变压器，其阻抗不宜大于 10.5%。当发电机出口装设断路器，此时接于主变压器低压侧的高压厂用变压器兼作启动电源时，可采用有载调压变压器。

当高压厂用备用变压器的阻抗电压在 10.5% 以上时，或引接地点的电压波动超过 ±5% 时，应采用有载调压变压器。

3.4　变电站主变压器及站用变压器的选择

3.4.1　变电站主变压器的选择

不同的变电站在系统中的地位和作用是不同的。枢纽变电站位于电力系统的枢纽点，连接电力系统的高、中压部分，汇集多个电源，电压一般为 330～500kV。中间变电站一般位于系统的主要环路线路中或系统主要干线的接口处，汇集 2～3 个电源，高压侧以交换潮流为主，同时又降低电压给当地用户，电压一般为 220～330kV。地区变电站主要向一个地区或城市用户供电，电压一般为 110～220kV。终端变电站位于输电线路终端，接近负荷点，直接向用户供电，电压一般为 110kV 以下。变电站的主变压器形式选择类同发电厂主变压器，其容量选择应满足变电站最大负荷的容量要求。

变电站主变压器的容量一般按变电站建成后 5～10 年的规划负荷考虑，并应按照其中一台停用时其余变压器能满足变电站最大负荷 S_{max} 的 60%～70%（35～110kV 变电站为 60%，220～500kV 变电站为 70%）或全部重要负荷（当 Ⅰ、Ⅱ 类负荷超过上述比例时）选择。即

$$S_{NT} \approx (0.6 \sim 0.7) S_{max}/(n-1) \tag{3-23}$$

$$S_{NT} \geqslant S_{12}/(n-1) \tag{3-24}$$

式中　n——变电站主变压器的台数；

S_{12}——重要的 Ⅰ、Ⅱ 类负荷大小，kVA。

为了保证供电的可靠性，变电站一般装设两台主变压器；枢纽变电站装设 2～4 台；地区性孤立的一次变电站或大型工业专用变电站，可装设三台。

对于只装一台主变压器的变电站（如工业企业车间变电站），主变压器的容量应满足全

部用电设备总计算负荷的需要。

3.4.2　站用主变压器的选择

变电站要正常运行，就必须配套有相应的设备，这些设备构成了站用电负荷。如 220～500kV 变电站中的充电装置、变压器冷却装置、断路器和隔离开关的操作电源、通风机、远动装置、微机监控系统、空气压缩机、水泵、站区生活用电等。

站用变压器的容量按照其计算负荷选择，站用电计算负荷统计一般按照换算系数法计算。对于连续运行及经常短时运行的设备，计入其功率；对于不经常短时和不经常断续运行的设备，不计入其功率。选择站用变压器的容量时，站用负荷按动力负荷、电热负荷和照明负荷分类计入。站用变压器容量 S_T 满足的条件是

$$S_T \geqslant K_1 P_1 + P_2 + P_3 \tag{3-25}$$

式中　K_1——站用动力负荷的换算系数，一般取 0.8；

　　　P_1——站用动力负荷之和，kW；

　　　P_2——站用电热负荷之和，kW；

　　　P_3——站用照明负荷之和，kW。

设计要点提示

- 变压器的容量在明确传输功率（或负荷计算）的基础上进行。
- 主变压器容量的选择主要考虑向电网输送功率的大小。
- 厂用工作变压器容量的选择主要依据其供电的厂用负荷的大小。
- 变电站主变压器容量的选择根据变电站的地位和作用不同确定，依据最大负荷或重要负荷选择。
- 站用变压器容量按站用电计算负荷选择。

设计基础习题

1. 为保证供电可靠性，发电机电压母线上的主变压器一般不少于（　　）。

　　A. 1　　　　　　　B. 2　　　　　　　C. 3　　　　　　　D. 4

2. 枢纽变电站一般装设（　　）台主变压器，以免一台主变压器故障或检修时中断重要负荷供电。

　　A. 1～2　　　　　B. 2～3　　　　　C. 2～4　　　　　D. 4 台以上

3. 某发电厂一台 200MW 的发电机，功率因数为 0.85，采用发电机-双绕组变压器单元接线，变压器的容量应该选为（　　）。

　　A. 260 000kVA　　B. 240MVA　　　C. 360MVA　　　D. 180MVA

4. 发电厂的机组容量在（　　）MW 及以下时，若以两种升高电压向用户供电，一般采用三绕组变压器。

　　A. 120　　　　　　B. 125　　　　　C. 130　　　　　D. 135

5. 在中国的电力系统中，当电压等级在 110kV 及以上时，变压器三相绕组采用星形接线，中性点采用的接地方式为（　　）。

　　A. 直接接地　　　　B. 不接地　　　　C. 经消弧线圈接地　　　　D. 高阻接地

6. 一般自然风冷却变压器的额定容量在 10 000kVA 及以下。（　　　）

7. 不经常短时及不经常断续运行的设备，厂用负荷计算时一般可不予考虑。（　　　）

8. 低压厂用备用变压器的容量应与最小一台低压厂用工作变压器的容量相同。（　　　）

9. 1000MW 级机组的高压厂用工作电源可采用 2 台分裂变压器。（　　　）

10. 扩大单元接线的主变压器，应优先选用低压分裂绕组变压器。（　　　）

第4章 短路电流计算

本章设计导图

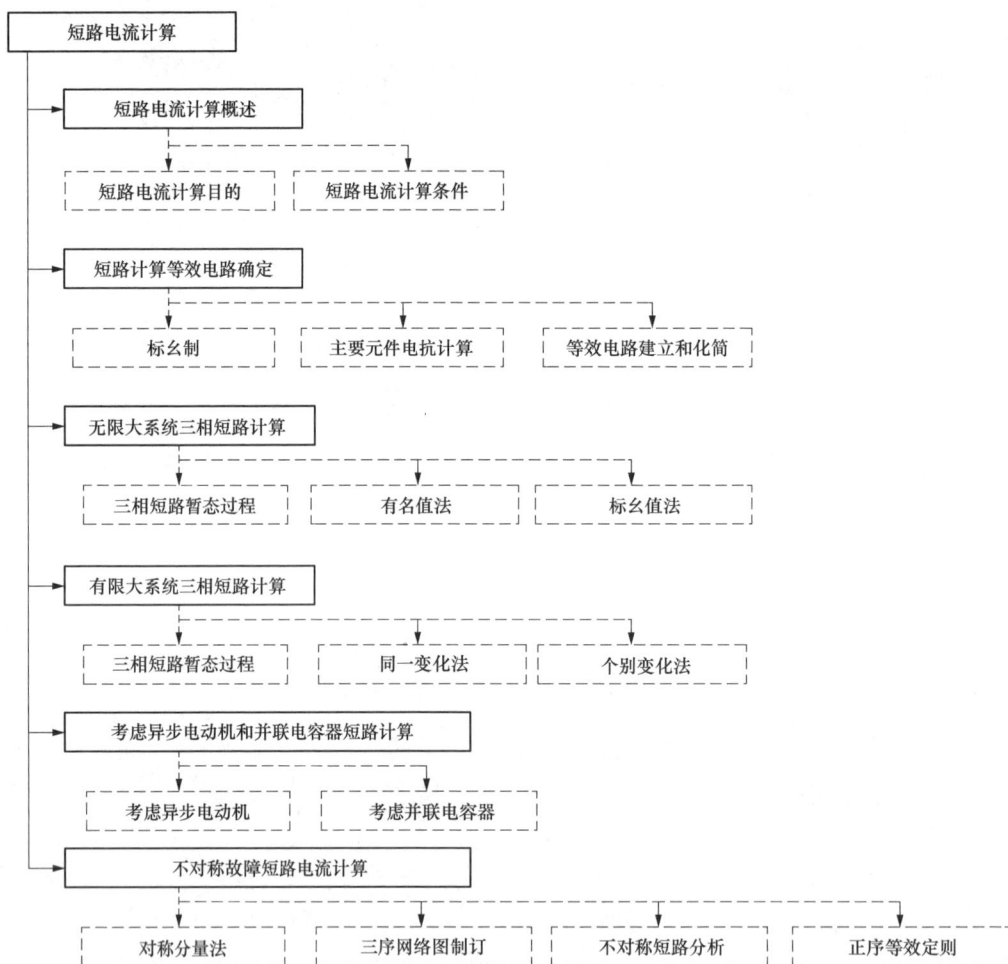

```
短路电流计算
    │
    ├── 短路电流计算概述
    │       ├── 短路电流计算目的    短路电流计算条件
    │
    ├── 短路计算等效电路确定
    │       ├── 标幺制    主要元件电抗计算    等效电路建立和化简
    │
    ├── 无限大系统三相短路计算
    │       ├── 三相短路暂态过程    有名值法    标幺值法
    │
    ├── 有限大系统三相短路计算
    │       ├── 三相短路暂态过程    同一变化法    个别变化法
    │
    ├── 考虑异步电动机和并联电容器短路计算
    │       ├── 考虑异步电动机    考虑并联电容器
    │
    └── 不对称故障短路电流计算
            ├── 对称分量法    三序网络图制订    不对称短路分析    正序等效定则
```

4.1 短路电流计算概述

4.1.1 短路电流计算及其目的

1. 关于短路电流计算

电力系统的短路故障有对称短路（三相短路）和不对称短路（两相短路、两相接地短路及单相接地短路）。在发电厂变电站电气设计中，短路电流计算可以采用元件的有名值或标幺值。

对于三相对称短路电流的计算，有名值法应用于发电厂厂用电的低压 380V 部分的短路电流计算，一般考虑线路电阻；标幺值法用于发电厂其他部分（如发电主系统、厂用高压系统）的短路电流计算。在厂用电低压部分的短路电流计算时，一般认为系统是无限大容量系统；在发电厂主系统、厂用高压系统的短路电流计算时，发电机可能会被认为是有限大容量电源，是含有限大容量电源系统的短路电流计算。对于无限大容量系统的三相短路电流的计算，通过其等效电路实现；对于含有限大容量电源系统且短路过程复杂时，短路电流计算通过查曲线获得。

对于不对称短路电流的计算，一般按照对称分量法制定序网络，利用等效定则计算。

2. 短路电流计算的目的

短路电流计算是电力系统的一项基本计算，在发电厂、变电站及整个电力系统的设计和运行中需要以短路电流计算的结果作为依据，其主要用途如下：

（1）确定电气主接线；

（2）选择导体和电气设备；

（3）确定中性点的接地方式；

（4）计算软导线的短路摇摆；

（5）确定分裂导线分裂棒之间的间距；

（6）验算接地装置的接触电压和跨步电压；

（7）选择继电保护装置，进行整定及校验。

4.1.2　短路电流的计算条件

1. 短路电流计算的假设条件

短路是一个变化规律非常复杂的暂态过程，其精确计算非常困难。通常，为了简化计算，在能满足工程需求的条件下，采取一些合理的假设，对短路电流进行工程实用的近似计算。其假设条件如下：

（1）正常工作时，三相系统对称运行；

（2）电力系统中所有发电机电动势的相位角相同；

（3）系统中的同步和异步发电机均为理想电机，即不考虑电机磁饱和、磁滞、涡流及导体的集肤效应和邻近效应等影响，转子结构完全对称，定子三相绕组空间位置相差 120°；

（4）不计电力系统中各元件磁路饱和，即带铁芯的电气设备电抗值不随电流大小而发生变化；

（5）电力系统中所有电源都在额定负荷下运行，其中 50% 负荷接在高压母线上，50% 则接在系统侧；

（6）同步发电机都具有自动调整励磁装置（包括强行励磁）；

（7）短路发生在短路电流为最大值的瞬间；

（8）不考虑短路点的电弧阻抗（即认为短路为金属性短路，过渡电阻为 0）和变压器励磁电流；

（9）各个元件的电阻忽略不计（计算短路电流的衰减时间常数和低压电网的短路电流除外）；

（10）各个元件的计算参数均取其额定值，不考虑参数的误差和调整范围；

（11）输电线路的电容忽略不计。

2. 短路电流计算的一般规定

（1）容量和接线。验算导体和电气设备的动稳定、热稳定以及电气设备开断电流所用的短路电流，应按工程的设计规划容量计算，并考虑电力系统的远景发展规划（一般为本期工程建成后 5～10 年）。

确定短路电流时，应按照可能产生最大短路电流的正常接线方式，而不仅按在切换过程中可能并列运行的接线方式。

此外，选择导体和电气设备用的短路电流，在电气连接网络中，还应考虑具有反馈作用的异步电动机的影响和电容补偿装置放电电流的影响。

（2）短路点的确定。导体和电气设备的动稳定、热稳定以及开断电流，一般按三相短路验算。若发电机出口的两相短路或中性点直接接地系统及自耦变压器等回路中的单相、两相接地短路比三相短路严重，则按严重情况计算。

在计算电路中，各支路短路电流的大小会随着短路点位置的不同而不同。选择导体和电气设备时，应按照流经该导体或设备的最大短路电流来校验。因此，需要对被选导体或设备的计算短路点进行确定。

所谓的计算短路点，是指使被选导体或设备通过最大短路电流的短路点。对于带电抗器的 6～20kV 出线与厂用分支线回路，其母线和母线隔离开关之间隔板前的引线和绝缘套管的计算短路点选在电抗器之前，其余的导体和设备的计算短路点一般选在电抗器之后。计算短路点的确定如图 4-1 所示。

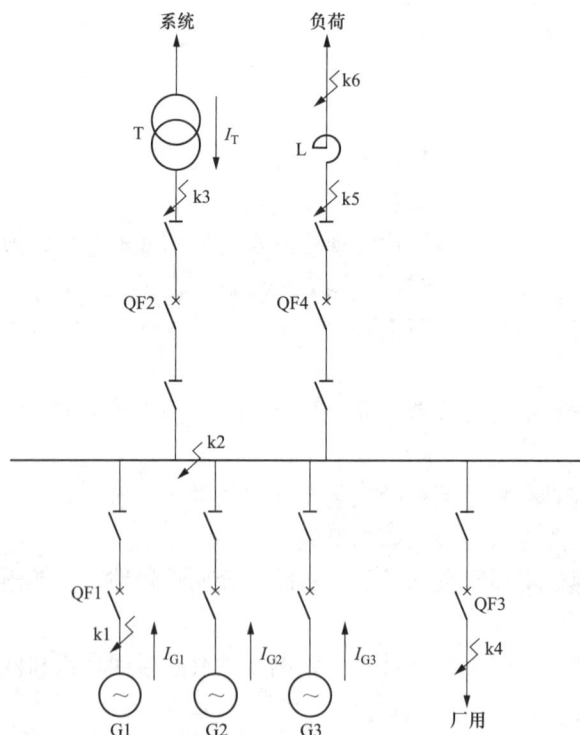

图 4-1　计算短路点的确定

图 4-1 中，I_T、I_{G1}、I_{G2}、I_{G3} 分别为流经变压器 T 和发电机 G1、G2、G3 的电流；S_{G1}、S_{G2}、S_{G3} 分别为对应发电机的基准功率。

下面以选择断路器为例，结合图 4-1 来说明计算短路点的确定方法。（设 $S_{G1} = S_{G2} = S_{G3}$）

1）QF1 计算短路点的确定。计算流经 QF1 的短路电流，应考虑两个可能的计算短路点，即 k1 和 k2 点。k1 点短路时，流过 QF1 的短路电流为 $I_T + I_{G2} + I_{G3}$；k2 点短路时，流过 QF1 的短路电流则为 I_{G1}。由于 $S_{G1} = S_{G2} = S_{G3}$，所以有 $I_{G1} = I_{G2} = I_{G3}$。显然，k1 点短路时流过 QF1 的短路电流较大，故 k1 点被确定为 QF1 的计算短路点。

2）QF2 计算短路点的确定。对于 QF2 而言，则应比较 k2 点和 k3 点的短路电流。k2 点短路时，流过 QF2 的短路电流为 I_T；k3 点短路时，流过 QF2 的短路电流为 $I_{G1} + I_{G2} + I_{G3}$。当 $(I_{G1} + I_{G2} + I_{G3}) > I_T$ 时，k3 点为 QF2 的计算短路点；反之，k2 点为 QF2 的计算短路点。

3）QF3 计算短路点的确定。厂用断路器 QF3 的计算短路点非常容易确定，因为流过 QF3 的短路电流只有一个方向，即 k4 点短路时，所有的短路电流均流向该点，故 k4 点即为 QF3 的计算短路点。

4）QF4 计算短路点的确定。QF4 属于带限流电抗器的回路，由于限流电抗器 L 的限流作用，k6 点的短路电流比 k5 点的要小，为了 QF4 能选用轻型化断路器装置，常选 k6 为 QF4 的计算短路点。

3. 短路电流计算的基本步骤

（1）根据相应的电力系统、发电厂、变电站接线图，确定与短路电流有关的运行方式。

（2）计算各元件的阻抗（电抗）。（系统电抗一般由上级调度部门提供）

（3）绘制相应的短路电流计算等效电路图。

（4）根据需要取不同的短路点进行短路电流计算。

（5）列出短路电流计算结果表。

4.2　短路计算的等效电路及化简

4.2.1　元件标幺电抗计算

1. 元件的额定标幺电抗

在短路电流实用计算中，对于 1000V 以上的高压电路，一般只考虑各主要元件（如发电机、电力变压器、电抗器、架空线路及电缆线路等）的电抗。对于配电装置中的母线及不长的连接导线、断路器和电流互感器等元件的阻抗，可不予考虑。

（1）发电机。发电机的等效电路可用相应的电动势和电抗串联起来表示。图 4-2 所示为发电机及其等效电路。

在三相短路电流的实用计算中，发电机电动势用次暂态电动势 E'' 表示，发电机的电抗用短路起始瞬间电抗，即纵轴

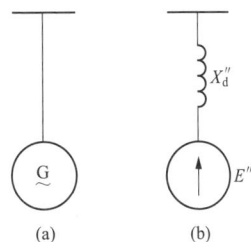

图 4-2　发电机及其等效电路
（a）发电机；（b）等效电路

次暂态电抗 X_d'' 表示。对于各类发电机的次暂态电抗，产品目录中给出的为 X_{d*}''，它是以发电机的额定参数为基准值的。当数据不全或作近似计算时，可采用表 4-1 所列平均值。

表 4-1 各类同步发电机 X''_{d*} 的平均值

序号	类型	X''_{d*}	序号	类型	X''_{d*}
1	无阻尼绕组的水轮发电机	0.29	5	200MW 的汽轮发电机	0.145
2	有阻尼绕组的水轮发电机	0.21	6	300MW 的汽轮发电机	0.172
3	容量为 50MW 及以下的汽轮发电机	0.145	7	同步调相机	0.16
4	100MW 及 125MW 的汽轮发电机	0.175	8	同步电动机	0.15

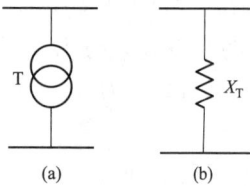

图 4-3 双绕组变压器及其等效电路
(a) 双绕组变压器；(b) 等效电路

（2）电力变压器。双绕组变压器及其等效电路如图 4-3 所示。双绕组变压器产品目录中给出的短路电压百分值 $U_k\%$，是变压器通过额定电流时的电压降对额定电压的比值的百分数，所以以变压器的额定参数为基准值的电抗标幺值为

$$X_{T*N} = \frac{\sqrt{3}\,I_N X_T}{U_N} \tag{4-1}$$

或

$$X_{T*N} = \frac{U_k\%}{100} \tag{4-2}$$

式中 I_N——变压器的额定电流，A；

X_T——变压器的电抗，Ω；

U_N——变压器的额定电压，kV。

三绕组变压器和自耦变压器及其等效电路如图 4-4 所示。各绕组间的短路电压百分值分别用 $U_{k(I-II)}\%$、$U_{k(II-III)}\%$、$U_{k(I-III)}\%$ 表示，下标 I、II、III 分别表示高、中、低压。这些短路电压的百分值都是对应变压器的额定容量，即容量最大的绕组而言的百分值。

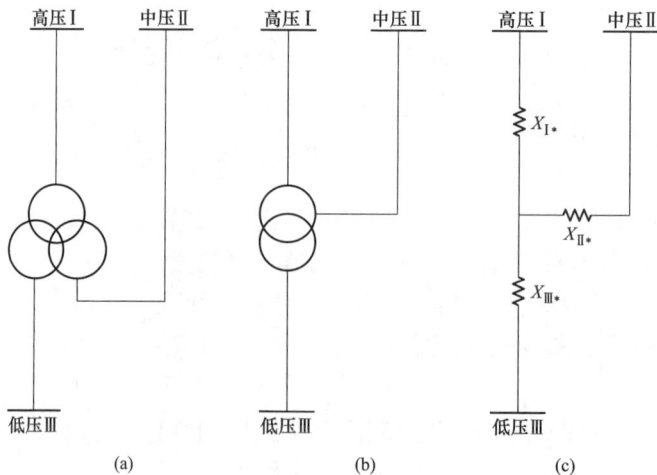

图 4-4 三绕组变压器和自耦变压器及其等效电路
(a) 三绕组变压器；(b) 自耦变压器；(c) 等效电路

等效电路中各绕组的 X_I、X_{II}、X_{III} 是以变压器额定参数为基准值的标幺值，则有

$$\begin{cases} X_{\text{I}*} = \dfrac{1}{2}(U_{\text{k}(\text{I}-\text{II})}\% + U_{\text{k}(\text{I}-\text{III})}\% - U_{\text{k}(\text{II}-\text{III})}\%) \\[2mm] X_{\text{II}*} = \dfrac{1}{2}(U_{\text{k}(\text{I}-\text{II})}\% + U_{\text{k}(\text{II}-\text{III})}\% - U_{\text{k}(\text{I}-\text{III})}\%) \\[2mm] X_{\text{III}*} = \dfrac{1}{2}(U_{\text{k}(\text{II}-\text{III})}\% + U_{\text{k}(\text{I}-\text{III})}\% - U_{\text{k}(\text{I}-\text{II})}\%) \end{cases} \qquad (4\text{-}3)$$

（3）电抗器。电抗器是用来限制短路电流的电器，其等效电路用电抗表示。产品目录中给出的是电抗器的电抗百分值，一般 $X_{\text{L}}\%$ 为 3～5。

（4）架空线路和电缆线路。架空线路和电缆线路的等效电路用它们的电抗表示。产品目录给出的是有名值。在短路电流实用计算中，通常采用表 4-2 中的每千米电抗的平均值表示。

表 4-2　　　　　　　　　　　　各种线路每千米电抗的平均值

线路种类	电抗（Ω/km）
架空线	0.4（系每回路值）
6～10kV 三芯电缆	0.08
20kV 三芯电缆	0.11
35kV 三芯电缆	0.12
110kV 和 220kV 单芯电缆	0.18

2. 元件的基准标幺电抗

短路电流计算中，一般选基准功率 $S_{\text{B}}=100\text{MVA}$ 或等于电源的总容量；选取基准电压 U_{B} 为平均额定电压。各级电路的基准电流由基准功率和基准电压决定。

（1）发电机。通常已知额定容量 S_{N}、额定电压 U_{N} 和以额定值为基准的电抗标幺值 $X_{(\text{N})*}$，计算对应统一基准值的电抗标幺值 $X_{(\text{B})*}$ 的公式为

$$X_{(\text{B})*} = X_{(\text{N})*}\frac{U_{\text{N}}^2 S_{\text{B}}}{S_{\text{N}} U_{\text{B}}^2} \approx X_{(\text{N})*}\frac{S_{\text{B}}}{S_{\text{N}}} \qquad (4\text{-}4)$$

（2）变压器。通常已知额定容量 S_{N}、额定电压 U_{N} 和短路电压百分值 $U_{\text{k}}\%$，则以额定值为基准的电抗标幺值为 $X_{(\text{N})*}=U_{\text{k}}\%/100$。

计算对应统一基准值的电抗标幺值 $X_{(\text{B})*}$ 的方法同发电机，即

$$X_{(\text{B})*} = \frac{U_{\text{k}}\%}{100}\times\frac{U_{\text{N}}^2}{S_{\text{N}}}\times\frac{S_{\text{B}}}{U_{\text{B}}^2} \approx \frac{U_{\text{k}}\%}{100}\times\frac{S_{\text{B}}}{S_{\text{N}}} \qquad (4\text{-}5)$$

（3）电抗器。通常已知额定电压 U_{N}、额定电流 I_{N} 和电抗百分值 $X_{\text{L}}\%$，则以额定值为基准的电抗标幺值为 $X_{(\text{N})*}=X_{\text{L}}\%/100$。

计算对应统一基准值的电抗标幺值 $X_{(\text{B})*}$ 的公式为

$$X_{(\text{B})*} = X_{\text{L}}\frac{S_{\text{B}}}{U_{\text{B}}^2} = X_{(\text{N})*}\frac{U_{\text{N}}}{\sqrt{3}\,I_{\text{N}}}\frac{S_{\text{B}}}{U_{\text{B}}^2} \qquad (4\text{-}6)$$

（4）电力线路。通常已知额定电压、额定电流和电抗有名值 X，计算对应统一基准值的电抗标幺值 $X_{(\text{B})*}$ 的公式为

$$X_{(\text{B})*} = X/(U_{\text{B}}^2/S_{\text{B}}) = XS_{\text{B}}/(U_{\text{B}}^2) = x_0 l S_{\text{B}}/(U_{\text{B}}^2) \qquad (4\text{-}7)$$

式中　x_0——线路单位长度电抗值；

　　　l——线路长度。

根据以上各式求得各元件的电抗标幺值后，便可做出等效电路图。

4.2.2　短路等效电路及其化简

1. 计算电路图

计算电路图是供短路电流计算时采用的电路图，它是一种简化了的接线图，如图 4-5 所示。图中仅画出与计算短路电流有关的元件及它们之间的相互连接，并注明各元件的有关技术数据，如发电机的额定容量和次暂态电抗、变压器的额定容量和短路电压百分值等。各元件要按顺序注明编号。

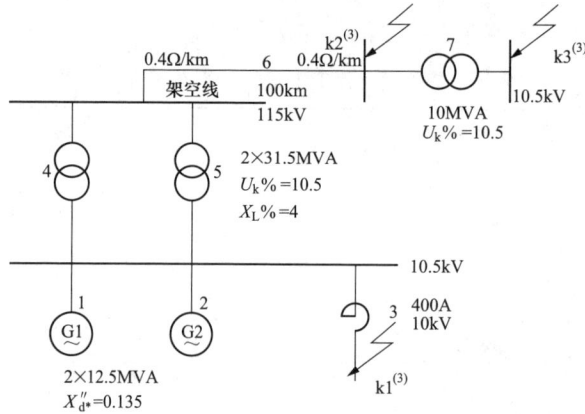

图 4-5　计算电路图举例

在短路电流实用计算中，为使计算简化，各级电网的基准电压均采用其平均额定电压，并注明在计算电路图中的母线旁，如图 4-5 所示的 115kV 和 10.5kV。

常用的各级平均额定电压列于表 4-3 中。一般 $U_{av} = 1.05 U_N$。

表 4-3　　　　　　　　　　　　　　各级平均额定电压

电网额定电压 U_N(kV)	0.22	0.38	3	6	10	35	60	110	220	330	500
平均额定电压 U_{av}(kV)	0.23	0.4	3.15	6.3	10.5	37	63	115	230	345	525

在计算中一般认为，凡接在同一电压等级电网中的所有设备的额定电压，均等于相应的平均额定电压，但电抗器除外。因为电抗器的电抗比其他元件大得多，所以在计算中电抗器仍用它本身的额定电压，以减少计算误差。

2. 等效电路的建立和化简

短路电流的计算是对各短路点分别进行计算的，所以计算电路的等效电路，应根据各短路点分别绘出。等效电路图中各元件用其等效电路表示，用分数形式注明元件的顺序编号和电抗标幺值，其中分子为元件编号，分母为电抗标幺值。

【例 4-1】　若选取 $S_B = 100\text{MVA}$，$U_B = 10.5\text{kV}$，求图 4-5 所示计算电路中各元件的电抗标幺值。

解：发电机 G1 和 G2 的电抗标幺值为

$$X_{1*} = X_{2*} = X''_{d*} \frac{S_B}{S_N} = 0.135 \times \frac{100}{12.5} = 1.08 \qquad (4\text{-}8)$$

变压器的电抗标幺值为

$$X_{4*} = X_{5*} = \frac{U_k \%}{100} \cdot \frac{S_B}{S_N} = \frac{10.5}{100} \times \frac{100}{31.5} = 0.33 \qquad (4\text{-}9)$$

$$X_{7*} = \frac{10.5}{100} \times \frac{100}{10} = 1.05 \qquad (4\text{-}10)$$

电抗器的电抗标幺值为

$$X_{3*} = \frac{X_L \%}{100} \cdot \frac{U_N}{\sqrt{3} I_N} \cdot \frac{S_B}{U_B^2} = \frac{4}{100} \times \frac{10}{\sqrt{3} \times 0.4} \times \frac{100}{(10.5)^2} = 0.52 \qquad (4\text{-}11)$$

架空线的电抗标幺值为

$$X_{5*} = X \frac{S_B}{U_B^2} = 0.4 \times 100 \times \frac{100}{115^2} = 0.3 \qquad (4\text{-}12)$$

3. 等效电路的化简

为计算短路电流，必须按短路点分别进行等效电路的化简，求得电源至短路点的短路回路总电抗标幺值 $X_{*\Sigma}$。化简可按电路基础课程中介绍的电路化简规则和公式进行。

（1）在网络化简中，对于短路点具有局部对称或全部对称的网络，同电位的点可以短接，其间的电抗可以略去不计。

（2）星-三角变换的等效电路如图 4-6 所示。

将三角形变成等效星形时，星形各支路电抗为

$$X_1 = \frac{X_{12} X_{31}}{X_{12} + X_{23} + X_{31}} \qquad (4\text{-}13)$$

$$X_2 = \frac{X_{12} X_{23}}{X_{12} + X_{23} + X_{31}} \qquad (4\text{-}14)$$

$$X_3 = \frac{X_{31} X_{23}}{X_{12} + X_{23} + X_{31}} \qquad (4\text{-}15)$$

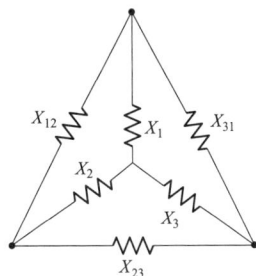

图 4-6 星-三角变换的等效电路

将星形变成等效三角形时，三角形各支路电抗为

$$X_{12} = X_1 + X_2 + \frac{X_1 X_2}{X_3} \qquad (4\text{-}16)$$

$$X_{23} = X_2 + X_3 + \frac{X_2 X_3}{X_1} \qquad (4\text{-}17)$$

$$X_{31} = X_3 + X_1 + \frac{X_3 X_1}{X_2} \qquad (4\text{-}18)$$

各支路星形网络化简（$\sum Y$ 法）时，如图 4-7 所示，若各电源点的电动势是相等的，则有

$$\sum Y = \frac{1}{X_1} + \frac{1}{X_2} + \cdots + \frac{1}{X_n} + \frac{1}{X} \qquad (4\text{-}19)$$

$$W = X \sum Y \qquad (4\text{-}20)$$

则

$$X_{1k} = X_1 W, X_{2k} = X_2 W, \cdots, X_{nk} = X_n W$$

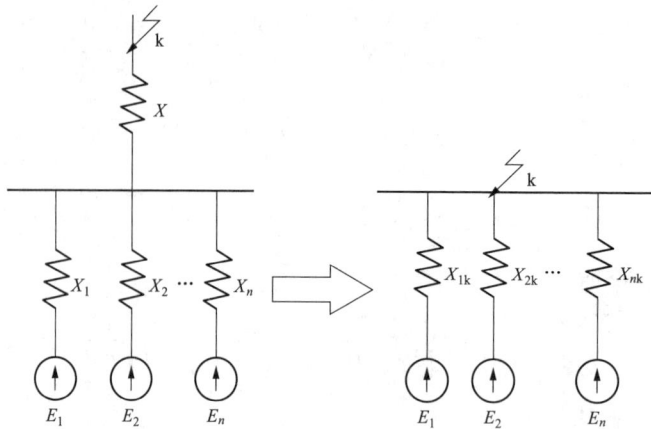

图 4-7 星形网络化简示意图

（3）等效电源的归并。

1）按个别变化计算。当网络中有几个电源时，可将条件相类似的发电机按下述情况连成一组，分别求出至短路点的转移电抗。

a）同形式，且至短路点的电气距离大致相等的发电机。

b）至短路点的电气距离较远，即 $X_c > 1$ 的同一类型或不同类型的发电机。

c）直接连接于短路点上的同类型发电机。

2）按同一变化计算。当仅计算任意时间 t 的短路电流周期分量，各电源的发电机类型、参数相同且距离短路点的电气距离大致相等时，可将各电源合并为一个总的计算电抗 X_{*c}，即

$$X_{*c} = X_{*\Sigma} \frac{S_{N\Sigma}}{S_B} \tag{4-21}$$

式中 $X_{*\Sigma}$——各电源合并后的计算电抗标幺值；

$S_{N\Sigma}$——各电源合并后总的额定容量，MVA；

S_B——选定的基准容量，MVA。

【例 4-2】 试求图 4-5 所示计算电路中 k1$^{(3)}$ 和 k2$^{(3)}$ 点短路时短路回路的总电抗。

根据图 4-5 所示计算电路作等效电路并化简后，分别如图 4-8 和图 4-9 所示。

（1）k1$^{(3)}$ 点短路回路总电抗。k1$^{(3)}$ 点短路时等效电路如图 4-8（a）所示。因两发电机的电动势相等，可将 X_{1*} 和 X_{2*} 并联得

$$X_{8*} = \frac{1.08}{2} = 0.54 \tag{4-22}$$

则 k1$^{(3)}$ 点短路回路总电抗为

$$X_{\Sigma*} = X_{9*} = X_{8*} + X_{3*} = 0.54 + 0.52 = 1.06 \tag{4-23}$$

k1$^{(3)}$ 点短路时等效电路的化简图如图 4-9（a）所示。

（2）计算 k2$^{(3)}$ 点短路回路总阻抗。k2$^{(3)}$ 点短路时等效电路如图 4-8（b）所示。X_{1*} 和 X_{2*} 并联等效电抗为

$$X_{8*} = 0.54 \tag{4-24}$$

X_{4*} 和 X_{5*} 并联等效电抗为

$$X_{10*} - \frac{0.33}{2} = 0.165 \tag{4-25}$$

则 k2$^{(3)}$ 点短路回路总电抗为

$$X_{\sum *} = X_{11*} = X_{8*} + X_{10*} + X_{6*} = 0.54 + 0.165 + 0.3 = 1.005 \tag{4-26}$$

k2$^{(3)}$ 点短路时等效电路的化简图如图 4-9（b）所示。

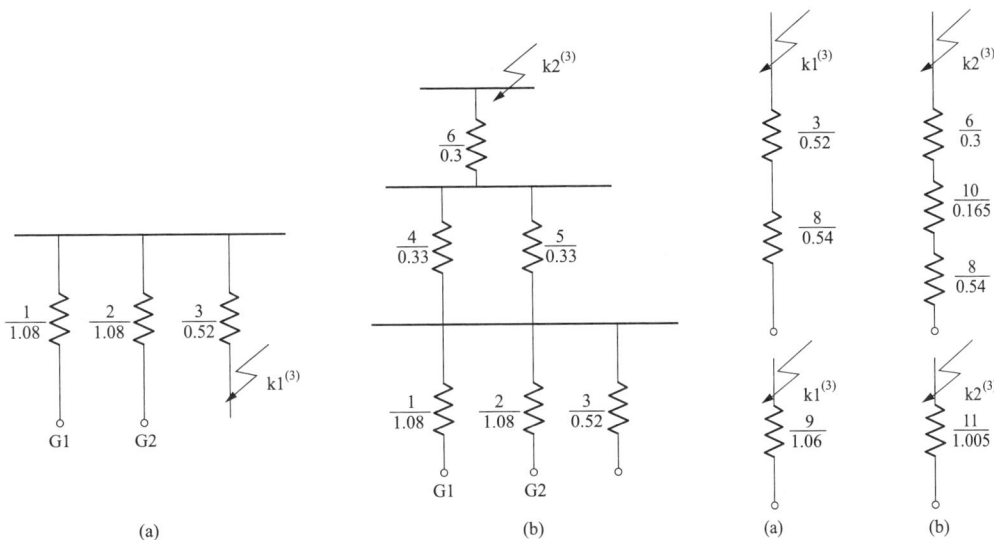

图 4-8　对应图 4-5 计算电路的等效电路
（a）k1$^{(3)}$ 点短路时等效电路；
（b）k2$^{(3)}$ 点短路时等效电路

图 4-9　等效电路的化简图
（a）k1$^{(3)}$ 点短路时等效电路的化简图；
（b）k2$^{(3)}$ 点短路时等效电路的化简图

4.3 无限大容量系统三相短路电流计算

4.3.1 三相短路物理量

1. 无限大容量系统

无限大容量系统是指供电电源的容量相对于用户供配电系统容量大得多的电力系统。

无限大容量系统的特点是：当用户供配电系统的负荷发生变动甚至发生短路时，电力系统馈电母线上的电压能基本维持不变。在工程计算中常把电力系统的电源总阻抗小于短路回路总阻抗的 10%，或电力系统的容量超过用户供配电系统容量的 50 倍的电源，视为无限大容量系统。

对于一般的电能用户供配电系统，由于与供电电源的电气距离较远，供配电系统的容量又远比电力系统总容量小，而阻抗又比电力系统大得多，因此用户供配电系统发生短路时，电力系统变电站馈电母线上的电压几乎维持不变，所以就可将电力系统视为无限大容量的电源。

2. 与短路计算有关的物理量

（1）短路电流周期分量的有效值为

$$I_{k} = U / \sqrt{R_{\Sigma}^2 + X_{\Sigma}^2} \tag{4-27}$$

式中 U——电源电压有效值，kV；

R_Σ——短路回路总电阻，Ω；

X_Σ——短路回路总电抗，Ω。

在无限大容量系统中 $I''=I_k$，I'' 为短路次暂态电流有效值，即短路后第一个周期的短路电流周期分量的有效值。

（2）短路冲击电流。短路全电流的最大瞬时值，称为短路冲击电流，即

$$i_{sh} \approx \sqrt{2} I''(1 + e^{-\frac{0.01}{\tau}}) \tag{4-28}$$

或

$$i_{sh} \approx K_{sh} \sqrt{2} I'' \tag{4-29}$$

式中 K_{sh}——短路电流冲击系数。

短路电流冲击系数为

$$K_{sh} = 1 + e^{-\frac{0.01}{\tau}} = 1 + e^{-\frac{0.01 R_\Sigma}{L_\Sigma}} \tag{4-30}$$

（3）短路冲击电流的有效值。短路全电流 i_k 的最大有效值是短路后第一个周期的短路电流有效值，称为短路冲击电流的有效值，用 I_{sh} 表示，计算公式为

$$I_{sh} \approx \sqrt{I''^2 + (\sqrt{2} I'' e^{-\frac{0.01}{\tau}})^2} \tag{4-31}$$

或

$$I_{sh} = \sqrt{1 + 2(K_{sh} - 1)^2} I'' \tag{4-32}$$

在高压电路中发生三相短路时，一般总电抗较大，可取 $K_{sh} = 1.8$，所以有

$$i_{sh} = 2.55 I'' \tag{4-33}$$

$$I_{sh} = 1.51 I'' \tag{4-34}$$

在 1000kVA 及以下的电力变压器的二次侧及低压电路中发生三相短路时，一般总电阻较大，可取 $K_{sh} = 1.3$，因此

$$i_{sh} = 1.84 I'' \tag{4-35}$$

$$I_{sh} = 1.09 I'' \tag{4-36}$$

（4）短路稳态电流。短路电流非周期分量衰减完毕后的短路全电流，称为短路稳态电流，其有效值用 I_∞ 表示。在无限大容量系统中，短路电流周期分量的有效值在短路全过程中始终是恒定不变的，所以有

$$I'' = I_\infty = I_k \tag{4-37}$$

（5）短路容量。短路容量定义为短路处的额定电压 U_N 和短路电流周期分量的乘积，即

$$S_k^{(3)} = \sqrt{3} U_N I_k \tag{4-38}$$

4.3.2 短路电流计算的有名值法

在进行短路电流的计算时，通常先绘制出电路图，然后确定短路计算点。再按照所选择的短路计算点绘制出等效电路图，并计算电路中各主要元件的阻抗。将电力系统当作无限大容量的电源时，短路电路比较简单，通常只需采用阻抗串并联的方法即可将电路化简，求出其等效的总阻抗。最后计算短路电流和短路容量。

在无限大容量系统中发生三相短路时，其三相短路电流周期分量的有效值为

$$I_k^{(3)} = \frac{U_c}{\sqrt{3} |Z_\Sigma|} = \frac{U_c}{\sqrt{3} \sqrt{R_\Sigma^2 + X_\Sigma^2}} \tag{4-39}$$

式中　Z_Σ——短路回路的总阻抗，Ω；

　　　R_Σ——短路回路的总电阻，Ω；

　　　X_Σ——短路回路的总电抗，Ω；

　　　U_c——短路点的短路计算电压（或称平均额定电压），kV。

由于线路首端短路时短路最为严重，因此按线路首端电压考虑，即短路计算电压取为比线路额定电压高 5%，按我国电压标准，U_c 有 0.4、0.69、3.15、6.3、10.5、37、69、115、230kV 等。

在高压电路的短路计算中，通常总电抗远比总电阻大，所以一般只计电抗，不计电阻。在计算低压侧短路时，也只有当 $R_\Sigma > X_\Sigma/3$ 时才需计入电阻。

如果不计电阻，则三相短路电流周期分量的有效值为

$$I_k^{(3)} = \frac{U_c}{\sqrt{3}\,X_\Sigma} \tag{4-40}$$

三相短路容量为

$$S_k^{(3)} = \sqrt{3}\,U_c I_k^{(3)} \tag{4-41}$$

由以上分析可知，要计算短路电流，就需要计算短路回路的总阻抗。短路回路的总阻抗由各元件阻抗组成，主要包括电力系统（电源）、电力变压器和电力线路的阻抗。对于供电系统中的母线、电流互感器一次绕组、低压断路器过电流脱扣器线圈等阻抗及开关接触电阻等，阻抗相对来说很小，在一般短路计算中可略去不计。下面介绍阻抗的计算。

（1）电力系统的阻抗计算。电力系统的电阻相对于电抗来说很小，一般不予考虑。电力系统的电抗，可由电力系统变电站馈电线出口断路器的断流容量 S_{oc} 来估算，S_{oc} 就看作是电力系统的极限短路容量 S_k。因此电力系统的电抗为

$$X_S = \frac{U_c^2}{S_{oc}} \tag{4-42}$$

为了便于计算短路回路总阻抗，免去阻抗换算的麻烦，式（4-42）中的 U_c 可直接采用短路点的短路计算电压；S_{oc} 为系统出口断路器的断流容量，可查有关的手册、产品样本。如果只有断路器的开断电流 I_{oc} 数据，则其断流容量 $S_{oc} = \sqrt{3}\,I_{oc}U_N$，$U_N$ 为断路器的额定电压。在计算中当不知道无限大容量系统的短路容量时，可认为系统电抗等于零。

（2）变压器的电阻 R_T 可由变压器的短路损耗 ΔP_k 近似地计算，即

$$R_T \approx \Delta P_k \left(\frac{U_c}{S_N}\right)^2 \tag{4-43}$$

式中　S_N——变压器的额定容量，kVA；

　　　ΔP_k——变压器的短路损耗，kW，可查有关手册、产品样本。

变压器的电抗 X_T 可由变压器的短路电压百分值 $U_k\%$ 近似地计算，即

$$X_T \approx \frac{U_k\%}{100} \times \frac{U_c^2}{S_N} \tag{4-44}$$

式中　$U_k\%$——变压器的短路电压（也称阻抗电压）百分值，可查有关手册、产品样品。

（3）电力线路的阻抗。

1）线路的电阻 R_{WL}，可由导线或电缆单位长度的电阻 R_0 值求得，即

$$R_{WL} = R_0 L \tag{4-45}$$

式中 R_0——导线或电缆单位长度的电阻，Ω/km，可查有关手册、产品样本；

L——线路的长度，km。

2）线路的电抗 X_{WL}，可由导线或电缆单位长度的电抗 X_0 值求得，即

$$X_{\text{WL}} = X_0 L \tag{4-46}$$

式中 X_0——导线或电缆单位长度的电抗，Ω/km，可查有关手册、产品样本；

L——线路的长度，km。

如果线路的数据不详，则 X_0 可按表 4-4 取其电抗平均值。

表 4-4　　　　　　　　　　电力线路每相的单位长度电抗平均值　　　　　　　　（Ω/km）

线路结构	线路电压		
	35kV 以上	6～10kV	220/380V
架空线路	0.40	0.35	0.32
电缆线路	0.12	0.08	0.066

（4）电抗器的阻抗。由于电抗器的电阻很小，所以只需要计算其电抗值，即

$$X_{\text{L}} = \frac{X_{\text{L}}\%}{100} \times \frac{U_{\text{N}}}{\sqrt{3}\, I_{\text{N}}} \tag{4-47}$$

式中 $X_{\text{L}}\%$——电抗器的电抗百分值；

U_{N}——电抗器的额定电压，kV；

I_{N}——电抗器的额定电流，kA。

注意：在计算短路电路阻抗时，若电路中含有电力变压器，则各元件阻抗都应统一换算为短路点处电压等级的阻抗，阻抗等效换算的条件是元件的功率损耗不变。所以阻抗换算的公式为

$$R' = R\,(U'_{\text{c}}/U_{\text{c}})^2 \tag{4-48}$$

$$X' = X(U'_{\text{c}}/U_{\text{c}})^2 \tag{4-49}$$

式中 R、X 和 U_{c}——换算前元件的电阻、电抗和元件所在处的短路计算电压；

R'、X' 和 U'_{c}——换算后元件的电阻、电抗和短路点的短路计算电压。

实际上，短路计算中所考虑的几个元件的阻抗，只有电力线路和电抗器的阻抗需要换算。而电力系统和电力变压器的阻抗，由于它们的计算公式中均含有 U_{c}^2，因此计算阻抗时，公式中的 U_{c} 直接用短路点处的短路计算电压，就相当于阻抗已经换算到短路点一侧了。

采用有名值法进行短路计算的步骤归纳为：

（1）绘制短路计算电路图，将短路计算所需要考虑的各元件的额定参数都表示出来，并将各元件依次编号，然后确定短路计算点。短路计算点要选择得使需要进行短路校验的电气元件有最大可能的短路电流通过。

（2）计算短路回路中各元件的阻抗。

（3）绘制短路等效电路图，标明各元件的序号和阻抗值，一般是分子标序号，分母标阻抗值，求短路点的等效总阻抗（一般采用阻抗串并联的方法即可）。

（4）计算三相短路电流和短路容量。

（5）列短路计算表。

4.3.3 短路电流计算的标幺值法

用标幺值进行短路计算时，一般应先选定基准容量 S_B 和基准电压 U_B。基准容量的选取以计算方便为原则，如工程设计中通常取 $S_B = 100\text{MVA}$；基准电压通常取元件所在处的短路计算电压，即 $U_B = U_c$。选定了基准容量 S_B 和基准电压 U_B 后，基准电流和基准电抗为

$$I_B = \frac{S_B}{\sqrt{3} U_B} \tag{4-50}$$

$$X_B = \frac{U_B}{\sqrt{3} I_B} = \frac{U_B^2}{S_B} \tag{4-51}$$

下面分别讲述供电系统中各主要元件电抗标幺值的计算。

（1）电力系统的电抗标幺值为

$$X_S^* = \frac{X_S}{X_B} = \frac{U_c^2 / S_{oc}}{U_c^2 / S_B} = \frac{S_B}{S_{oc}} \tag{4-52}$$

（2）电力变压器的电抗标幺值为

$$X_T^* = \frac{X_T}{X_B} = \frac{U_k\%}{100} \frac{U_c^2}{S_N} / \frac{U_c^2}{S_B} = \frac{U_k\% S_B}{100 S_N} \tag{4-53}$$

（3）电力线路的电抗标幺值为

$$X_{WL}^* = \frac{X_{WL}}{X_B} = \frac{X_0 L}{U_c^2 / S_B} = X_0 L \frac{S_B}{U_c^2} \tag{4-54}$$

短路计算中各主要元件的电抗标幺值求出以后，即可利用其等效电路图进行电路化简，求出其总电抗标幺值 X_Σ^*。由于各元件均采用相对值，与短路计算点的电压无关，因此电抗标幺值无须进行电压换算，这也是标幺值法比有名值法的优越之处。

无限大容量系统三相短路电流周期分量有效值的标幺值为

$$I_k^{(3)*} = \frac{I_k^{(3)}}{I_B} = \frac{U_c}{\sqrt{3} X_\Sigma I_B} = \frac{X_B}{X_\Sigma} = \frac{1}{X_\Sigma^*} \tag{4-55}$$

由此可得三相短路电流周期分量有效值的计算公式为

$$I_k^{(3)} = I_k^{(3)*} I_B = \frac{I_B}{X_\Sigma^*} \tag{4-56}$$

求出 $I_k^{(3)}$ 后，即可利用有名值法的有关公式求出其他短路电流。

三相短路容量的计算公式为

$$S_k^{(3)} = \sqrt{3} I_k^{(3)} U_c = \frac{\sqrt{3} I_B U_c}{X_\Sigma^*} = \frac{S_B}{X_\Sigma^*} \tag{4-57}$$

用标幺值法进行短路计算的步骤归纳为：

（1）绘制短路计算电路图，确定短路计算点，选择基准容量、基准电压、计算短路点的基准电流。

（2）计算短路回路中各元件的电抗标幺值。

（3）绘制短路等效电路图，求短路回路总电抗标幺值。

（4）计算三相短路电流和短路容量。

（5）列短路计算表。

4.4　有限大容量系统三相短路电流计算

4.4.1　有限大容量系统短路暂态过程及其相关物理量

在无限大容量电源中，认为电源内阻抗为零，电源出口的电压在发生短路时保持不变。但实际的发电机等电源系统容量是有限的，其存在一定的内阻抗，电源出口的电压在发生短路时会发生变化，是有限大容量电源系统。当单电源容量较小或者短路点距离电源较近时，突然发生三相短路，便是有限大容量系统的短路问题。

有限大容量系统发生短路时，其暂态过程比较复杂。一般有限大容量系统发生三相短路时，其短路电流的非周期分量与无限大容量系统一样是衰减的，同时它的周期分量幅值也是衰减的。短路发生在发电机的出口时，回路阻抗突然减小，使发电机定子电流激增，产生很大的电枢反应磁通。从而在转子励磁绕组和阻尼绕组上产生自由电流。在短路瞬间（ $t = 0$ 时），由于磁链不能突变，发电机端电压并不减小。随着时间的推移，阻尼绕组和励磁绕组上的自由电流按指数衰减，使端电压相应减小，从而引起短路电流周期分量逐渐减小。一般阻尼绕组上自由电流的衰减过程为次暂态过程，在其衰减结束后，励磁绕组上自由电流继续衰减的过程为暂态过程；衰减结束后，短路进入稳态。

有限大容量系统同无限大容量系统一样，若短路前负载电流为零，短路正好发生在发电机电动势过零点，则产生的短路电流周期分量的起始值最大。在次暂态过程中，发电机的电动势被称为次暂态电动势 E'' ；其定子的等效电抗为次暂态电抗 X''_d 。

对于有限大容量系统的三相短路，其相关的次暂态电流 I'' 、短路冲击电流 i_{sh} 、短路冲击电流的有效值 I_{sh} 以及短路容量 $S_k^{(3)}$ 的计算方法与无限大容量系统的计算方法类同，不同之处在于需计及电源的次暂态电抗。

由于有限大容量系统短路的短路周期分量在暂态过程中是衰减变化的，因此其产生的热效应的计算应考虑其变化。在进行导体等设备的热稳定性校验时，需要计算短路电流周期分量在不同时刻的有效值。工程上把不同时间的短路电流周期分量的有效值绘成通用计算表，以便计算短路电流时查用。

从制定运算曲线所用的典型接线可知，运算曲线法是根据一台发电机供电电路制成的，当电力系统中有多台发电机并列工作时，因为各发电机的类型、参数和到短路点的电气距离不完全相同，所以用运算曲线法计算时会有一定的误差。

实用计算中根据目的和系统的具体情况，当有多电源时，有两种计算方法，即同一变化法和个别变化法。

4.4.2　同一变化法

使用同一变化法时，假设各发电机所提供的短路电流周期分量的变化规律完全相同，忽略各发电机的类型、参数及发电机到短路点的电气距离对周期分量的影响，将所有的电源合并为一个等效发电机，并通过查同一运算曲线来决定短路电流的周期分量。

其具体步骤如下：

（1）做出等效电路图，化简电路，将全部电源合并为一个等效发电机。确定短路回路总电抗 $X_{\Sigma*}$ ，将 $X_{\Sigma*}$ 归算为计算电抗 X_{c*} 。计算电抗的基准功率为全部电源的总额定功率 $S_{N\Sigma}$ 。

（2）利用计算电抗 X_c，查相应的运算曲线，或查相应的发电机运算曲线数字表，求得 I_{zt*}，I_{zt*} 为周期分量有效值的标幺值。如果运算曲线无所求的时间，则可采用补差法求解。

当电力系统所有电源以火力发电厂为主时，应查汽轮发电机运算曲线（或运算曲线数字表）；如以水力发电厂为主，应查水轮发电机运算曲线（或运算曲线数字表）。一般情况下，采用汽轮发电机运算曲线。

（3）周期分量有效值的有名值，可按照式（4-58）决定。

$$I_{zt} = I_{zt*} I_{N\Sigma} \tag{4-58}$$

$$I_{N\Sigma} = \frac{S_{N\Sigma}}{\sqrt{3}U_{av}} \tag{4-59}$$

式中　I_{zt}——周期分量有效值的有名值，kA；

U_{av}——I_{zt} 所在端电压等级的平均额定电压，kV。

其他各短路点流量可根据相应的计算公式求得。

同一变化法使计算简化，它认为各发电机与短路点之间的关系处于某一相同的平均状态下，忽略了各电源的区别，故计算结果误差较大。因此，在作粗略计算或各电源距离短路点都较远，或各发电机类型相同且距离短路点距离相同时，才采用这种方法。

如果系统中有无限大容量电源，则不能用同一变化法计算，必须把无限大容量电源单独分开计算。

【例 4-3】　图 4-10 所示的火力发电厂电路中，当 k1、k2、k3 点分别发生三相短路时，求 I'' 及 $t=2s$ 时周期分量的有效值和冲击电流 i_{sh}，计算所需数据均标明在图上。

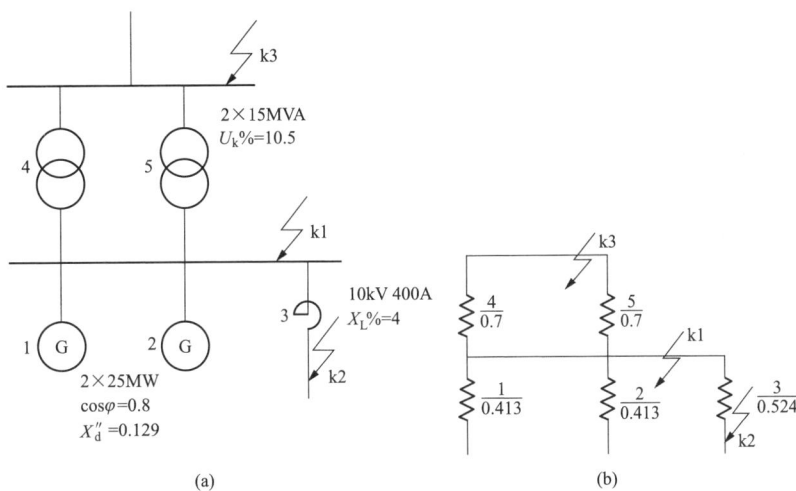

图 4-10　计算电路图和等效电路图
（a）计算电路图；（b）等效电路图

解：用同一变化法计算，取 $S_B = 100MVA$，$U_B = U_{av}$。

（1）各元件电抗标幺值的计算。

发电机：

$$X_1 = X_2 = 0.129 \times \frac{100}{25/0.8} = 0.413 \tag{4-60}$$

电抗器：

$$X_3 = \frac{4}{100} \times \frac{10}{\sqrt{3} \times 0.4} \times \frac{100}{10.5^2} = 0.524 \tag{4-61}$$

变压器：

$$X_4 = X_5 = \frac{10.5}{100} \times \frac{100}{15} = 0.7 \tag{4-62}$$

根据各元件电抗做成等效电路图，如图 4-10 （b）所示。

（2）k1 点短路时的计算。

短路回路总电抗：

$$X_\Sigma = \frac{0.413}{2} = 0.207 \tag{4-63}$$

电源总额定容量：

$$X_{N\Sigma} = 2 \times \frac{25}{0.8} = 62.5 (MVA) \tag{4-64}$$

计算电抗：

$$X_c = 0.207 \times \frac{62.5}{100} = 0.129 \tag{4-65}$$

查阅汽轮发电机的运算曲线可得：$t = 0s$ 时，$I''_* = 8.4$；$t = 0.2s$ 时，$I_{*0.2} = 5$。则

$$I_{N\Sigma} = \frac{62.5}{\sqrt{3} \times 10.5} = 3.437 (kA) \tag{4-66}$$

故

$$I'' = 8.4 \times 3.437 = 28.87 (kA) \tag{4-67}$$

$$I_{0.2} = 5 \times 3.437 = 17.185 (kA) \tag{4-68}$$

$$i_{sh} = \sqrt{2} \times 1.9 \times 28.87 = 77.562 (kA) \tag{4-69}$$

（3）k2 点短路时的计算。

短路回路总电抗：

$$X_\Sigma = \frac{0.413}{2} + 0.524 = 0.731 \tag{4-70}$$

计算电抗：

$$X_c = 0.731 \times \frac{62.5}{100} = 0.457 \tag{4-71}$$

查阅汽轮发电机运算曲线可得：$t = 0s$ 时，$I''_* = 2.33$；$t = 0.2s$ 时，$I_{*0.2} = 1.98$。则

$$I'' = 2.33 \times 3.437 = 8 (kA) \tag{4-72}$$

$$I_{0.2} = 1.98 \times 3.437 = 6.8 (kA) \tag{4-73}$$

$$i_{sh} = \sqrt{2} \times 1.85 \times 8 = 20.927 (kA) \tag{4-74}$$

（4）k3 点短路时的计算。

短路回路总电抗：

$$X_\Sigma = \frac{0.413}{2} + \frac{0.7}{2} = 0.557 \tag{4-75}$$

计算电抗：

$$X_c = 0.557 \times \frac{62.5}{100} = 0.348 \tag{4-76}$$

查阅汽轮发电机运算曲线可得：$t = 0s$ 时，$I''_* = 3.1$；$t = 0.2s$ 时，$I_{*0.2} = 2.46$。则

$$I_{N\Sigma} = \frac{62.5}{\sqrt{3} \times 115} = 0.314 \text{(kA)} \tag{4-77}$$

故

$$I'' = 3.1 \times 0.314 = 0.973 \text{(kA)} \tag{4-78}$$

$$I_{0.2} = 2.46 \times 0.314 = 0.772 \text{(kA)} \tag{4-79}$$

$$i_{sh} = \sqrt{2} \times 0.973 \times 1.85 = 2.545 \text{(kA)} \tag{4-80}$$

4.4.3 个别变化法

同一变化法没有考虑发电机的类型及它们距短路点远近的区别，计算结果主要取决于大功率电源。实际上，短路电流的大小不一定取决于大功率电源。例如，当大功率电源距短路点较远，小功率电源距短路点较近时，大功率电源所提供的短路电流就小得多，短路电流的实际变化基本上由靠近短路点的电源所决定。现代电力系统容量很大，发电机类型也不尽相同，如按同一变化法计算，将与实际情况有较大误差。

按个别变化法计算时，一般是将系统中所有发电机按类型及距短路点远近分为几组（一般分为 2～3 组），每组用一个等效发电机代替，然后对每一等效发电机用相应的运算曲线分别求出所供短路电流。短路点的短路电流等于各等效发电机所提供的短路电流之和。

其具体计算步骤如下：

根据计算电路做出等效电路图，将发电机分组，分组的原则是将与短路点直接相连的同类发电机（汽轮发电机或水轮发电机）并为一组，与短路点距离差别较小的同类发电机并为一组。如有无限大容量电源时，应单独作为一个电源进行计算。

按分组情况逐步化简电路，将所有中间节点去掉，仅保留电源和短路点的节点。各电源间的连线也应略去，因为流过这些连线的电流只是电源间的交换电流，与短路电流无关。最后形成一个以短路点为中心的辐射形电路，各电源仅通过一个电抗与短路点直接相连。根据此电路便可计算出每一电源支路所供的短路电路。

为了利用运算曲线求各电源支路所供的短路电流，必须先求各支路的计算电抗，应以该支路电源的总额定功率为基准功率。然后利用各支路的计算电抗，分别查相应的运算曲线，求得各电源支路所供周期分量有效值的标幺值。短路点总的周期分量有效值为

$$I_z = I_{1z*} I_{1N\Sigma} + I_{2z*} I_{2N\Sigma} + \cdots + I_{nz*} I_{nN\Sigma} \tag{4-81}$$

式中 $I_{1N\Sigma}$、$I_{2N\Sigma}$、$\cdots$、$I_{nN\Sigma}$——各电源支路的总额定电流，kA；

I_{1z*}、I_{2z*}、$\cdots$、I_{nz*}——各电源支路周期分量有效值的标幺值。

短路点总的非周期分量（t s 时）为

$$i_{fzt} = \sqrt{2} (I''_1 e^{-\frac{\omega t}{T_{a1}}} + I''_2 e^{-\frac{\omega t}{T_{a2}}} + \cdots + I''_n e^{-\frac{t}{T_{an}}}) \tag{4-82}$$

式中 I''_1、I''_2、$\cdots$、I''_n——各电源支路次暂态短路电流，kA；

T_{a1}、T_{a2}、$\cdots$、T_{an}——各电源支路衰减常数。

如果有无限大容量电源支路，则应按无限大容量电源的方法计算。

按个别变化法计算的最大优点是考虑了各电源支路所提供短路电流周期分量的不同变化规律，结果比较准确，但计算过程比较复杂。

另外，在电抗器后短路，或在中、小容量甚至大容量变电站的变压器二次侧电路短路时，由于这些元件电抗很大，各电源所供短路电流周期分量的变化差异不大，故可按同一变化法进行计算。

4.5　考虑异步电动机和并联电容器组影响的短路电流计算

4.5.1　考虑异步电动机影响的短路电流计算

当短路点附近有大容量的异步电动机时，在其电动势的作用下，电动机将向短路点提供短路电流。

在电动机定子端发生三相短路时，根据磁链守恒定律，短路瞬间定子绕组和转子绕组中的磁链不能突变，因此，定子和转子绕组中都将感应直流分量电流，以维持短路瞬间绕组的磁链不变。同时由于转子具有较大的机械惯性，转子的转速变化较慢，转子绕组的直流电流产生的磁场在转子的带动下旋转，在定子绕组中感应出交流电流。这就是异步电动机提供短路电流的原因。

该电动机向短路点提供的短路电流为

$$I'' = \frac{E''_{|0|}}{X''} \tag{4-83}$$

式中　$E''_{|0|}$——电动机的电动势，kV；

　　　　X''——电动机的电抗，Ω。

$$X''_* \approx X_{st*} \approx \frac{1}{I_{st*}} \approx 0.2 \tag{4-84}$$

式中　X_{st*}——电动机的启动电抗标幺值；

　　　　I_{st*}——电动机的启动电流标幺值。

$$E''_{|0|} = U_{|0|} - I_{|0|} X'' \sin\varphi_{|0|} \tag{4-85}$$

式中　$U_{|0|}$——正常运行时电动机的负荷电压，kV；

　　　　$I_{|0|}$——正常运行时电动机的负荷电流，kA；

　　$\sin\varphi_{|0|}$——功率因数角正弦值。

在实际计算中，异步电动机供给的短路冲击电流可表示为

$$i_M = \sqrt{2} K_M I'' \tag{4-86}$$

式中　K_M——电动机的短路电流冲击系数。

低压小容量电动机和综合负荷，$K_M = 1$；容量为 $200 \sim 500 \text{kW}$ 的异步电动机，$K_M = 1.3 \sim 1.5$；容量为 $500 \sim 1000 \text{kW}$ 的异步电动机，$K_M = 1.5 \sim 1.7$；容量为 1000kW 以上的异步电动机，$K_M = 1.7 \sim 1.8$。

【例 4-4】　异步电动机额定容量 $S_N = 30 \text{MVA}$，额定电压 $U_N = 10 \text{kV}$，正常运行时，消耗的功率为 20MW，$\cos\varphi = 0.8$，端电压为 10.2kV，异步电动机的启动电流为额定电流的 5 倍。如果在电动机端点发生三相短路，求电动机所提供的短路电流及最大冲击电流。

解：正常运行时电动机的负荷电流为

$$I_{|0|} = \frac{P}{\sqrt{3}U_N\cos\varphi} = \frac{20}{\sqrt{3}\times10.2\times0.8} = 1.42(\text{kA}) \tag{4-87}$$

电动机额定电流为

$$I_N = \frac{S_N}{\sqrt{3}U_N} = \frac{30}{\sqrt{3}\times10} = 1.732(\text{kA}) \tag{4-88}$$

则

$$I_{|0|*} = \frac{I_{|0|}}{I_N} = \frac{1.42}{1.732} = 0.82 \tag{4-89}$$

$$U_{|0|*} = \frac{U_{|0|}}{U_N} = \frac{10.2}{10} = 1.02 \tag{4-90}$$

$$X''_* = \frac{1}{I_{st*}} = \frac{1}{5} = 0.2 \tag{4-91}$$

$$E''_{|0|*} = U_{|0|*} - I_{|0|*}X''_*\sin\varphi_{|0|} = 1.02 - 0.82\times0.2\times\sin36.9° = 0.922 \tag{4-92}$$

则短路电流标幺值为

$$I''_* = \frac{E''_{|0|*}}{X''_*} = \frac{0.922}{0.2} = 4.61 \tag{4-93}$$

短路电流为

$$I'' = I''_*I_N = 4.61\times1.732 = 7.985(\text{kA}) \tag{4-94}$$

最大冲击电流为

$$i_M = \sqrt{2}K_MI'' = \sqrt{2}\times1.8\times7.985 = 20.323(\text{kA}) \tag{4-95}$$

4.5.2　考虑并联电容器组影响的短路电流计算

1. 一般原则

大容量并联电容器装置对其附近的短路影响较大。短路点渐远，影响将迅速减弱。下列情况可不考虑并联电容器组对短路电流的影响：

（1）短路点在出线电抗器后。

（2）短路点在主变压器的高压侧。

（3）不对称短路。

（4）当出现以下情况时：

1）$M = \dfrac{X_S}{X_L} < 0.7$；

2）采用 $5\%\sim10\%$ 串联电抗器的电容器装置时，$\dfrac{Q_t}{S_k} < 5\%$；

3）采用 $12\%\sim13\%$ 串联电抗器的电容器装置时，$\dfrac{Q_t}{S_k} < 10\%$。

试计算 t s 周期分量有效值。（其中，M 为系统电抗与电容器组串联电抗的比值；X_S 为归算到短路点的系统电抗；X_L 为电容器装置的串联电抗；Q_t 为并联电容器装置的总容量，Mvar；S_k 为并联电容器装置安装地点的短路容量，MVA。）

采用阻尼措施，使得电容器组的衰减时间常数 $T_0 < 0.025\text{s}$ 时，能够有效抑制并联电容器组对短路电流的影响。

2. 短路电流计算

短路点的短路电流周期分量为

$$I_{zt} = K_{tc}I_{ts} \tag{4-96}$$

式中　I_{ts}——系统供给的三相短路电流周期分量有效值，kA；

　　　K_{tc}——考虑电容器的助增作用的校正系数。

3. 冲击电流计算

短路点的冲击电流周期分量为

$$i_{sh} = k_{shc}i_{shs} \tag{4-97}$$

式中　i_{shs}——系统供给的冲击电流，kA；

　　　k_{shc}——考虑电容器的助增作用的冲击校正系数。

4.6　不对称故障短路电流的计算

4.6.1　元件的序阻抗计算

三相短路时，由于电路是对称的，短路电流周期分量也是对称的，因此只需分析其中一相即可。当系统发生不对称短路时，电路的对称性受到破坏，网络中的三相电压和电流不再具有对称性，此时不能只取一相进行计算。通常用对称分量法分析不对称故障问题。所谓对称分量法，即将一组不对称的三相系统分解为正序、负序、零序三相对称的三相系统。

进行不对称短路计算时，必须知道各元件的正序、负序和零序阻抗值，再制定序网络计算总的阻抗，才可获得不对称短路的短路电流。

1. 正序电抗

各元件的正序电抗就是三相对称短路计算时所采用的电抗。

2. 负序电抗

凡是静止的三相对称结构的设备，如架空线、电缆线、变压器、电抗器、电容器等，其负序电抗等于正序电抗，$X_2 = X_1$。

对于旋转发电机，负序电抗与正序电抗不同；对于汽轮发电机及具有阻尼绕组的水轮发电机，取 $X_2 = 1.22X_d''$；对于没有阻尼绕组的水轮发电机，取 $X_2 = 1.45X_d'$。

3. 零序电抗

由于三相零序电流都相同，所以在三相系统中，零序电流是否存在取决于变压器或发电机的中性点接地方式。对于中性点不接地的系统，零序电流不能形成通路，元件零序阻抗可看成无穷大。

（1）同步发电机的零序电抗。同步发电机的零序电抗与其结构有关。若定子绕组完全对称，则三相绕组中通过零序电流时，所产生的零序磁通总和为零。故零序电抗主要由定子绕组所决定，一般为 $X_0 = (0.15 \sim 0.6)X_d''$，或按设备提供的数据。

（2）线路的零序电抗。架空线路和电缆的零序电抗比正序电抗大很多，可按表 4-5 取值。

表 4-5　　　　　　　　　　　　　线路的各序电抗平均值

线路		正序电抗	负序电抗	零序电抗	说明
110kV 和 220kV 单芯电缆		$X_1=0.18\Omega/km$		$X_0=3.5X_1$	
35kV 三芯电缆		$X_1=0.12\Omega/km$		$X_0=3.5X_1$	
20kV 三芯电缆		$X_1=0.11\Omega/km$		$X_0=3.5X_1$	
6~10kV 三芯电缆		$X_1=0.08\Omega/km$		$X_0=3.5X_1$	
1kV 三芯电缆		$X_1=0.06\Omega/km$	$X_2=X_1$	$X_0=0.7\Omega/km$	
1kV 四芯电缆		$X_1=0.066\Omega/km$		$X_0=0.17\Omega/km$	
无避雷线的架空输电线路	单回路	35~220kV $X_1=0.4\Omega/km$ 3~10kV $X_1=0.35\Omega/km$		$X_0=3.5X_1$	
	双回路			$X_0=5.5X_1$	系每一回路
有钢质避雷线的架空输电线路	单回路			$X_0=3X_1$	
	双回路			$X_0=4.7X_1$	系每一回路
有良导体避雷线的架空输电线路	单回路			$X_0=2X_1$	
	双回路			$X_0=3X_1$	系每一回路

（3）变压器的零序电抗。变压器的零序电抗与绕组接法及变压器结构有关。变压器有双绕组和三绕组之分，变压器在不同联结法时的零序电抗不同。

图 4-11（a）、（b）、（c）分别是双绕组变压器接法为 YNd、YNyn、YNy 时的零序等效网络。三种情况中，绕组 I 都是 YN 接法，在该绕组上作用零序电压时，能产生零序电流。随着另一侧绕组接法的不同，零序电流在各绕组中的分布不同，变压器的零序电抗也不同。

图 4-11（a）中，绕组 II 是三角形接法，虽然对外部是断路的，但在三角形绕组中，零序电流可以环流，所以对内则是短路的。其等效电路相当于 X_{II} 一端接地，构成零序电流闭合回路。图 4-11（b）中，绕组 II 是星形接法（有中性点引出），若要使得零序电流通过，则在电路内至少应再有一个接地中性点（如图中虚线所示）。否则，它就和图 4-11（c）中 YNy 完全相同，这种情况的零序电流相当于变压器空载时的状态。

图 4-11（d）为三绕组变压器 YNdy 接法零序等效网络。图 4-11（e）为 YNdyn 接法（绕组 II、III 中都有零序电流通过）。图 4-11（f）为 YNdd 接法。图 4-11（d）~（f）中，忽略了零序励磁电抗 X_{m0}。

零序等效网络中的零序励磁阻抗 X_{m0} 与变压器的结构有关。对于由三个单相变压器组成的三相变压器和三相五柱式变压器，由于每相磁通都有单独的磁路，零序励磁电流 I_{m0} 和正序励磁电流一样，是很小的。因此，$X_{m0}=\infty$，在计算中可不予考虑。

对于三相三柱式变压器，情况则完全不同。零序磁通不能在变压器铁芯内构成回路，被迫穿过绝缘介质和铁壳构成回路。因为磁阻很大，所以 X_{m0} 为有限值，以标幺值计其平均值为 $X_{m0*}=0.6$。但需指出，即使 $X_{m0*}=0.6$，也比变压器的漏电抗大得多。因此，对于 YNd 接法的三相三柱式变压器，也可忽略 X_{m0}。

4.6.2　电力系统各序网络的制定

应用对称分量法分析计算不对称故障时，首先要做出电力系统的各序网络。为此，应根

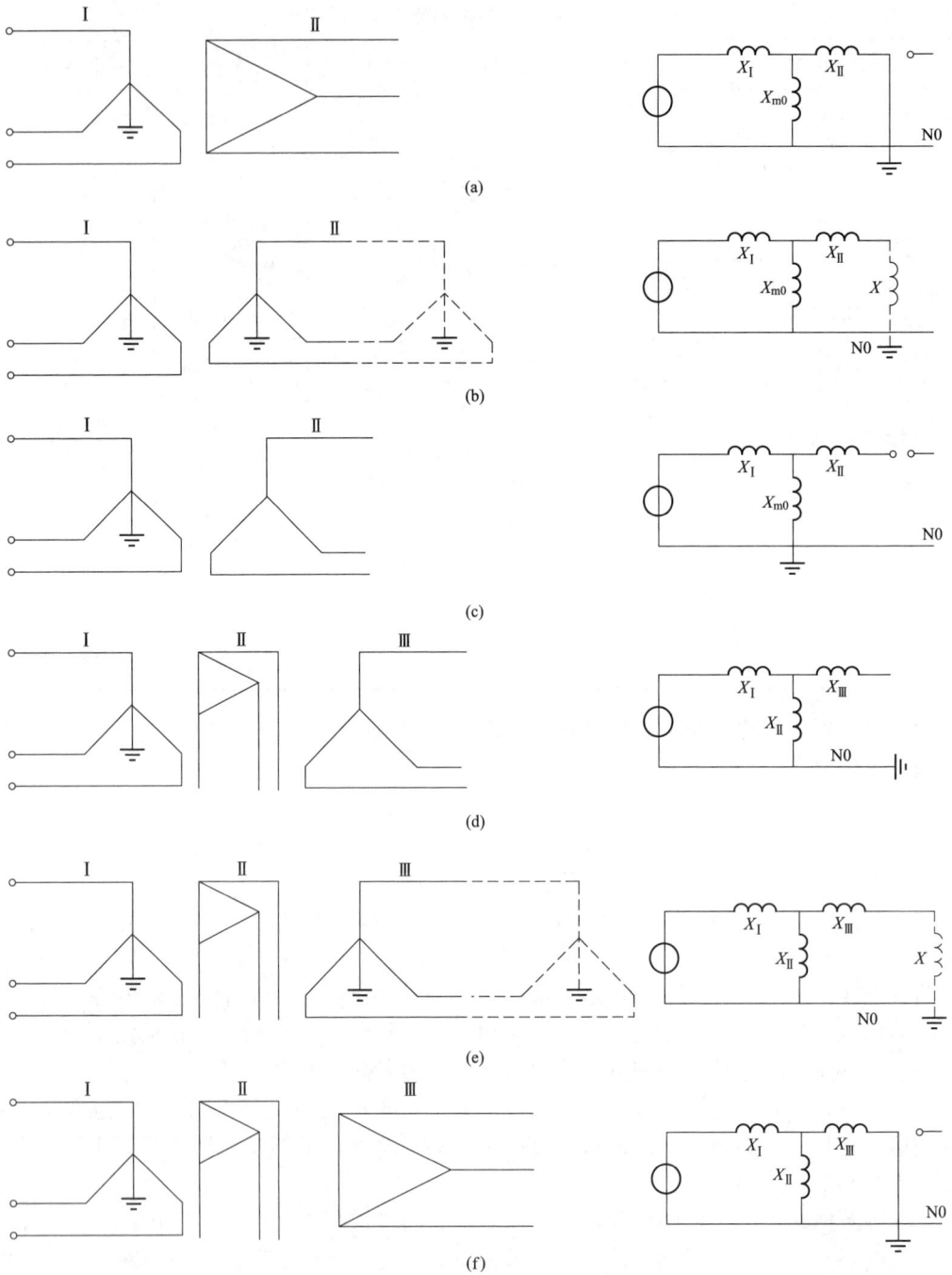

图 4-11 变压器零序等效网络

（a）Ynd 接法；（b）Ynyn 接法；（c）Yny 接法；（d）YNdy 接法；（e）YNdyn 接法；（f）YNdd 接法

据电力系统的接线图、中性点接地情况等原始资料，在故障点分别施加各序电动势，从故障点开始，逐步查明各序电流流通的情况。凡是某一序电流能流通的元件，都必须包括在该序网络中，并用相应的序参数和等效电路表示。根据上述原则，下面结合图 4-12 来说明各序网络的制定。

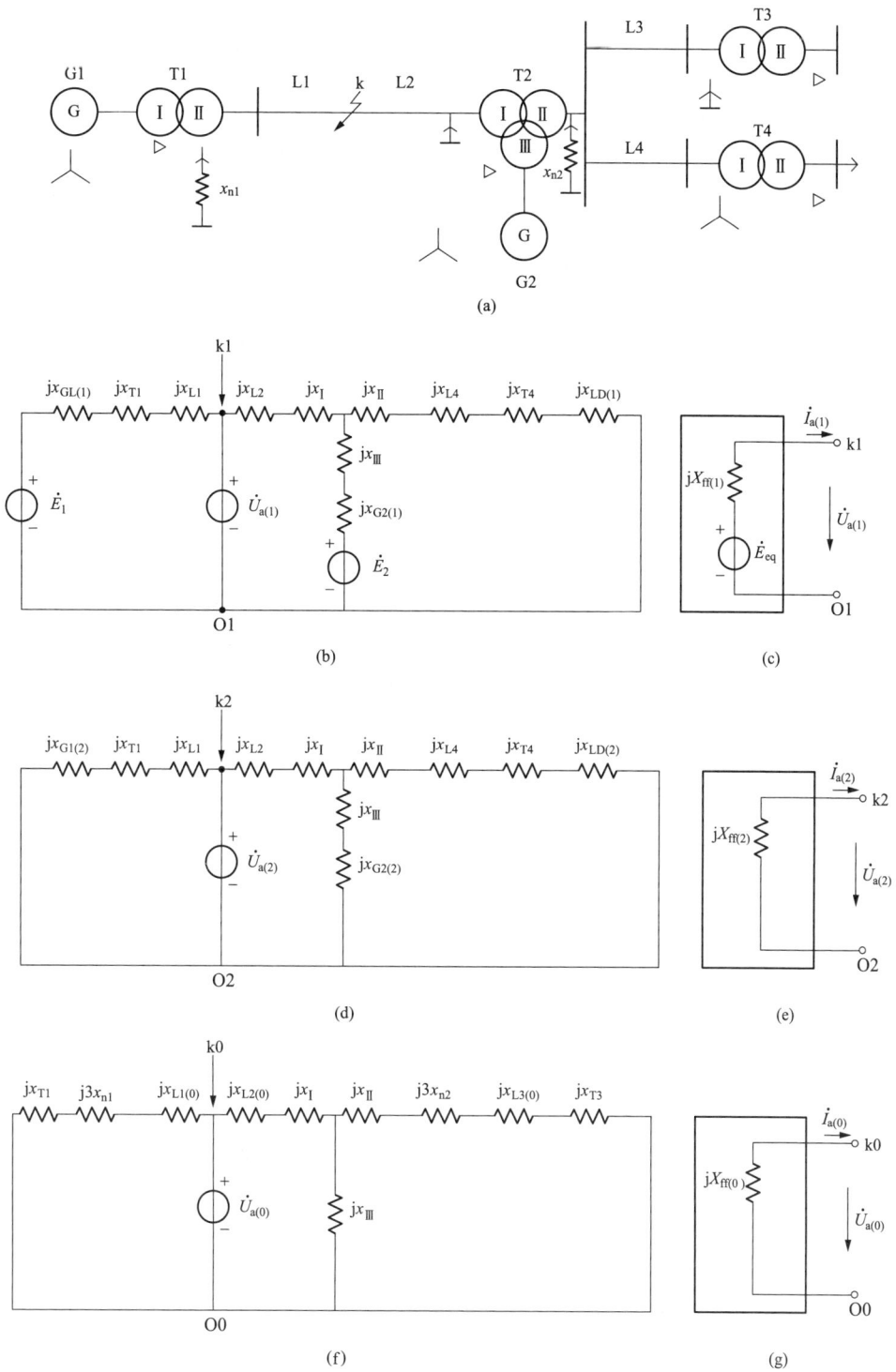

图 4-12　正序、负序、零序网络的制定

（a）电力系统接线图；（b）正序网络；（c）正序网络简图；（d）负序网络；

（e）负序网络简图；（f）零序网络；（g）零序网络简图

1. 正序网络

正序网络就是通常计算对称短路时所用的等效网络。除中性点接地阻抗、空载线路（不计导纳）及空载变压器（不计励磁电流）外，电力系统各元件均应包括在正序网络中，并且用相应的正序参数和等效电路表示。例如，图 4-12（b）所示的正序网络就不包括空载的线路 L3 和变压器 T3。所有同步发电机和调相机，以及个别的必须用等效电源支路表示的综合负荷都是正序网络中的电源。此外，还须在短路点引入代替故障条件的不对称电动势中的正序分量。正序网络中的短路点用 k1 表示，零电位点用 O1 表示。从 k1O1 即故障端口看正序网络，它是一个有源网络，可以用戴维南定理简化成图 4-12（c）所示的形式。

2. 负序网络

负序电流能流通的元件与正序电流的相同，但所有电源的负序电动势为零。因此，把正序网络中各元件的参数都用负序参数代替，并令电源电动势等于零，而在短路点引入代替故障条件的不对称电动势中的负序分量，便得到负序网络，如图 4-12（d）所示。负序网络中的短路点用 k2 表示，零电位点用 O2 表示。从 k2O2 端口看进去，负序网络是一个无源网络。经化简后的负序网络如图 4-12（e）所示。

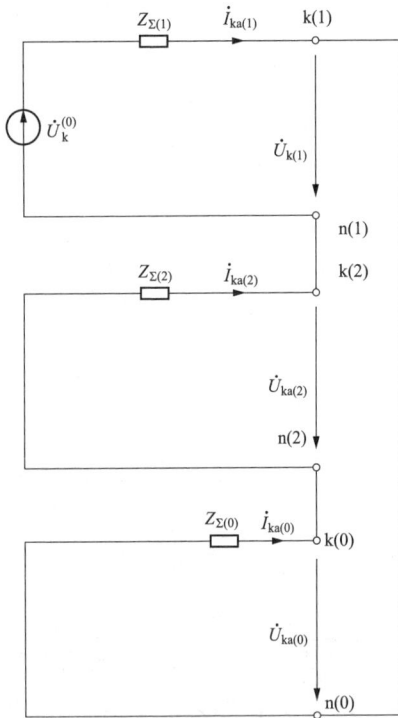

图 4-13　单相接地短路复合序网络

3. 零序网络

在短路点施加代表故障边界条件的零序电动势时，由于三相零序电流大小及相位相同，因此它们必须经过大地（或架空地线、电缆包皮等）才能构成通路，而且电流的流通与变压器中性点接地情况及变压器的接法有密切的关系。比较正（负）序和零序网络可以看到，虽然线路 L4 和变压器 T4 以及负荷 LD 均包括在正（负）序网络中，但因变压器 T4 中性点未接地，不能流通零序电流，所以它们不包括在零序网络中。相反，线路 L3 和变压器 T3 因为空载不能流通正（负）序电流而不包括在正（负）序网络中，但因变压器 T3 中性点接地，故 L3 和 T3 能流通零序电流，所以它们应包括在零序网络中，如图 4-12（f）所示。零序网络中的短路点用 k0 表示，零电位点用 O0 表示。从 k0O0 端口看进去，零序网络也是一个无源网络。简化后的零序网络如图 4-12（g）所示。

4.6.3　正序等效定则计算短路电流

1. 不对称短路的复合序网络

（1）单相接地短路复合序网络。图 4-13 为 a 相发生单相接地短路的复合序网络。

短路点故障相电流为

$$\dot{I}_{\mathrm{k}}^{(1)} = \dot{I}_{\mathrm{ka}} = \dot{I}_{\mathrm{ka(1)}} + \dot{I}_{\mathrm{ka(2)}} + \dot{I}_{\mathrm{ka(0)}} = 3\dot{I}_{\mathrm{ka(1)}} \tag{4-98}$$

或

$$\dot{I}_{\mathrm{k}}^{(1)} = \frac{3\dot{U}_{\mathrm{k}}^{(0)}}{Z_{\Sigma(1)} + Z_{\Sigma(2)} + Z_{\Sigma(0)}} \tag{4-99}$$

单相短路电流是短路点的各序输入电流之和。

（2）两相短路复合序网络。图 4-14 为 b 相和 c 相短路的复合序网络。因为零序网络电流等于零，所以复合网中没有零序电流。

短路点的故障电流为

$$\dot{I}_{\mathrm{kb}} = -\mathrm{j}\sqrt{3}\ \dot{I}_{\mathrm{ka(1)}} \tag{4-100}$$

$$\dot{I}_{\mathrm{kc}} = -\dot{I}_{\mathrm{kb}} = \mathrm{j}\sqrt{3}\ \dot{I}_{\mathrm{ka(1)}} \tag{4-101}$$

b、c 两相电流大小相等，方向相反。它们的绝对值为

$$I_{\mathrm{k}}^{(2)} = I_{\mathrm{kb}} = I_{\mathrm{kc}} = \sqrt{3}\, I_{\mathrm{ka(1)}} \tag{4-102}$$

由此可见，当 $Z_{\Sigma(1)} = Z_{\Sigma(2)}$ 时，两相短路电流是三相短路电流的 $\sqrt{3}/2$。所以，一般来讲，输电系统两相短路电流小于三相短路电流。

（3）两相接地短路复合序网络。图 4-15 为 b 相和 c 相接地短路的复合序网络。

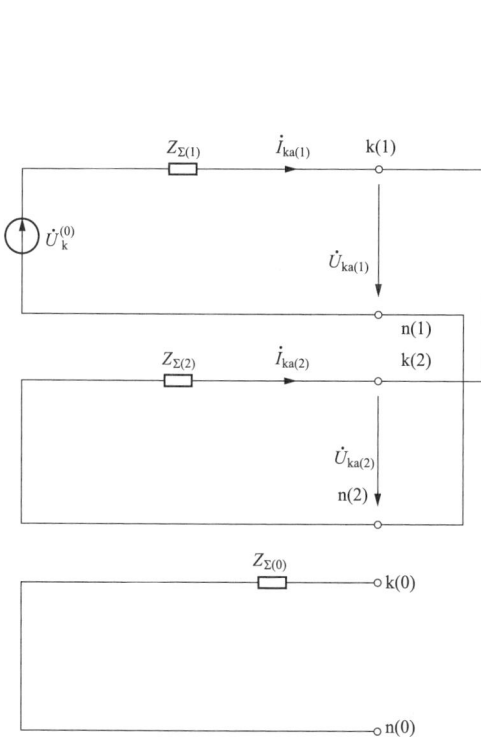

图 4-14　两相短路复合序网络

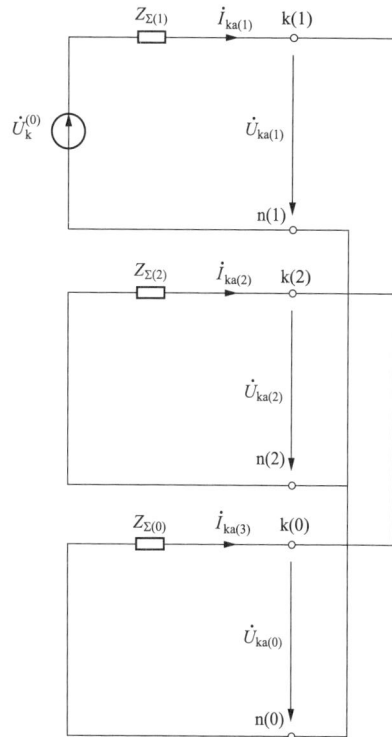

图 4-15　两相接地短路复合序网络

短路点各序电流分量为

$$\begin{cases} \dot{I}_{\mathrm{ka(1)}} = \dfrac{\dot{U}_{\mathrm{k}}^{(0)}}{Z_{\Sigma(1)} + Z_{\Sigma(2)} // Z_{\Sigma(0)}} \\[3mm] \dot{I}_{\mathrm{ka(2)}} = -\dfrac{Z_{\Sigma(0)}}{Z_{\Sigma(2)} + Z_{\Sigma(0)}}\, \dot{I}_{\mathrm{ka(1)}} \\[3mm] \dot{I}_{\mathrm{ka(0)}} = -\dfrac{Z_{\Sigma(2)}}{Z_{\Sigma(2)} + Z_{\Sigma(0)}}\, \dot{I}_{\mathrm{ka(1)}} \end{cases} \tag{4-103}$$

故障相的短路电流为

$$\begin{cases} \dot{I}_{kb} = a^2 \dot{I}_{ka(1)} + a \dot{I}_{ka(2)} + \dot{I}_{ka(0)} = \dot{I}_{ka(1)} \left(a^2 - \dfrac{Z_{\Sigma(2)} + a Z_{\Sigma(0)}}{Z_{\Sigma(2)} + Z_{\Sigma(0)}} \right) \\ \dot{I}_{kc} = a \dot{I}_{ka(1)} + a^2 \dot{I}_{ka(2)} + \dot{I}_{ka(0)} = \dot{I}_{ka(1)} \left(a - \dfrac{Z_{\Sigma(2)} + a^2 Z_{\Sigma(0)}}{Z_{\Sigma(2)} + Z_{\Sigma(0)}} \right) \end{cases} \quad (4\text{-}104)$$

忽略各序阻抗中的电阻分量，即认为它们为纯电抗，则故障相短路电流的有效值为

$$I_{kb} = I_{kc} = \sqrt{3} \times \sqrt{1 - \frac{X_{\Sigma 2} X_{\Sigma 0}}{(X_{\Sigma 2} + X_{\Sigma 0})^2}} \, I_{ka(1)} \quad (4\text{-}105)$$

2. 正序等效定则

从三种不对称短路的分析结果可以看出，三种情况下短路电流正序分量的计算式与三相短路电流 $\dot{U}_{k(0)} / Z_{\Sigma 1}$ 在形式上相似，可以综合表示为

$$\dot{I}_{ka(1)}^{(n)} = \frac{\dot{U}_k^{(0)}}{Z_{\Sigma 1} + Z_\Delta^{(n)}} \quad (4\text{-}106)$$

式中的 $Z_\Delta^{(n)}$ 称为附加阻抗，上标 (n) 表示短路类型，即分别为（3）、（1）、（2）和（1，1）。

直接由复合序网络可见，三相短路时，附加阻抗为零；单相接地短路时，附加阻抗为 $Z_{\Sigma 2} + Z_{\Sigma 0}$；两相短路时，附加阻抗为 $Z_{\Sigma 2}$；两相接地短路时，附加阻抗为 $Z_{\Sigma 2}$ 与 $Z_{\Sigma 0}$ 的并联。

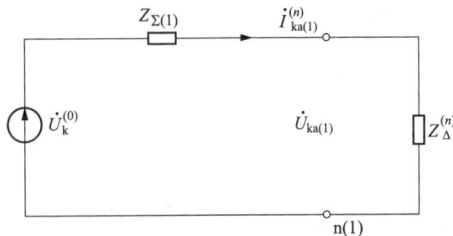

图 4-16　正序增广网络

式（4-106）表明，只针对简单不对称短路时的正序电流分量而言，它与在短路点串联一个附加阻抗并在其后发生三相短路时的短路电流相等。这一关系常称为正序等效定则，并可以用图 4-16 所示的正序增广网络表示。

需要注意的是，这个定则从表面上来看似乎比较简单，但它却是复杂电力系统不对称短路分析和计算的重要依据。

由前面的分析还可看出，故障相的短路电流与其中的正序分量之间的关系可以归结为

$$I_k^{(n)} = M^{(n)} I_{ka(1)}^{(n)} \quad (4\text{-}107)$$

式中　$M^{(n)}$ ——故障相短路电流对正序分量的倍数。

表 4-6 列出了各种短路情况下的附加阻抗和电流倍数。

表 4-6　　　　　　　　各种短路情况下的附加阻抗和电流倍数

短路种类	附加阻抗 $Z_\Delta^{(n)}$	电流倍数 $M^{(n)}$
三相短路	0	1
单相接地短路	$Z_{\Sigma 2} + Z_{\Sigma 0}$	3
两相短路	$Z_{\Sigma 2} + Z_{\Sigma 0}$	$\sqrt{3}$
两相接地短路	$\dfrac{Z_{\Sigma 2} Z_{\Sigma 0}}{Z_{\Sigma 2} + Z_{\Sigma 0}}$	$\sqrt{3} \sqrt{1 - \dfrac{Z_{\Sigma 2} Z_{\Sigma 0}}{(Z_{\Sigma 2} + Z_{\Sigma 0})^2}}$

3. 不对称短路电流计算举例

【**例 4-5**】　某系统接线图如图 4-17 所示。当 k 点发生两相短路、单相接地和两相接地短路时，试求故障点的次暂态电流，并与三相短路电流比较。已知相关参数，G1：100MVA，10.5kV，$X''_d = 0.12$，$X_2 = 0.12$，$E'' = 1$；T1：100MVA，10.5/121kV，$U_k\% = 10.5$；L_1：100km，$X_1 = 0.4\Omega/km$，$X_0 = 3X_1$；T2、T3：30MVA，121/6.3kV，$U_k\% = 10$；G2、G3：30MVA，6.3kV，$X''_d = 0.12$，$X_2 = 0.12$，$E'' = 1$。

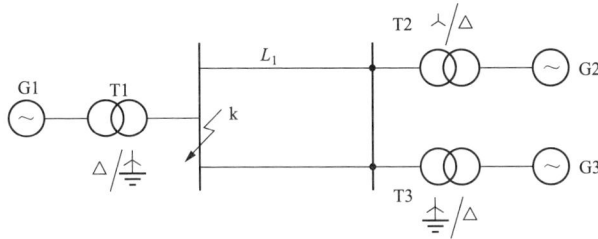

图 4-17　某系统接线图

分别做出正序、负序和零序等效网络，如图 4-18 所示。取 $S_B = 100$MVA，$U_B = U_p$，计算各电抗标幺值。

$$I_B = \frac{S_B}{\sqrt{3}U_B} = \frac{100}{\sqrt{3} \times 115} = 0.502\text{(kA)}$$

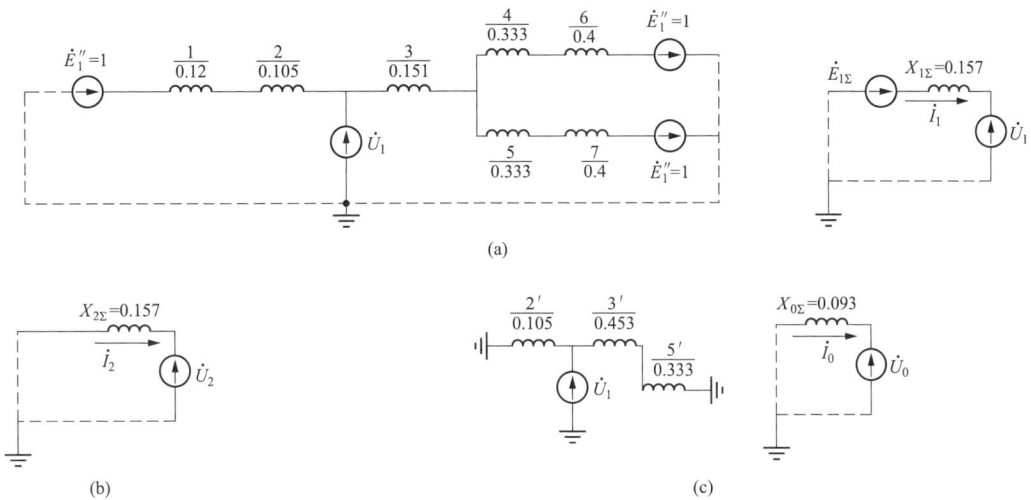

图 4-18　等效网络

（a）正序等效网络及其简图；（b）负序等效网络；（c）零序等效网络及其简图

（1）正序等效网络如图 4-18（a）所示。

$$X_1 = 0.12$$

$$X_2 = 0.105$$

$$X_3 = \frac{1}{2}X_1 L_1 \frac{S_B}{U_B^2} = \frac{1}{2} \times 0.4 \times 100 \times \frac{100}{115^2} = 0.151$$

$$X_4 = X_5 = 0.1 \times \frac{100}{30} = 0.333$$

$$X_6 = X_7 = 0.12 \times \frac{100}{30} = 0.40$$

简化后得

$$E_{1\Sigma} = 1$$
$$X_{1\Sigma} = 0.157$$

（2）负序等效网络如图 4-18（b）所示。

$$X_{2\Sigma} = X_{1\Sigma} = 0.157$$

（3）零序等效网络如图 4-18（c）所示，其中元件参数为

$$X_2' = X_2 = 0.105$$
$$X_3' = 3X_3 = 0.453$$
$$X_5' = X_5 = 0.333$$

由于图中的变压器均为 YNd 或 Yd 接线，零序电流不会流入发电机 G1、G2 和 G3 中去。变压器 T2 的 Y 侧中性点不接地，所以使该支路也无零序电流，经简化后得

$$X_{0\Sigma} = 0.093$$

（4）不对称短路电流计算。

1）两相短路 $k^{(2)}$ 时计算结果为

$$I_1^{(2)} = \frac{E_{1\Sigma}}{X_{1\Sigma} + X_{2\Sigma}} = \frac{1}{2 \times 0.157} = 3.18$$

$$I_k^* = M^{(2)} I_1^{(2)} = \sqrt{3} \times 3.18 = 5.51$$
$$I_k^{(2)} = 5.51 \times 0.502 = 2.72(\text{kA})$$

2）单相接地 $k^{(1)}$ 时计算结果为

$$I_1^{(1)} = \frac{E_{1\Sigma}}{X_{1\Sigma} + X_{2\Sigma} + X_{0\Sigma}} = \frac{1}{2 \times 0.157 + 0.093} = 2.46$$

$$I_k^{*(1)} = M^{(1)} I_1^{(1)} = 3 I_1^{(1)} = 3 \times 2.46 = 7.38$$
$$I_k^{(1)} = 7.38 \times 0.502 = 3.70(\text{kA})$$

3）两相接地 $k^{(1,1)}$ 时计算结果为

$$I_1^{(1,1)} = \frac{E_{1\Sigma}}{X_{1\Sigma} + \dfrac{X_{2\Sigma} X_{0\Sigma}}{X_{2\Sigma} + X_{0\Sigma}}} = \frac{1}{0.157 + \dfrac{0.157 \times 0.093}{0.157 + 0.093}} = 4.64$$

$$I_k^{*(1,1)} = M^{(1,1)} I_1^{(1,1)} = \sqrt{3} \times \sqrt{1 - \frac{X_{2\Sigma} X_{0\Sigma}}{(X_{2\Sigma} + X_{0\Sigma})^2}} \times I_1^{(1,1)}$$

$$= \sqrt{3} \times \sqrt{1 - \frac{0.157 \times 0.093}{(0.157 + 0.093)^2}} \times 4.64$$

$$= 1.52 \times 4.64 = 7.05$$

$$I_k^{(1,1)} = 7.05 \times 0.502 = 3.54(\text{kA})$$

4）三相短路 $k^{(3)}$ 时计算结果为

$$I_k^{*(3)} = \frac{E_\Sigma}{X_\Sigma} = \frac{1}{0.157} = 6.37$$

$$I_k^{(3)} = 6.37 \times 0.502 = 3.20(\text{kA})$$

将以上计算结果比较得

$$I_k^{(1)} > I_k^{(1,1)} > I_k^{(3)} > I_k^{(2)}$$

设计要点提示

- 短路电流计算结果为发电厂、变电站及整个电力系统的设计和运行提供依据；为简化计算，对短路电流计算采取一系列假设。
- 标幺值法常用于电力系统的短路电流计算，可简化计算，方便分析。
- 无限大容量系统三相短路的物理量可利用有名值法或标幺值法计算。
- 有限大容量系统的短路物理量一般利用同一变化法和个别变化法计算。
- 考虑异步电动机和并联电容器对短路电流的影响。
- 不对称短路故障利用对称分量法分析，利用正序等效定则求解。

设计基础习题

1. 无限大容量系统发生三相短路时，短路电流周期分量的幅值（　　）。

　　A. 逐渐变大　　　　B. 逐渐变小　　　　C. 维持不变　　　　D. 不确定

2. 10kV 线路的平均额定电压为（　　）。

　　A. 10kV　　　　　B. 11kV　　　　　C. 10.5kV　　　　D. 12kV

3. 关于短路冲击电流，下面说法正确的是（　　）。

　　A. 用于校验电气设备的动稳定性　　　　B. 是短路电流的最大瞬时值

　　C. 可校验电气设备的热稳定性　　　　　D. 是短路电流的最大有效值

4. 6kV 系统发生单相接地故障，此时非故障相的对地电压为（　　）。

　　A. 4.23kV　　　　B. 10.39kV　　　　C. 6kV　　　　　D. 8.48kV

5. 系统发生两相短路故障时，复合序网络的连接方式为（　　）。

　　A. 正序、负序、零序网并联　　　　　　B. 正序、负序网并联、零序网开路

　　C. 正序、零序网并联、负序网开路　　　D. 零序、负序网并联、正序网开路

6. 电动机的负序阻抗等于正序阻抗，变压器的负序阻抗不等于正序阻抗。（　　）

7. 有限大容量系统发生三相短路时，其短路电流的非周期分量和周期分量幅值均是衰减的。（　　）

8. 最小运行方式下的短路电流常用于校验继电保护的灵敏性。（　　）

9. 计算低压网络的短路电流一般采用有名值法。（　　）

10. 计算高压系统的短路电流时，当系统的总电阻小于 1/3 的总电抗时，一般只考虑电抗。（　　）

第5章 电气设备选择及过电压防护

本章设计导图

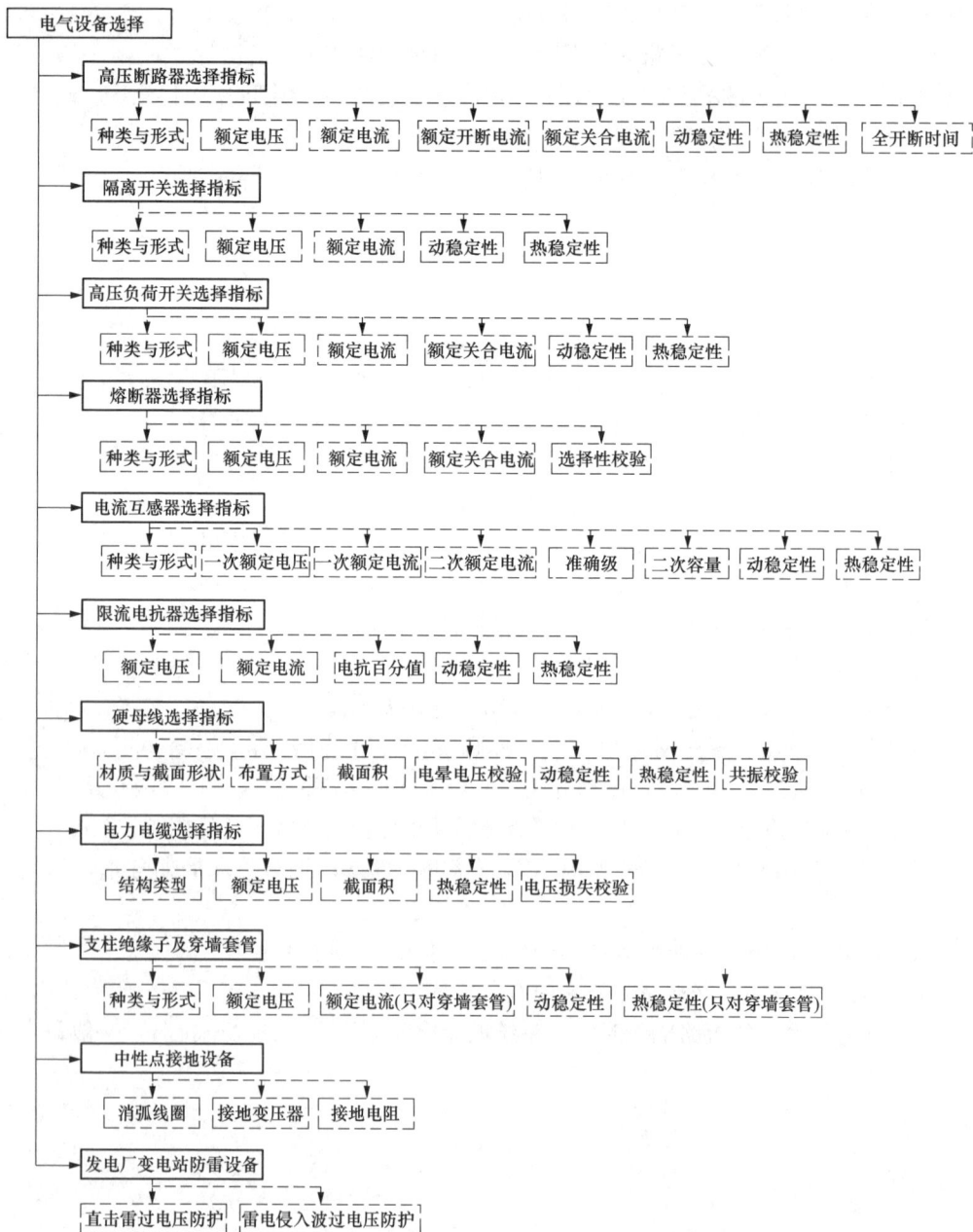

电气设备选择
- 高压断路器选择指标
  - 种类与形式 | 额定电压 | 额定电流 | 额定开断电流 | 额定关合电流 | 动稳定性 | 热稳定性 | 全开断时间
- 隔离开关选择指标
  - 种类与形式 | 额定电压 | 额定电流 | 动稳定性 | 热稳定性
- 高压负荷开关选择指标
  - 种类与形式 | 额定电压 | 额定电流 | 额定关合电流 | 动稳定性 | 热稳定性
- 熔断器选择指标
  - 种类与形式 | 额定电压 | 额定电流 | 额定关合电流 | 选择性校验
- 电流互感器选择指标
  - 种类与形式 | 一次额定电压 | 一次额定电流 | 二次额定电流 | 准确级 | 二次容量 | 动稳定性 | 热稳定性
- 限流电抗器选择指标
  - 额定电压 | 额定电流 | 电抗百分值 | 动稳定性 | 热稳定性
- 硬母线选择指标
  - 材质与截面形状 | 布置方式 | 截面积 | 电晕电压校验 | 动稳定性 | 热稳定性 | 共振校验
- 电力电缆选择指标
  - 结构类型 | 额定电压 | 截面积 | 热稳定性 | 电压损失校验
- 支柱绝缘子及穿墙套管
  - 种类与形式 | 额定电压 | 额定电流(只对穿墙套管) | 动稳定性 | 热稳定性(只对穿墙套管)
- 中性点接地设备
  - 消弧线圈 | 接地变压器 | 接地电阻
- 发电厂变电站防雷设备
  - 直击雷过电压防护 | 雷电侵入波过电压防护

5.1 电气设备选择的一般条件

发电厂电气设备的选择不仅要满足正常运行的要求，还要满足检修、短路和过电压等情况的要求。因此，为了保障电气设备的可靠工作，必须按照正常工作条件选择，按照短路条件校验，同时考虑设备使用的环境条件。导体和电气设备选择的一般条件有正常工作条件（包括电压、电流、频率、开断电流等）、短路条件（包括动稳定、热稳定校验）、环境工作条件（如温度、日照、风速、冰雪、湿度、污秽、海拔、地震等）。

另外，各种电气设备具有不同的性能特点，选择与校验条件不尽相同，电气设备的选择与校验项目稍有差别。

5.1.1 按正常工作选择电气设备

1. 额定电压和最高工作电压

电气设备所在电网的运行电压因调压或负荷的变化，常高于电网的额定电压，故所选电气设备允许的最高工作电压 U_{alm} 不得低于所接电网的最高运行电压 U_{sm}，即

$$U_{alm} \geqslant U_{sm} \tag{5-1}$$

电气设备的铭牌数据上标注有额定电压 U_N，在选择电气设备时，一般按照电气设备的额定电压 U_N 不低于装置地点电网额定电压 U_{Ns} 的条件选择，也可满足式（5-1）的要求，即

$$U_N \geqslant U_{Ns} \tag{5-2}$$

裸导体承受电压的能力由绝缘子及安全净距离保证，无额定电压选择问题。

2. 额定电流或载流量

（1）电气设备的额定电流。断路器、隔离开关、穿墙套管、电流互感器、电抗器等电气设备选择时用额定电流，额定电流 I_N 应满足

$$KI_N \geqslant I_{max} \tag{5-3}$$

式中　I_N——在额定环境条件下，电气设备长期允许的通过电流，A，可通过设备技术参数手册查得；

　　　K——综合修正系数，是计及各种环境影响的系数，一般可只计及环境温度影响；

　　　I_{max}——设备所在回路的最大持续工作电流，A。

电气设备的额定环境温度为 40℃，电气设备实际工作的环境温度 θ 下的修正系数为：当 40℃$\leqslant\theta\leqslant$60℃时，$K=1-(\theta-40)\times0.018$；当 0℃$\leqslant\theta\leqslant$60℃时，$K=1+(40-\theta)\times0.005$；当 $\theta<$0℃，$K=1.2$。

选择设备时，实际环境温度 θ 取值如下：对于室外设备，取年最高温度（一年中测得的最高温度的多年平均值）；对于室内设备，取其安装处的通风设计温度，无资料时，可取最热月平均最高温度加 5℃。具体可查阅有关气象资料。

回路最大工作电流的计算原则为：

1）发电机、调相机回路，取 1.05 倍发电机、调相机额定电流；当发电机冷却气体温度低于额定值时，允许每低 1℃电流增加 0.5%。

2）变压器回路，一般取 1.05 倍变压器额定电流；变压器允许正常或事故过负荷时，可取 1.2~1.3 倍变压器额定电流。

3）母线联络回路、主母线回路，取母线上最大一台发电机或变压器的 I_{max}。

4）母线分段回路，取发电厂最大一台发电机额定电流的 $50\%\sim80\%$，并满足变电站用户的一级负荷和大部分二级负荷，且考虑电源元件事故跳闸后仍能保证该段母线负荷供电。

5）旁路回路，取旁路回路的最大额定电流。

6）出线回路：①单回路线路，取线路最大负荷电流，包括线损和事故时转移过来的负荷；②双回线路，取 $1.2\sim2$ 倍一回路的正常最大电流，包括线损和事故时转移过来的负荷；③环形与 3/2 断路器接线，取两个相邻回路的正常负荷电流，考虑断路器事故或检修，有一个回路加另一最大回路负荷电流的可能；④桥式接线，取最大元件负荷电流，桥回路尚需要考虑系统穿越功率。

7）电动机回路，取电动机的额定电流。

（2）裸导体与电缆的载流量。对于裸导体与电缆，选择时用长期允许载流量。长期允许载流量必须满足

$$KI_{al} \geqslant I_{max} \tag{5-4}$$

式中 I_{al}——在额定环境条件下，载流导体设备长期允许的通过电流，A，可通过设备技术参数手册查得；

I_{max}——设备所在回路的最大持续工作电流，A；

K——综合修正系数，是计及各种环境影响的系数，一般可只计及环境温度影响。

裸导体和电缆的额定环境温度一般为 $25℃$，电气设备实际工作的环境温度 θ 下的修正系数为

$$K = \sqrt{(\theta_{al} - \theta)/(\theta_{al} - 25)} \tag{5-5}$$

式中 θ_{al}——裸导体或电缆正常运行的最高允许温度，裸导体取 $70℃$，电缆的取值与结构有关，可查设备手册。

选择裸导体和电缆时实际环境温度 θ 取值如下：

1）裸导体。室外设备取最热月平均最高温度；室内设备取室内通风设计温度，无资料时，可取最热月平均最高温度加 $5℃$。

2）电缆。室外电缆沟取电缆沟最热月平均最高温度；室内电缆沟取室内通风设计温度，无资料时，可取最热月平均最高温度加 $5℃$；土中直埋时，取最热月平均地温。

3. 环境条件对设备选择的影响

在选择电气设备时，还应考虑电气设备安装地点的环境条件，当气温、风速、温度、污秽等级、海拔、地震烈度和覆冰厚度等环境条件超过一般电气设备使用条件时，应采取措施。当地区海拔超过制造部门的规定值时，由于大气压力、空气密度和湿度相应减小，使空气间隙和外绝缘的放电特性下降，一般当海拔在 $1000\sim3500m$ 范围内时，海拔比厂家规定值每升高 $100m$，电气设备允许最高工作电压下降 1%。当最高工作电压不能满足要求时，应采用高压型电气设备，或采用外绝缘提高一级的产品。对于 110kV 及以下电气设备，由于外绝缘裕度较大，可在海拔 $2000m$ 以下使用。

当污秽等级超过使用规定时，选用有利于防污的产品，当经济上合理时可采用室内配电装置。当周围环境温度与电气设备额定环境温度不等时，其长期允许工作电流应乘以修正系数。一般高压电器可在风速不大于 $35m/s$ 的环境条件下使用。对于台风经常侵袭或最大风速超过 $35m/s$ 的地区，应采取有效防护措施，如降低安装高度、加强基础固定。在积雪和覆冰严重的地区，应采取措施防止冰串引起瓷件绝缘对地闪络。

5.1.2　按短路条件校验

1. 短路电流通过电器时产生的热效应计算

（1）短路电流周期分量发热计算用辛卜生法，公式为

$$Q_{p} = \frac{t_{k}}{12}(I''^2 + 10I_{\frac{t_k}{2}}^2 + I_{t_k}^2) \tag{5-6}$$

式中　　Q_{p}——短路电流周期分量发热，$(kA)^2 \cdot s$；

I''、$I_{\frac{t_k}{2}}$、I_{t_k}——短路电流周期分量的起始值、$\frac{t_k}{2}$ 时刻值、t_k 时刻值，kA；

　　　　t_{k}——热稳定短路计算时间，即计算短路电流热效应 Q_{k} 的时间，s。

t_{k} 由式（5-7）确定，即

$$t_{k} = t_{pr} + t_{ab} = t_{pr} + (t_{in} + t_{a}) \tag{5-7}$$

式中　　t_{pr}——后备保护工作时间，s；

　　　　t_{ab}——断路器全开断时间，s；

　　　　t_{in}——断路器固有分闸时间，s，可查产品手册获得，一般户内少油断路器取 0.05～0.15s，户外少油断路器取 0.04～0.07s，真空断路器取 0.05～0.06s，SF_6 和压缩空气断路器取 0.03～0.04s；

　　　　t_{a}——断路器开断时电弧持续时间，s，少油断路器取 0.04～0.06s，SF_6 和压缩空气断路器取 0.03～0.04s。

当近似计算时，如果认为系统可简化为无限大容量系统，则其短路电流周期分量不变。设短路电流周期分量的有效值为 I_{p}，则有 $I'' = I_{\frac{t_k}{2}} = I_{t_k} = I_{p}$。短路电流周期分量的发热计算如下：

$$Q_{p} = I_{p}^2 t_{k} \tag{5-8}$$

（2）短路电流非周期分量发热计算公式为

$$Q_{np} = I''T \tag{5-9}$$

式中　Q_{np}——短路电流非周期分量发热，$(kA)^2 \cdot s$；

　　　　T——非周期分量等效时间，s，与短路点及热稳定短路计算时间 t_k 有关，具体见表 5-1。

表 5-1　　　　　　　　　　　　　非周期分量等效时间

短路点	$T(s)$	
	$t_{k} \leqslant 0.1s$	$t_{k} > 0.1s$
发电机出口母线	0.15	0.2
发电机升高电压母线及出线	0.08	0.1
发电机升高电压电抗器后	0.08	0.1
变电站各级电压母线及出线	0.05	0.05

（3）短路电流流过电气设备导体时产生的热效应。当 $t_{k} > 1s$ 时，发热主要由周期分量决定，不计及非周期分量的影响，即 $Q_{k} \approx Q_{p}$；当 $t_{k} \leqslant 1s$ 时，发热由周期分量及非周期分量影响，即 $Q_{k} = Q_{p} + Q_{np}$。

2. 短路热稳定校验

（1）裸导体和电缆热稳定校验采用最小截面，具体参考本章裸导体和电缆选择章节

部分。

（2）电气设备热稳定校验合格需满足

$$I_t^2 t \geqslant Q_k \tag{5-10}$$

式中 I_t——电气设备在时间 t 内的热稳定电流，kA；

t——与 I_t 相对应电气设备的热稳定时间，s；

Q_k——短路电流通过电气设备导体所产生的热效应，$(kA)^2 \cdot s$。

（3）熔断器、支柱绝缘子、电压互感器及装设在其回路中的裸导体和电器，可不进行热稳定校验。

3. 电动力稳定校验

电动力稳定是电气设备承受短路电流机械效应的能力，也称动稳定。

（1）裸导体和电缆的动稳定校验采用应力或截面积，具体参考本章裸导体和电缆选择部分。

（2）电气设备动稳定校验合格需满足

$$i_{es} \geqslant i_{sh} \tag{5-11}$$

式中 i_{es}——电气设备允许通过的动稳定电流的幅值，kA；

i_{sh}——短路冲击电流峰值，kA。

一般高压电气回路，$i_{sh} = 2.55I''$，发电机端或发电机电压母线短路时，$i_{sh} = 2.69I''$（I'' 为短路电流周期分量的起始值，kA）。

（3）限流熔断器保护的设备、电缆、电压互感器及装设在其回路中的裸导体和电器，可不进行动稳定校验。

5.2 高压断路器和隔离开关的选择

5.2.1 高压断路器的选择

1. 高压断路器的种类与形式选择

根据环境条件和断路器的不同特点选择断路器的种类与形式，一般参考表 5-2 选择。

表 5-2 断路器选型参考

安装使用场所		可选择的断路器主要形式
配电装置	40.5kV 及以下	少油断路器、真空断路器、SF_6 断路器
	72.5~126kV	真空断路器、SF_6 断路
	252kV	SF_6 断路
	363kV 及以上	SF_6 断路
并联电容器组		真空断路器、SF_6 断路
串联电容器组		与配电装置相同
高压电动机		真空断路器

2. 高压断路器的技术参数和选择

（1）额定电压（U_N）。额定电压是指断路器长时间运行时能承受的正常工作电压，额定电压必须满足

$$U_N \geqslant U_{Ns} \tag{5-12}$$

式中　U_{Ns}——电网额定电压，kV。

（2）额定电流（I_N）。额定电流是指铭牌上标明的断路器可长期通过的工作电流。断路器长期通过额定电流时，各部分的发热温度不会超过允许值。额定电流也决定了断路器触头及导电部分的截面，必须满足

$$KI_N \geqslant I_{max} \tag{5-13}$$

式中　K——环境温度影响的修正系数；

　　　I_{max}——断路器所在回路的最大持续工作电流，A。

（3）额定开断电流（I_{Nbr}）。额定开断电流是指断路器在额定电压下能正常开断的最大短路电流的有效值。它表征断路器的开断能力。高压断路器的额定开断电流 I_{Nbr}，不小于实际开断瞬间的短路电流全电流有效值 I_k，即

$$I_{Nbr} \geqslant I_k \tag{5-14}$$

I_k 的计算与断路器的动作速度有关，具体如下：

1）对于采用中、慢速断路器的地点（其开断时间 $t_{br} \geqslant 0.1s$）和在远离发电厂的变电站二次电压主母线、配电网中变电站主母线、12MW 以下发电机回路等处的短路点，其短路电流可不计及非周期分量的影响，I_k 取短路电流周期分量的起始值 I''（次暂态电流），即

$$I_k = I'' \tag{5-15}$$

2）对于采用快速保护和快速断路器（$t_{br} < 0.1s$）处的短路点、靠近电源处（如 12MW 及以上发电机回路、发电机电压配电装置、高压厂用配电装置、发电厂及枢纽变电站的高压装置等）的短路点，短路电流应计及非周期分量的影响，I_k 计算公式为

$$I_k = \sqrt{I_{pt}^2 + \left(\sqrt{2}\, I'' e^{-\frac{t_{br}}{T_a}}\right)^2} \tag{5-16}$$

式中　I''——短路电流周期分量的起始值，kA；

　　　I_{pt}——开断瞬间短路电流周期分量的有效值，可近似取 $I_{pt} = I''$，kA；

　　　t_{br}——开断计算时间，用于开断电器开断能力的校验，取 $t_{br} = t_{prl} + t_{in}$（主保护动作时间 t_{prl} 与断路器固有分闸时间 t_{in} 之和）；

　　　T_a——短路电流非周期分量的衰减时间，$T_a = X_\Sigma / \omega R_\Sigma$，其中，$X_\Sigma$ 和 R_Σ 是电源至短路点的等效总电抗和等效总电阻。

（4）额定关合电流（i_{Ncl}）。额定关合电流是指保证正常工作时，断路器能关合短路而不至于发生触头熔焊或其他损伤，所允许通过的最大短路电流。断路器的额定关合电流 i_{Ncl} 不应小于短路电流的最大冲击电流 i_{sh}，即

$$i_{Ncl} \geqslant i_{sh} \tag{5-17}$$

（5）动稳定电流（i_{es}）。动稳定电流是指断路器在合闸位置时，允许通过的短路电流最大峰值。它是断路器的极限通过电流，其大小由导电和绝缘等部分的机械强度所决定，也受触头的结构形式影响。满足动稳定条件为

$$i_{es} \geqslant i_{sh} \tag{5-18}$$

式中　i_{sh}——短路冲击电流峰值，kA。

（6）热稳定电流（I_t）。热稳定电流是指在规定的某一段时间内，允许通过断路器的最大短路电流。热稳定电流表明了断路器承受短路电流热效应的能力。满足热稳定的条件为

$$I_t^2 t \geqslant Q_k \tag{5-19}$$

（7）全开断（分闸）时间（t_{ab}）。全开断时间是指断路器接到分闸命令瞬间起到各相电弧完全熄灭为止的时间间隔，它包括断路器固有分闸时间 t_{in} 和燃弧时间 t_a，即 $t_{ab}=t_{in}+t_a$，断路器固有分闸时间是指断路器接到分闸命令瞬间到各相触头刚刚分离的时间；燃弧时间是指断路器触头分离瞬间到各相电弧完全熄灭的时间。

全开断时间 t_{ab} 是表征断路器开断过程快慢的主要参数。t_{ab} 越小，越有利于减小短路电流对电气设备的危害、缩小故障范围、保持电力系统的稳定。全开断时间经常用断路器热稳定校验。

3. 高压断路器的选择与校验举例

某火力发电厂具有 10.5、220、330kV 三级电压负荷。其中所选变压器的容量为 360MVA，三相短路时的短路电流周期分量有效值 $I_p=8.33kA$，继电保护后备保护时间 t_{pr} 为 1.5s，主保护动作时间 t_{pr1} 为 0.06s，实际工作的环境温度 $\theta=32.5℃$。以主变压器 330kV 侧为例选择合适的高压断路器。

选择与校验过程如下：

流过断路器的最大持续电流为

$$I_{max} = \frac{1.05 S_N}{\sqrt{3} U_N} = 1.05 \times \frac{360 \times 10^3}{\sqrt{3} \times 330} = 661(A)$$

温度修正系数 K 及允许电流 I_{Ns} 为

$$K = 1 + (40 - 32.5) \times 0.005 = 1.038$$

$$I_{Ns} = \frac{I_{max}}{K} = \frac{661}{1.038} = 637(A)$$

查电气设备参考资料，选择 LW15-363/Q 高压断路器，技术参数见表 5-3。

表 5-3　　　　　　　　　　　　　LW15-363/Q 高压断路器技术参数

项目	额定电压	最高电压	额定电流	额定开断电流	额定关合电流	动稳定电流	热稳定电流	固有分闸时间	全开断时间
单位	kV	kV	A	kA	kA	kA	kA	s	s
参数值	330	363	3150	40	100	100	40/4s	0.04	0.05

开断电流校验：$t_{br}=t_{pr1}+t_{in}=0.06+0.04=0.1(s)$，只计及周期分量，简化计算。

$$I_{Nbr} = 40kA \geqslant I'' = 8.33kA$$

开断电流校验合格。

动稳定校验：

$$i_{es} = 100(kA) > i_{sh} = 2.55 \times I_p = 21.24(kA)$$

动稳定校验合格。

热稳定校验：

短路计算时间为　　　　$t_k = t_{pr} + t_{ab} = 1.5 + 0.05 = 1.55(s)$

系统近似计为无限大容量系统，短路电流的热效应为

$$Q_k = Q_p = I_p^2 t_k = 8.33^2 \times 1.55 = 107.55(kA^2 \cdot s)$$

$$I_t^2 t = 40^2 \times 4 = 6400(kA^2 \cdot s)$$

$$I_t^2 t > Q_k$$

热稳定校验合格。

综上，所选断路器满足要求。

5.2.2 隔离开关的选择

1. 隔离开关的选择条件

隔离开关的选择及校验条件除额定电压、额定电流、热稳定校验（参见本章 5.1）外，还应注意其种类和形式的选择，尤其是室外隔离开关的形式较多，对配电装置的布置和占地面积影响很大，因此其形式应根据配电装置的特点和要求以及技术经济条件来确定。隔离开关无须进行开断电流和短路关合电流的校验。具体如下：

（1）种类和形式选择。隔离开关选型参考见表 5-4。

表 5-4 隔离开关选型参考

使用场合		特点	参考型号
室内	室内配电装置成套高压开关柜	10kV 及以下系统	GN2、GN6、GN8、GN19
	发电机回路，大电流回路	单极，大电流 3000～13 000A	GN10
		三极，15kV，200～600A	GN11
		三极，10kV，大电流 2000～3000A	GN2、GN18、GN22
		单极，插入式结构，带封闭罩 20kV，大电流 10 000～13 000A	GN14
室外	220kV 及以下各型配电装置	双柱式，220kV 及以下	GW4
	高型，硬母线布置	V 形，35～110kV	GW5
	硬母线布置	单柱式，220～500kV	GW6
	220kV 及以上中型配电装置	三柱式，220～500kV	GW7

（2）额定电压满足 $U_N \geqslant U_{Ns}$。

（3）额定电流满足 $KI_N \geqslant I_{max}$。

（4）动稳定电流满足 $i_{es} \geqslant i_{sh}$。

（5）热稳定电流满足 $I_t^2 t \geqslant Q_k$。

2. 隔离开关的选择举例

某火力发电厂具有 10.5、220、330kV 三级电压负荷。其中所选变压器的容量为 360MVA，三相短路时的短路电流周期分量有效值 $I_p = 8.33$kA，继电保护后备保护时间 t_{pr} 为 1.5s，主保护动作时间 t_{pr1} 为 0.06s，实际工作的环境温度 $\theta = 32.5℃$。以主变压器 330kV 侧为例选择合适的隔离开关。

选择校验过程如下：

流过隔离开关的最大持续电流为

$$I_{max} = \frac{1.05 S_N}{\sqrt{3} U_N} = 1.05 \times \frac{360 \times 10^3}{\sqrt{3} \times 330} = 661(A)$$

温度修正系数 K 及允许电流 I_{Ns} 为

$$K = 1 + (40 - 32.5) \times 0.005 = 1.038$$

$$I_{Ns} = \frac{I_{max}}{K} = \frac{661}{1.038} = 637(A)$$

为了满足计算的各项条件，查《电气设备》参考资料，选择 GW7-363 型隔离开关，技术参数见表 5-5。

表 5-5   GW7-363 型隔离开关技术参数

额定电压（kV）	最高工作电压（kV）	额定电流（A）	动稳定电流（kA）	热稳定电流（kA）
330	363	2000	100	40/4s

动稳定校验：

$$i_{es} = 100(kA) > i_{sh} = 2.55 \times I_p = 21.24(kA)$$

动稳定校验合格。

热稳定校验：

短路计算时间 $t_k = t_{pr} + t_{ab} = 1.5 + 0.05 = 1.55(s)$

视系统为无限大容量系统，短路电流的热效应为

$$Q_k = Q_p = I_p^2 t_k = 8.33^2 \times 1.55 = 107.55(kA^2 \cdot s)$$

$$I_t^2 t = 40^2 \times 4 = 6400(kA^2 \cdot s)$$

$$I_t^2 t > Q_k$$

热稳定校验合格。

所选隔离开关满足要求。

5.3   负荷开关和熔断器的选择

5.3.1   高压负荷开关的选择

高压负荷开关选择和校验的项目有种类和形式、额定电压、额定电流、关合电流、动稳定校验等。由于其主要是用来接通和断开正常工作电流，而不能开断短路电流，所以不校验短路开断能力。

（1）种类和形式的选择。应根据环境条件、使用技术条件及各种负荷开关的不同特点进行选择。

（2）额定电压选择满足 $U_N \geqslant U_{Ns}$。

（3）额定电流选择满足 $KI_N \geqslant I_{max}$。

至此，可初选负荷开关的型号，并查得其有关参数，如额定短路关合电流 i_{Ncl}、动稳定电流峰值 i_{es}、时间 t 内通过的热稳定电流 I_t 等。

（4）额定短路关合电流的选择满足 $i_{Ncl} \geqslant i_{sh}$。

（5）热稳定校验合格的条件为 $I_t^2 t \geqslant Q_k$。

（6）动稳定校验合格的条件为 $i_{es} \geqslant i_{sh}$。

5.3.2   高压熔断器的选择

熔断器是最简单和最早使用的一种保护电器。其优点是：结构简单、体积小、布置紧

凑、使用方便；动作直接，不需要继电保护和二次回路相配合；价格低。熔断器的缺点是：每次熔断后须停电更换熔件才能再次使用，增加了停电时间；保护特性不稳定，可靠性低；保护选择性不易配合。高压熔断器选择和校验的项目有种类和形式、额定电压、额定电流、开断电流、保护的选择性等。对于保护电压互感器的熔断器，只需按额定电压选择和按断流容量校验。

1. 根据安装地点、使用要求选择型号和种类

（1）作为电力线路、电力变压器的短路或过载保护，可选用 RN1、RN3、RN5、RN6、RW3～RW7、RW9～RW11 等系列。

（2）作为电压互感器（3～110kV）的短路保护（不能作过载保护），可选用 RN2、RN4、RW10、RXW0 等系列。

（3）作为电力电容器回路短路或过载保护，可选用 BRN1、BRN2、BRW 等系列。

2. 额定电压的选择

（1）对于一般高压熔断器，额定电压应满足 $U_N \geqslant U_{Ns}$。

（2）对于有限流作用的熔断器（如充填石英砂熔断器），只能用于额定电压与其相等的电网中，即 $U_N = U_{Ns}$。

3. 额定电流的选择

熔断器额定电流的选择包括熔管额定电流 I_{Nt} 和熔体额定电流 I_{Ns} 的选择。

（1）熔断器熔管的额定电流不小于熔体的额定电流，即 $I_{Nt} \geqslant I_{Ns}$。

（2）熔体额定电流 I_{Ns} 的选择应满足保护的可靠性、选择性和灵敏度要求。

1）保护 35kV 及以下电力变压器的熔断器，当通过变压器回路的最大工作电流 I_{max}、变压器的励磁涌流、保护范围外的短路电流及电动机自启动冲击电流时，其熔体不应被误熔断。I_{Ns} 满足

$$I_{Ns} = KI_{max} \tag{5-20}$$

式中　K——可靠系数，不计电动机自启动时 $K = 1.1 \sim 1.3$，考虑电动机自启动时 $K = 1.5 \sim 2.0$。

2）保护电力电容器的熔断器，当系统电压升高或波形畸变引起回路电流增大，或运行过程中产生涌流时，其熔体不应被误熔断。I_{Ns} 按电力电容器回路的额定电流 I_{Nc} 确定，即

$$I_{Ns} = KI_{Nc} \tag{5-21}$$

式中　K——可靠系数，对于跌落式熔断器，$K = 1.2 \sim 1.3$；对于限流式熔断器，当保护一台电力电容器时 $K = 1.5 \sim 2.0$，当保护一组电力电容器时 $K = 1.3 \sim 1.8$。

4. 额定开断电流的校验

（1）对于没有限流作用的熔断器，开断电流 I_{Nbr} 校验合格的条件为

$$I_{Nbr} \geqslant I_{sh} \tag{5-22}$$

式中　I_{sh}——短路冲击电流 i_{sh} 的有效值，一般 $I_{sh} = 0.6 i_{sh}$。

当部分熔断器产品目录中，给出的是熔断器开断容量 S_{Nbr} 时，开断电流 I_{Nbr} 的计算公式为

$$I_{Nbr} = S_{Nbr} / \sqrt{3} U_N \tag{5-23}$$

（2）对于有限流作用的熔断器，开断电流 I_{Nbr} 校验合格的条件为

$$I_{Nbr} \geqslant I'' \tag{5-24}$$

式中　I''——短路次暂态电流。

5. 选择性校验

为保证前后两级熔断器之间、熔断器与电源或负荷侧的保护装置之间动作的配合，应进行熔断器熔体选择性校验，即当电网中任一元件发生短路时，保护该元件的熔断器必须熔断。下面来举例说明。

如图 5-1 （a）所示，熔断器 2 的熔断时间应比负荷侧的保护装置动作时间长，比熔断器 1 的熔断时间短；熔断器 1 的熔断时间应比电源侧的保护装置动作时间短。要使熔断器 1、2 之间动作配合，熔断器 1 的安秒特性要高于熔断器 2 的安秒特性，如图 5-1 （b）所示。因此，有 $I_{Ns1}>I_{Ns2}$，$t_1>t_2$。从图 5-1 （b）的安秒特性曲线可知，当短路电流很大时，如 I_1' 点，其熔断时间 t_1'、t_2' 相差很小；为保证选择性，应使上下级熔断器在最大短路电流的情况下，动作时间差 $\Delta t \geqslant 0.5\text{s}$，$t_1 = t_2 + \Delta t$。

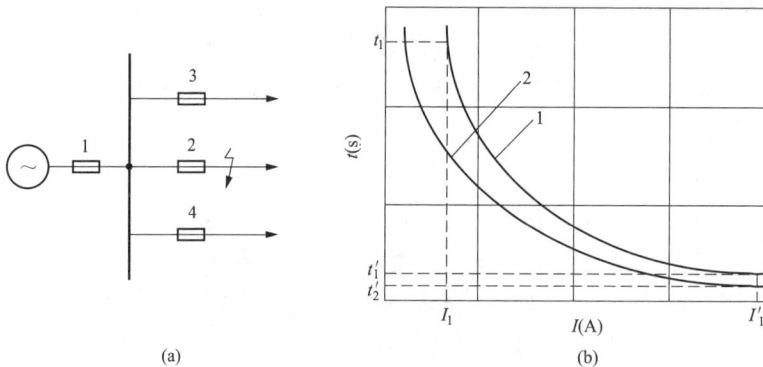

图 5-1　熔断器选择性校验
（a）接线图；（b）安秒特性曲线

5.4　互感器的选择

5.4.1　电流互感器的选择

1. 电流互感器一次回路额定电压和额定电流的选择

一次回路额定电压和额定电流的选择应满足

$$U_{N1} \geqslant U_{Ns} \tag{5-25}$$

$$K I_{N1} \geqslant I_{max} \tag{5-26}$$

式中　U_{N1}——电流互感器一次额定电压，kV；

　　　I_{N1}——电流互感器一次额定电流，kA。

为了确保所供仪器的准确度，电流互感器的一次侧额定电流应尽可能与最大工作电流接近。

2. 二次额定电流的选择

电流互感器的二次额定电流有 5A 和 1A 两种，一般强电系统用 5A，弱电系统用 1A。

3. 电流互感器种类和形式的选择

在选择电流互感器时，应根据安装地点（如室内、室外）和安装方式（如穿墙式、支持式、装入式等）选择相适应的类别和形式。选用母线型电流互感器时，应注意校核窗口尺寸。一般选择参考如下：

（1）6～20kV 室内配电装置和高压开关柜，一般用 LA、ILDZ、LFZ 型。

（2）发电机回路和 200A 以上回路一般用 LMZ、LA、LB 型等。

（3）35kV 及以上配电装置一般用油浸瓷箱独立式电流互感器，常用 LCW 系列，在有条件时，如回路中有变压器套管、穿墙套管，应优先采用套管电流互感器，以节约投资和占地。

（4）当继电保护有特殊要求时，应采用专用的电流互感器。

4. 准确度等级的选择

准确度等级根据所供仪表和继电器的用途考虑。电流互感器的准确度等级不得低于所供仪表的准确度等级；当所供仪表要求不同准确度等级时，应按其中要求准确度等级最高的仪表来确定电流互感器准确度等级。

（1）用于测量精度要求较高的大容量发电机、变压器、系统干线和 500kV 电压等级的电流互感器，宜用 0.2 级；

（2）供重要回路（如发电机、调相机、变压器、厂用馈线、出线等）中的电能表和计费用的电能表的电流互感器，不应低于 0.5 级；

（3）供运行监视的电流表、功率表、电能表的电流互感器，用 0.5～1 级；

（4）估计被测数值的仪表的电流互感器，可用 3 级；

（5）供继电保护用的电流互感器，应用 D 级或 B 级（或新型号 P 级、TPY 级）。

5. 二次容量或二次负荷的选择

（1）条件。为了保证电流互感器的准确度等级，电流互感器二次侧所接实际负荷 Z_{2L} 或所消耗的实际容量 S_2 应不大于该准确度等级所规定的额定负荷 Z_{N2} 或额定容量 S_{N2}，即

$$S_{N2} = I_{N2}^2 Z_{N2} \geqslant S_2 = I_{N2}^2 Z_{2L} \tag{5-27}$$

$$Z_{N2} \geqslant Z_{2L} \approx R_{wi} + R_{tou} + R_m + R_r \tag{5-28}$$

式中　R_m——电流互感器二次回路中所接仪表内阻的总和，Ω；

　　　R_r——电流互感器二次回路中所接继电器内阻的总和，Ω；

　　　R_{wi}——电流互感器二次连接导线的电阻，Ω；

　　　R_{tou}——电流互感器二次连接导线的接触电阻，一般取 0.1Ω。

（2）二次连接导线的截面积要求。将式（5-28）代入式（5-27）并整理得

$$R_{wi} \leqslant [S_{N2} - I_{N2}^2 (R_{tou} + R_m + R_r)]/I_{N2}^2 \tag{5-29}$$

因为导线截面积 $A = \rho l_{ca}/R_{wi}$，所以

$$A \geqslant \rho l_{ca}/(Z_{N2} - R_{tou} - R_m - R_r) \tag{5-30}$$

式中　ρ——连接导线的电阻率，铜为 $1.75 \times 10^{-2} \Omega \cdot mm^2/m$，铝为 $2.83 \times 10^{-2} \Omega \cdot mm^2/m$；

　　　l_{ca}——电流互感器二次回路连接导线的计算长度，mm；

　　　A——电流互感器二次回路连接导线允许的截面积，mm^2。

为满足机械强度要求，连接铜导线计算截面积小于 $1.5mm^2$ 时，应采用 $1.5mm^2$ 的铜线；连接铝导线计算截面积小于 $2.5mm^2$ 时，应采用 $2.5mm^2$ 的铝线。当截面积选定之后，即可计算出连接导线的电阻 R_{wi}。有时也可先初选电流互感器，在已知其二次侧连接的仪表

及继电器型号的情况下，确定连接导线的截面积。

只用一只电流互感器时，电阻的计算长度应取连接长度的 2 倍；用三只电流互感器接成完全星形接线时，则只取连接长度为电阻的计算长度；用两只电流互感器接成不完全星形接线时，应取连接长度的 $\sqrt{3}$ 倍为电阻的计算长度。

6. 热稳定校验

电流互感器的热稳定校验只对本身带有一次回路导体的电流互感器进行。电流互感器热稳定能力常以 1s 允许通过的一次额定电流 I_{N1} 的倍数 K_t 来表示，故热稳定校验公式为

$$(K_t I_{N1})^2 \geqslant Q_k \tag{5-31}$$

式中　K_t——由生产厂给出的电流互感器的热稳定倍数；

　　　I_{N1}——电流互感器一次侧额定电流，kA。

7. 动稳定校验

(1) 内部动稳定校验。电流互感器内部动稳定能力，常以允许通过的一次额定电流最大值的倍数 K_{es}（动稳定电流倍数）表示，故内部稳定性可用下式校验：

$$\sqrt{2} K_{es} I_{N1} \geqslant i_{sh} \tag{5-32}$$

式中　K_{es}——由生产厂给出的电流互感器的动稳定倍数；

　　　I_{N1}——电流互感器一次侧额定电流，kA；

　　　i_{sh}——故障时可能通过电流互感器的最大三相短路电流冲击值，kA。

(2) 外部动稳定校验。由于邻相之间电流的相互作用，使电流互感器绝缘瓷帽上受到外力的作用，因此，对于瓷绝缘型电流互感器，应校验瓷套管的机械强度。瓷套管上的作用力可由一般电动力公式计算，故外部动稳定应满足

$$F_{al} \geqslant 0.5 \times 1.73 \times 10^{-7} i_{sh}^2 \frac{l}{a} \tag{5-33}$$

式中　F_{al}——作用于电流互感器瓷帽端部的允许力，N；

　　　l——电流互感器出线端至最近一个母线支柱绝缘子之间的跨距，m；

　　　0.5——电流互感器瓷套管端部承受该跨上电动力的一半；

　　　i_{sh}——三相短路时的冲击电流，A；

　　　a——相间距离，m。

8. 电流互感器的选择举例

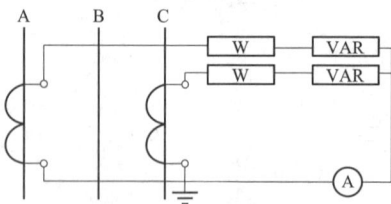

图 5-2　电流互感器接线

变压器电压等级为 35/10.5kV，5000kVA，$i_{sh}=$ 8.54kA，$Q_k=13.5 (kA)^2 \cdot s$，电流互感器采用两相式接线，如图 5-2 所示，其中 0.5 级二次绕组用于测量，接有三相有功电能表和三相无功电能表各一只，每一个电流线圈消耗功率 0.5VA，电流表一只，消耗功率 3VA。电流互感器二次回路采用 BV-500-1 × 2.5mm² 的铜芯塑料线，电流互感器与仪表的单向长度为 2m。试对电流互感器进行选择。

(1) 互感器所装电网额定电压 $U_{Ns}=10$kV，所装线路最大长时工作电流 $I_{max}=1.05 \times \dfrac{5000}{\sqrt{3} \times 10.5}=288.68$ (A)，根据用途，选择变比为 400/5A 的 LQJ-10 型电流互感器，$K_{es}=$

160，$K_t = 75$，0.5 级二次绕组额定阻抗 $Z_{2N} = 0.4\Omega$。

（2）准确度等级校验（二次容量校验）。

电流互感器二次侧额定容量 $S_{N2} = I_{N2}^2 \cdot Z_{N2} = 5^2 \times 0.4 = 10(VA)$

连接导线计算长度 $l_{ca} = \sqrt{3} \times 2 = 3.464(m)$

连接导线电阻 $R_{wi} = \dfrac{\rho l_{ca}}{A} = \dfrac{1.75 \times 10^{-2} \times 3.464}{2.5} = 0.024(\Omega)$

二次负荷容量 $S_2 = \sum S_i + I_{N2}^2(R_{wi} + R_{tou}) = (0.5 + 0.5 + 3) + 5^2 \times (0.024 + 0.1) = 7.15(VA)$

$S_{N2} > S_2$，电流互感器满足准确度等级要求。

（3）动稳定校验，只进行内部电动力校验。

$$\sqrt{2}\, I_{1N} K_{es} = \sqrt{2} \times 0.4 \times 160 = 90.5(kA)$$

$$i_{sh} = 8.54(kA)$$

$$\sqrt{2}\, I_{1N} K_{es} > i_{sh}$$

满足动稳定要求。

（4）热稳定校验。

$$(K_t I_{1N})^2 \cdot t = (75 \times 0.4)^2 \times 1 = 900(kA^2 \cdot s)$$

$$Q_k = 13.5(kA^2 \cdot s)$$

$$(K_t I_{1N})^2 \cdot t > Q_k$$

满足热稳定要求。

因此，选择 LQJ-10400/5A 型电流互感器满足要求。

5.4.2　电压互感器选择

1. 电压互感器种类和形式的选择

电压互感器的种类和形式应根据装设地点和使用条件进行选择：

1）3～35kV 室内配电装置宜采用固体绝缘的电磁式电压互感器。

2）35kV 室外配电装置可采用固体绝缘或油浸绝缘的电磁式电压互感器。

3）66kV 室外配电装置宜采用油浸绝缘的电磁式电压互感器。

4）110kV 配电装置可采用电容式或电磁式电压互感器。

5）220kV 及以上电压等级配电装置，宜采用电容式或电子式电压互感器。

6）SF_6 气体绝缘全封闭开关设备的电压互感器，宜采用电磁式或电子式电压互感器。

7）线路装有载波通信时，线路侧电容式电压互感器宜与耦合电容器结合。

8）在满足二次电压和负荷要求的条件下，电压互感器宜采用简单接线，当需要零序电压时，3～20kV 宜采用三相五柱式电压互感器或三个单相式电压互感器。

2. 电压互感器接线的选择

（1）两台单相电压互感器接成不完全星形（Vv 形）接线，适用于表计和继电器的线圈接入 a-b 和 c-b 两相间电压，如图 5-3 所示。

（2）三台单相电压互感器 Yyn 接线，适用于表计和继电器的线圈接入相间电压和相电压。这种接线不能用来供电给绝缘监测电压表，如图 5-4 所示。

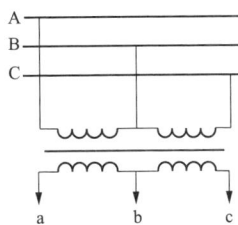

图 5-3　两台单相电压互感器 Vv 接线

（3）三台单相电压互感器 YNyn 接线，适用于供电给要求相间电压的表计和继电器以及绝缘监测电压表。如果高压侧系统为中性点直接接地，则可接入要求相电压的测量表计，如图 5-5 所示；如果高压侧系统为中性点与地绝缘或经阻抗接地，则不允许接入要求相电压的表计。

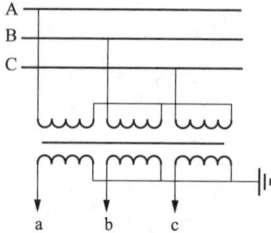

图 5-4　三台单相电压互感器 Yyn 接线　　　　图 5-5　三台单相电压互感器 YNyn 接线

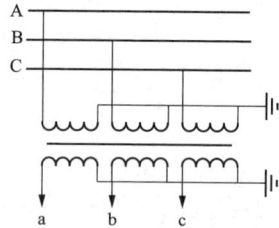

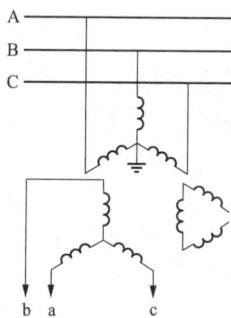

（4）一台三相三柱式电压互感器 Yyn 接线，用于表计和继电器的线圈接入相间电压和相电压，如图 5-6 所示。这种接线不能用于绝缘监测电压表。注意，此接线不允许将电压互感器高压侧中性点接地。

（5）一台三相五柱式电压互感器 YNynd0 接线，用于主二次绕组连接成星形以供电给测量表计、继电器及绝缘监测电压表，如图 5-7 所示。对于要求相电压的测量表计，只有在系统中性点直接接地时才能接入。附加的二次绕组接成开口三角形，构成零序电压滤过器，供电给保护继电器和接地信号（绝缘监测）继电器。注意，此接线应优先采用三相五柱式电压互感器，只有在要求容量较大的情况下或 110kV 以上电压等级无三相式电压互感器时，才采用三个单相三绕组电压互感器。

（6）三台单相三绕组电压互感器 YNynd0 接线，适用于同一台三相五柱式电压互感器 YNynd0 接线，如图 5-8 所示。

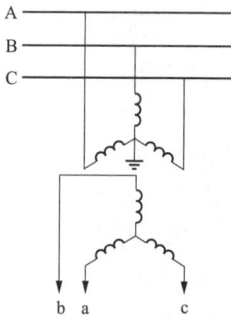

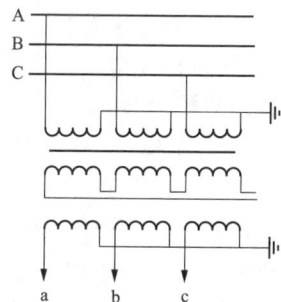

图 5-6　三相三柱式　　　　图 5-7　三相五柱式电压　　　　图 5-8　三台单相三绕组
电压互感器 Yyn 接线　　　　互感器 YNynd0 接线　　　　电压互感器 YNynd0

3. 额定电压的选择

（1）一次绕组额定电压。为了确保电压互感器的安全和在规定的准确度等级下运行，电压互感器一次绕组额定电压 U_{N1} 必须与实际承受的电压相符。由于电压互感器接入电网的方式不同，其一次绕组额定电压 U_{N1} 也不同。设所接电网系统的额定电压为 U_{Ns}（注意是线电压），如果电压互感器一次绕组接于系统线电压，则 $U_{N1}=U_{Ns}$；如果压互感器一次绕组接于系统相电压，则 $U_{N1} = U_{Ns}/\sqrt{3}$。

（2）二次绕组额定电压。电压互感器二次绕组额定电压 U_{N2} 已标准化为 100V 或 100/$\sqrt{3}$ V，与电压互感器的形式和接线方式有关，具体见表 5-6，表中 U_{Ns} 为所接系统电压。

表 5-6　　　　　　　　　　　　　　　　　电压互感器绕组电压选择

形式	一次绕组电压（V）		二次绕组电压（V）	剩余绕组电压	
单相	接于一次线电压上（如 Vv 接法）	U_{Ns}	100	—	
	接于一次相电压上	$U_{Ns}/\sqrt{3}$	$100/\sqrt{3}$	中性点非直接接地系统	100/3
				中性点直接接地系统	100
三相	U_{Ns}		100	100/3	

4. 准确度等级的选择

与电流互感器一样，供功率测量、电能测量及功率方向保护用的电压互感器应选择 0.5 级或 1 级的，只供估计被测值的仪表选用 3 级电压互感器为宜。

5. 额定二次容量的选择

电压互感器的额定二次容量 S_{N2}（对应于所要求的准确度等级），应不小于电压互感器的二次负荷 S_2，即

$$S_{N2} \geqslant S_2 \tag{5-34}$$

（1）根据仪表和继电保护设备接线要求选择电压互感器接线方式，并尽可能将负荷均匀分布在各相上。

（2）列表统计其二次侧各相负荷分配。根据各仪表（或继电保护设备）的技术参数（S_0、$\cos\varphi$）及接线情况，算出其在各相（或相间）的有功功率 $S_0\cos\varphi$ 和无功功率 $S_0\sin\varphi$，并求出各相（或相间）的总有功功率 $\sum S_0\cos\varphi$ 和总无功功率 $\sum S_0\sin\varphi$。

（3）计算各相（或相间）的视在功率 S_2 和功率因数角 φ，即

$$S_2 = \sqrt{(\sum S_0\cos\varphi)^2 + (\sum S_0\sin\varphi)^2} = \sqrt{(\sum P_0)^2 + (\sum Q_0)^2} \tag{5-35}$$

$$\varphi = \arccos(\sum P_0/S_2) \tag{5-36}$$

式中　S_0、P_0、Q_0——各仪表的视在功率、有功功率和无功功率；

　　　　$\cos\varphi$——各仪表的功率因数。

如果各仪表和继电器的功率因数相近，或为了简化计算，也可以将各仪表和继电器的视在功率直接相加，得出大于 S_2 的近似值，若它不超过 S_{N2}，则实际值更能满足容量的要求。

注意，电压互感器三相负荷经常不相等，为满足准确度等级要求，通常取最大相负荷进行比较。表 5-7 列出了电压互感器和负荷接线方式不一致时，每相负荷的计算公式。

表 5-7　　　　　　　　　　　　电压互感器二次绕组每相负荷计算公式

A	$P_A = [S_{ab}\cos(\varphi_{ab} - 30°)]/\sqrt{3}$	AB	$P_{AB} = \sqrt{3}S\cos(\varphi + 30°)$
	$Q_A = [S_{ab}\sin(\varphi_{ab} - 30°)]/\sqrt{3}$		$Q_{AB} = \sqrt{3}S\sin(\varphi + 30°)$
B	$P_B = [S_{ab}\cos(\varphi_{ab} + 30°) + S_{bc}\cos(\varphi_{bc} - 30°)]/\sqrt{3}$	BC	$P_{BC} = \sqrt{3}S\cos(\varphi - 30°)$
	$Q_B = [S_{ab}\sin(\varphi_{bc} + 30°) + S_{bc}\sin(\varphi_{bc} - 30°)]/\sqrt{3}$		$Q_{BC} = \sqrt{3}S\sin(\varphi - 30°)$
C	$P_C = [S_{bc}\cos(\varphi_{bc} + 30°)]/\sqrt{3}$	—	
	$Q_C = [S_{bc}\sin(\varphi_{bc} + 30°)]/\sqrt{3}$		

6. 电压互感器的选择举例

总降变电站 10kV 母线上配置三只单相三绕组电压互感器，采用 YNynd0 接线，作母线电压、各回路有功电能和无功电能测量及母线绝缘监视用。电压互感器接线如图 5-9 所示。该母线共有四回出线，每回出线装设三相有功电能表和三相无功电能表及有功电能表各一只，每个电压线圈消耗的功率为 1.5VA；装有四只电压表，其中三只分别接于各相，作相电压监视用，另一只电压表用于测量各线电压，电压线圈的负荷均为 4.5VA。电压互感器 D0 侧电压继电器线圈消耗的功率为 2.0VA。试选择电压互感器，校验其二次负荷是否满足准确度等级的要求。

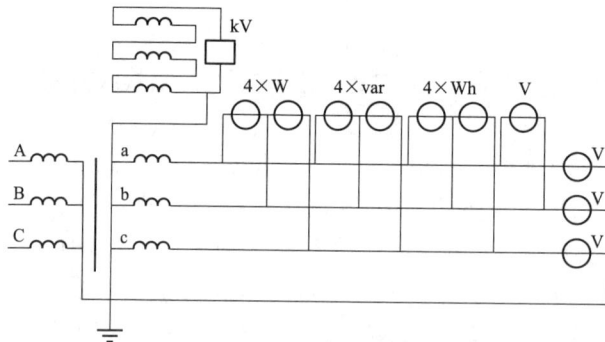

图 5-9 电压互感器接线

选三只 JDZJ-10 型电压互感器，电压比为 10 000/$\sqrt{3}$ ∶ 100/$\sqrt{3}$ ∶ 100/3，0.5 级二次绕组（单相）额定容量为 50VA。电压互感器各相负荷分配见表 5-8。

表 5-8 电压互感器各相负荷分配

仪表名称	每个线圈消耗的功率（VA）	仪表电压线圈		仪表数目	AB 相		BC 相	
		$\cos\varphi$	$\sin\varphi$		P_{ab}	Q_{ab}	P_{bc}	Q_{bc}
有功电能表	1.5	1		4	6		6	
无功电能表	1.5	1		4	6		6	
有功电能表	1.5	0.38	0.925	4	2.28	5.55	2.28	5.55
电压表	4.5	1		1	4.5			
总计					18.78	5.55	14.28	5.55

负荷校验过程如下：

二次 yn 侧三只电压表分别接于相电压外，其余设备的电压线圈均接于 AB 或 BC 线电压间，计算各相负荷为

$$S_{ab} = \sqrt{P_{ab}^2 + Q_{ab}^2} = \sqrt{18.78^2 + 5.55^2} = 19.58(\text{VA})$$

$$S_{bc} = \sqrt{P_{bc}^2 + Q_{bc}^2} = \sqrt{14.28^2 + 5.55^2} = 15.32(\text{VA})$$

$$\cos\varphi_{ab} = P_{ab}/S_{ab} = 18.78/19.58 = 0.959, \quad \varphi_{ab} = 16.46°$$

$$\cos\varphi_{bc} = P_{bc}/S_{bc} = 14.28/15.32 = 0.9321, \quad \varphi_{bc} = 21.23°$$

每相上接有电压表负荷 $S = 4.5\text{VA}$，$P = 4.5\text{W}$，$Q = 0\text{var}$，计入各相负荷。

$$P_A = [S_{ab}\cos(\varphi_{ab} - 30°)]/\sqrt{3} + P = [19.58 \times \cos(16.46° - 30°)]/\sqrt{3} + 4.5 = 15.49(\text{W})$$

$$Q_A = [S_{ab}\sin(\varphi_{ab} - 30°)]/\sqrt{3} + Q = [19.58 \times \sin(16.46° - 30°)]/\sqrt{3} = 2.65(\text{var})$$

$$S_A = \sqrt{P_A^2 + Q_A^2} = \sqrt{15.49^2 + 2.6467^2} = 15.71(\text{VA})$$

$$P_B = S_{ab}\cos(\varphi_{ab} + 30°) + [S_{bc}\cos(\varphi_{bc} - 30°)]/\sqrt{3} + P$$
$$= 19.58 \times \cos(16.46° + 30°) + [15.32 \times \cos(21.23° - 30°)]/\sqrt{3} + 4.5 = 21.02(\text{W})$$

$$Q_B = [S_{ab}\sin(\varphi_{ab} + 30°) + S_{bc}\sin(\varphi_{bc} - 30°)]/\sqrt{3}$$
$$= [19.58 \times \sin(16.46° + 30°) + 15.32 \times \sin(21.23° - 30°)]/\sqrt{3} = 6.84(\text{W})$$

$$S_B = \sqrt{P_B^2 + Q_B^2} = \sqrt{21.02^2 + 6.84^2} = 22.12(\text{VA})$$

$$P_C = [S_{bc}\cos(\varphi_{bc} + 30°)]/\sqrt{3} + P = [15.32 \times \cos(21.23° + 30°)]/\sqrt{3} + 4.5 = 10.04(\text{W})$$

$$Q_C = [S_{bc}\sin(\varphi_{bc} + 30°)]/\sqrt{3} + P = [15.32 \times \sin(21.23° + 30°)]/\sqrt{3} + 4.5 = 6.89(\text{var})$$

$$S_C = \sqrt{P_C^2 + Q_C^2} = \sqrt{10.04^2 + 6.89^2} = 12.17(\text{VA})$$

B 相的负荷最大，$S_2 = S_B = 22.12\text{VA} < S_{N2} = 50\text{VA}$，因此二次侧 yn 接线绕组的负荷满足准确度等级要求。

5.5　限流电抗器的选择

5.5.1　普通电抗器的选择

1. 额定电压和额定电流的选择

普通电抗器额定电压和额定电流需满足 $U_N \geqslant U_{Ns}$，$KI_N \geqslant I_{max}$，U_N、U_{Ns}、I_N、I_{max} 的意义见 5.1。特别要注意的是：

（1）K 为温度系数，电抗器的 θ_{al} 取 100℃，即 $K = 0.129\sqrt{100 - \theta}$（$\theta$ 为电抗器的实际环境温度）。

（2）I_N 为普通电抗器的额定电流。

（3）I_{max} 为普通电抗器的最大持续工作电流，对于出线电抗器，I_{max} 取线路最大持续工作电流；对于母线分段电抗器，I_{max} 一般取相邻两段母线上最大一台发电机额定电流的 50%～80%。

2. 普通电抗百分值的选择

（1）按将短路电流限制到要求值来选择。设要求将经电抗器后的短路电流限制到次暂态短路电流 I''，则电源至电抗器后的短路点的总电抗标幺值 $x_{*\Sigma} = I_B/I''$（基准电流为 I_B、基

准电压为 U_B）。设电源至电抗器前的系统电抗标幺值是 $x'_{*\Sigma}$，则所需电抗器的电抗标幺值 $x_{*L} = x_{*\Sigma} - x'_{*\Sigma}$。电抗器的电抗百分值是以其本身额定电压和额定电流为基准的，则以电抗器额定参数（U_N、I_N）下的百分值电抗表示，则应选择电抗器的电抗百分值为

$$x_L\% = \left(\frac{I_B}{I''} - x'_{*\Sigma}\right) \frac{I_N U_B}{I_B U_N} \times 100\% \tag{5-37}$$

为能合理选择轻型电器，要求经过电抗器限流后的次暂态短路电流 I'' 不大于轻型断路器的额定开断电流 I_{Nbr}。简化计算时取 $I'' = I_{Nbr}$，则应选择电抗器的电抗百分值为

$$x_L\% = \left(\frac{I_B}{I_{Nbr}} - x'_{*\Sigma}\right) \frac{I_N U_B}{I_B U_N} \times 100\% \tag{5-38}$$

（2）电压损失校验。正常运行时电抗器的电压损失 $\Delta U\%$ 不得大于额定电压的 5%，考虑到电抗器电阻很小，且 $\Delta U\%$ 主要由电流的无功分量 $I_{max}\sin\varphi$ 产生，则

$$\Delta U\% = \frac{x_L\%}{100} \frac{I_{max}}{I_N} \sin\varphi \times 100\% \leqslant 5\% \tag{5-39}$$

式中　φ——负荷的功率因数角，一般 $\cos\varphi = 0.8$，$\sin\varphi = 0.6$。

（3）短路时母线残压校验。若出线电抗器回路未设置速断保护，为减轻短路对其他用户的影响，当线路电抗器后短路时，母线残压 $\Delta U_{re}\%$ 应不低于电网电压额定值的 60%～70%，即

$$\Delta U_{re}\% = \frac{x_L\%}{100} \frac{I''}{I_N} \times 100\% \geqslant (60\% \sim 70\%) \tag{5-40}$$

为了使短路时母线残压校验满足要求，可加设快速保护或在线路正常运行电压降允许范围内加大电抗百分值。一般出线电抗器电抗百分值不宜超过 6%，母线电抗器电抗百分值不宜超过 12%。

3. 热稳定和动稳定校验

普通限流电抗器热稳定和动稳定校验合格的条件为 $I_t^2 t \geqslant Q_k$，$i_{es} \geqslant i_{sh}$。

4. 电抗器的选择举例

试选择某发电机 10kV 电压母线出线上的电抗器，要求装设出线电抗器后可以采用 SN6-101 型断路器，额定开断电流 $I_{Nbr} = 16kA$。已知线路最大持续工作电流 $I_{max} = 350A$，功率因数 $\cos\varphi = 0.8$，系统火力发电厂总容量 $S = 300MVA$，归算到电抗器前的系统总电抗为 $x'_{*\Sigma N} = 0.378$，出线继电保护动作时间 $t_{pr} = 2s$，断路器全开断时间 $t_{ab} = 0.1s$。选型计算如下：

基准选取 $S_B = 100MVA$，$U_B = 10.5kV$，$I_B = 5.5kA$。根据安装地点电网电压和持续工作电流初选 NKL-10-400 型电抗器。

归算到基准容量下电抗器前的系统总电抗为

$$x_{*\Sigma} = x'_{*\Sigma N} \frac{S_B}{S} = 0.378 \times \frac{100}{300} = 0.126$$

估算所需电抗百分值为

$$x_L\% = \left(\frac{I_B}{I_{Nbr}} - x'_{*\Sigma N}\right) \frac{I_N U_B}{I_B U_N} \times 100\% = \left(\frac{5.5}{16} - 0.126\right) \times \frac{400 \times 10\,500}{5500 \times 10\,000} \times 100\% = 1.663\%$$

第一次选用电抗百分值为 3% 的电抗器，动稳定不能满足要求，改选电抗百分值为 4% 的电抗器。

重新计算电抗器后短路电流为

$$x_{*L} = x_L\% \frac{I_B U_N}{I_N U_B} = 4\% \times \frac{5500 \times 10\,000}{400 \times 10\,500} = 0.524$$

电抗器后短路点电抗为

$$x_{*c} = (0.524 + 0.126) \times \frac{300}{100} = 1.95$$

查汽轮机运算曲线，求出短路电流为

$$I'' = 0.526 \times \frac{300}{\sqrt{3} \times 10.5} = 8.677(\text{kA})$$

$$I_{t_k/2} = I_{t_k} = 0.535 \times \frac{300}{\sqrt{3} \times 10.5} = 8.825(\text{kA})$$

动稳定校验公式为

$$i_{sh} = 2.55 \times 8.677 = 22.13(\text{kA})$$

$$i_{es} = 2.55 \times 8.825 = 25.5(\text{kA})$$

$$i_{sh} < i_{es}$$

动稳定校验合格。

热稳定校验公式为

$$Q_k = Q_p = \frac{2.1}{12} \times (8.677^2 + 10 \times 8.825^2 + 8.825^2) = 163.1(\text{kA}^2 \cdot \text{s}) < 22.5^2 \text{kA}^2 \cdot \text{s}$$

热稳定校验合格。

电压损失校验公式为

$$\Delta U\% = x_L\% \frac{I_{\max}}{I_N} \sin\varphi = 4\% \times \frac{350}{400} \times 0.6 = 2.1\% < 5\%$$

电压损失校验合格。

残压校验公式为

$$\Delta U_{re}\% = x_L\% \frac{I''}{I_N} \sin\varphi = 4\% \times \frac{8677}{400} = 86.77\% > 70\%$$

残压校验合格。

可以看出，选择 NKL-10-400-4 型电抗器满足要求。

5.5.2　分裂电抗器的选择

1. 额定电压和额定电流的选择

分裂电抗器额定电压和额定电流需满足 $U_N \geqslant U_{NS}$，$I_N \geqslant I_{\max}$，U_N、U_{NS}、I_N、$I_{\max}$ 的意义见 5.1。特别要注意的是：

（1）K 为温度系数，电抗器的 θ_{al} 取 100℃，即 $K = 0.129\sqrt{100 - \theta}$（$\theta$ 为电抗器的实际环境温度）。

（2）I_N 为分裂电抗器一个臂的额定电流。

（3）$I_{\max}$ 为分裂电抗器一个臂的最大持续工作电流，对于出线分裂电抗器，$I_{\max}$ 取线路最大持续工作电流；当分裂电抗器用于发电机或主变压器回路时，$I_{\max}$ 一般取主变压器或发电机额定电流的 70%。

2. 分裂电抗百分值的选择

（1）按将短路电流限制到要求值来选择。分裂电抗器产品是按单臂自感电抗 $x_{L1}\%$ 标称电抗值的。采用分裂电抗器限制短路电流所需的电抗器电抗百分值 $x_L\%$ 可按式（5-37）计算，再按电源连接方式及短路点进行换算。设分裂电抗器的接线如图 5-10 所示。

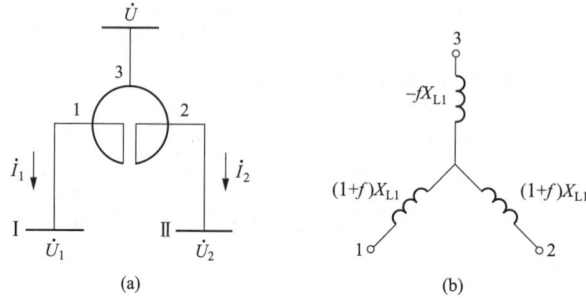

图 5-10　分裂电抗器的接线

1）当 3 侧有电源，1、2 侧无电源，1（或 2）侧短路时，有

$$x_{L1}\% = x_L\% \tag{5-41}$$

2）当 1、2 侧均有电源，3 侧短路时，有

$$x_{L1}\% = \frac{2}{1-f} x_L\% \tag{5-42}$$

3）当 3 侧无电源，1、2 侧有电源，1（或 2）侧短路时，有

$$x_{L1}\% = \frac{1}{2(1+f)} x_L\% \tag{5-43}$$

式中　f——分裂电抗器的互感系数，如无厂家资料，取 0.5。

（2）电压波动校验。在正常情况下，分裂电抗器的电压损失很小，且两臂母线上的电压差值很小，但当两臂负荷变化较大时，可引起较大的电压波动。

Ⅰ 段母线电压的百分值为

$$U_1\% = \left[U\% - \frac{x_{L1}\%}{100} \left(\frac{I_1}{I_N}\sin\varphi_1 - f\frac{I_2}{I_N}\sin\varphi_2 \right) \times 100 \right] \tag{5-44}$$

式中　$U\%$——分裂电抗器中心抽头 3 连接的电源侧电压，%；

　　　　I_N——电抗器的额定电流；

　　I_1、I_2——Ⅰ、Ⅱ 段母线上的负荷电流，如无负荷资料，可取 $I_1 = 0.3I_N$，$I_2 = 0.7I_N$；

　　φ_1、φ_2——Ⅰ、Ⅱ 段母线上的功率因数角，如无负荷资料，可取 $\cos\varphi_1 = \cos\varphi_2 = 0.8$。

Ⅱ 段母线电压的百分值为

$$U_2\% = \left[U\% - \frac{x_{L1}\%}{100} \left(\frac{I_2}{I_N}\sin\varphi_2 - f\frac{I_1}{I_N}\sin\varphi_1 \right) \times 100 \right] \tag{5-45}$$

正常运行时，要求两臂母线的电压波动不大于母线额定电压的 5%，即应满足 $95\% \leqslant U_1\% \leqslant 105\%$ 及 $95\% \leqslant U_2\% \leqslant 105\%$ 的要求。

（3）短路时残压及电压偏移校验。设 Ⅰ 段母线故障，短路电流为 I_k，则分裂电抗器电源侧的残压百分值 $U\%$ 及非故障母线段上的电压百分值 $U_2\%$ 可计算为

$$U\% = \frac{x_{\mathrm{L1}}\%}{100}\left(\frac{I_{\mathrm{k}}}{I_{\mathrm{N}}} - f\,\frac{I_2}{I_{\mathrm{N}}}\sin\varphi_2\right)\times 100 \tag{5-46}$$

$$U_2\% = \frac{x_{\mathrm{L1}}\%}{100}(1+f)\left(\frac{I_{\mathrm{k}}}{I_{\mathrm{N}}} - f\,\frac{I_2}{I_{\mathrm{N}}}\sin\varphi_2\right)\times 100 \tag{5-47}$$

同理，Ⅱ 段母线故障时的 $U\%$ 及 $U_1\%$ 与式（5-46）和式（5-47）类似。

5.6　母线和电力电缆的选择

5.6.1　母线的选择

1. 材质与截面形状的选择

母线的材质有铜、铝、钢、铝合金等材料。材料的选择应从导电性、机械强度、耐腐蚀性、经济性等方面综合考虑。一般优先采用铝母线；在持续工作电流较大，且空间特别狭窄的发电机、变压器出口处以及污秽对铝有严重腐蚀而对铜腐蚀较轻的场所，采用铜母线；钢母线仅用在高压小容量回路（如电压互感器）、电流在 200A 以下的低压和直流回路，以及接地装置中。

母线的截面形状有矩形、槽形、管形，一般选择的原则如下：

（1）在 35kV 及以下、持续工作电流在 4000A 及以下的室内配电装置中，一般采用矩形母线，当电路的工作电流超过最大截面的单条母线的允许载流量时，每相可用 2～4 条并列使用。

（2）在 35kV 及以下、持续工作电流为 4000～8000A 的室内配电装置中，一般采用槽形母线；矩形、槽形母线也常用于 10kV 及以下的室外母线桥。

（3）35kV 及以上的室外配电装置，可采用钢芯铝绞线。

（4）110kV 及以上、持续工作电流在 8000A 以上的室内、外配电装置，可采用管形母线。

2. 布置方式的选择

钢芯铝绞线母线、管形母线一般采用三相水平布置。矩形、双槽形母线常见布置方式有三相水平布置和三相垂直布置。矩形母线三相水平布置多用于中、小容量配电装置，又分为母线竖放和母线平放两种。与母线平放相比，母线竖放散热条件好、允许载流量大，但机械强度小。矩形母线三相垂直布置用于 20kV 以下、短路电流很大的配电装置。

3. 母线截面的选择

（1）按最大持续工作电流选择。各种配电装置中的主母线及长度在 20m 以下的母线，一般均按所在回路的最大持续工作电流选择，即

$$KI_{\mathrm{al}} \geqslant I_{\max} \tag{5-48}$$

式中　I_{al}——在额定环境条件下，载流导体设备长期允许的通过电流，A，可通过母线技术参数手册查得；

$I_{\max}$——母线所在回路的最大持续工作电流，A；

K——与母线长期发热允许最高温度 θ_{al}、实际环境温度 θ、海拔等因素有关的综合修正系数，如果仅计及环境温度修正，则当 $\theta_{\mathrm{al}} = +70\,℃$ 并且不计日照时，有 $K = 0.149\sqrt{70-\theta}$。

母线所在回路的最大持续工作电流 I_{max}，需计及可能的过负荷及检修或故障时由别的回路转移过来的负荷。

（2）按经济电流密度选择。使年计算费用最低的导体的截面称为经济截面，用 S_{ec} 表示。与 S_{ec} 对应的电流密度 J，称为经济电流密度。对于年最大负荷利用小时数 T_{max} 大、传输容量大、长度在 20m 以上的母线（如发电机至主变压器、配电装置的母线），其截面一般按经济电流密度选择。载流导体经济电流密度曲线，即年最大负荷利用小时数 T_{max} 与经济电流密度 J 之间的关系，如图 5-11 所示。注意：曲线 1 及曲线（$1'$）适用于变电站站用及工矿用的铝（铜）纸绝缘铅包、铝包、塑料护套及各种铠装电缆；曲线 2 适用于铝矩形、槽形及组合导线；曲线 3 及曲线（$3'$）适用于火电厂厂用的铝（铜）纸绝缘铅包、铝包、塑料护套及各种铠装电缆；曲线 4 适用于 35～220kV 线路的 LGJ、LGJQ 型钢芯铝绞线。

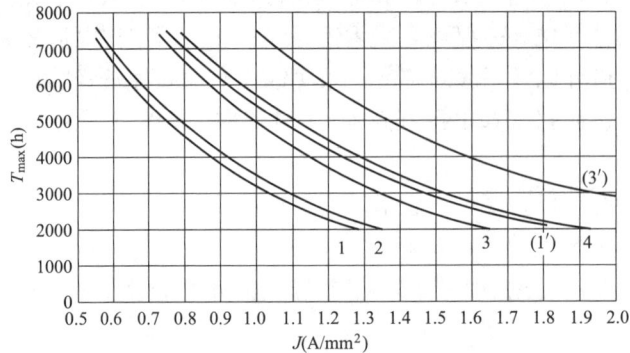

图 5-11　载流导体经济电流密度曲线

按经济电流密度选择导体截面时，先按年最大负荷利用小时数 T_{max}，查曲线图 5-11，获得其对应经济电流密度 J；再计算导体的经济截面 S_{ec}；选择标准截面与经济截面接近的导体。经济截面的计算如下：

$$S_{ec} = I_{max}/J \tag{5-49}$$

母线所在回路的最大持续工作电流 I_{max}，一般不计及可能的过负荷及检修或故障时由别的回路转移过来的负荷。

4. 电晕电压校验

对于 110kV 及以上系统的裸导体，应按当地晴天不发生全面电晕的条件校验，使裸导体的临界电晕电压 U_{cr} 大于最高工作电压 U_{max}，即

$$U_{cr} > U_{max} \tag{5-50}$$

下列情况下不进行电晕电压校验：

（1）63kV 及以下的系统，因电压较低一般不会出现全面电晕，所以不必校验。

（2）当所选导体型号及外径大于、等于下列数值时，可不进行电晕校验：软导线型号，110kV、LGJ-70，220kV、LGJ-300；管形导体外径，110kV、ϕ20mm，220kV、ϕ30mm。

5. 热稳定校验

母线热稳定校验时，先计算满足短路发热的母线最小截面积 S_{min}；再将所选导线的实际截面积 S 与其进行比较，当 $S \geqslant S_{min}$ 时，满足热稳定；当 $S < S_{min}$ 时，不满足热稳定。

按热稳定决定的母线最小截面积 S_{min} 为

$$S_{\min} = \sqrt{Q_k K_s} / C \tag{5-51}$$

式中　Q_k——导体的短路发热，可按辛卜生法计算，$(kA)^2 \cdot s$；

　　　K_s——导体的集肤效应系数，与电流频率，导体材料、形状和尺寸有关，可由查曲线或表格获得；

　　　C——热稳定系数，与母线材料和其正常运行最高工作温度 θ_{al} 有关，见表 5-9。

表 5-9　　　　　　　　　　　　　　　不同工作温度下裸导体的 C 值

工作温度（℃）	40	45	50	55	60	65	70	75	80	85	90
硬铝及铝锰合金	99	97	95	93	91	89	87	85	83	81	79
硬铜	186	183	181	179	176	174	171	169	166	164	161

当 θ_{al} 不是表 5-9 中的数字时，可用插值法求相应的 C。设 $\theta_1 < \theta_{al} < \theta_2$，$\theta_1$、$\theta_2$ 分别对应于 C_1、C_2，则

$$C = C_2 + (\theta_2 - \theta_{al})(C_1 - C_2)/(\theta_2 - \theta_1) \tag{5-52}$$

C 值也可直接计算

$$C = K' \sqrt{\ln \frac{\tau + \theta_f}{\tau + \theta_{al}}} \tag{5-53}$$

式中　K'——常数，铝为 149，铜为 248；

　　　τ——常数，铝为 245℃，铜为 235℃；

　　　θ_f——短路时导体最高允许温度，铝及铝锰合金取 200℃，铜取 300℃。

6. 共振校验

对于重要的回路，发电机、主变压器及配电装置中的回流母线，都要考虑共振的影响。当导体受到电动力的作用时会产生振动，当导体振动的固有频率 f_1 接近于工频或 2 倍工频时，会产生共振现象，会使导体损坏。一般导体的固有频率 f_1 避开 30～160Hz 频率范围，以免发生共振。导体不发生共振所允许的最大绝缘子跨距 $L_{\max}$ 为

$$L_{\max} = \sqrt{\frac{N_f}{f_1} \sqrt{\frac{EJ}{m}}} \tag{5-54}$$

式中　N_f——频率系数，与导体跨数及支撑方式有关，单跨、两端简支方式取 1.57；单跨、一端固定、一端简支，两等跨、简支方式取 2.45；单跨、两端固定，多等跨、简支方式取 3.56；单跨、一端固定、一端活动方式取 0.56。

　　　f_1——计算最大绝缘子跨距 $L_{\max}$ 对应的固有频率，取 160Hz。

　　　E——导体的弹性模量，Pa，铜为 11.28×10^{10} Pa，铝为 7×10^{10} Pa。

　　　J——导体截面对垂直方向轴的截面二次矩（惯性矩），由截面的形状及尺寸布置方式决定。

　　　m——导体单位长度的质量，kg/m。

矩形导体的惯性矩按表 5-10 计算。管形导体的惯性矩 $J = \pi(D^4 - d^4)$，其中 D、d 分别为管形导体的外直径和内直径；槽形导体的惯性矩 J 可查相应技术资料。

当选择绝缘子实际跨距 $L \leqslant L_{\max}$ 时，必有 $f_1 \geqslant 160$Hz，满足不共振的要求。

表 5-10   矩形导体的惯性矩

每相条数	1	2	3	备注
三相水平布置、导体竖放	$b^3h/12$	$2.167b^3h$	$8.25b^3h$	力作用在 h 面
三相水平布置、导体平放或三相垂直布置、导体竖放	$bh^3/12$	$bh^3/6$	$bh^3/4$	力作用在 b 面

7. 硬母线的动稳定校验

（1）动稳定校验的应力条件。如果每相为两条及以上导体，当短路冲击电流通过母线时，导体的横截面同时受到相间弯矩 M_{ph} 和条间弯矩 M_b 的作用，即同时存在相间应力 σ_{ph} 和条间应力 σ_b。设 σ_{ph} 和 σ_b 和方向相同（这种情况最严重），则最大应力 σ_{max} 为

$$\sigma_{max} = \frac{M_{ph}}{W_{ph}} + \frac{M_b}{W_b} = \sigma_{ph} + \sigma_b \tag{5-55}$$

式中　σ_{max}——最大应力，Pa；

M_{ph}、M_b——导体所受到的相间和条间的最大弯矩，N·m；

W_{ph}、W_b——导体相间和条间的抗弯截面系数，由导体截面的形状、尺寸、每相条数及布置方式决定。

对于管形导体，抗弯截面系数 $W_{ph} \approx 0.1(D^4 - d^4)$，其中 D、d 分别为管形导体的外直径和内直径；矩形导体抗弯截面系数 W_{ph} 见表 5-11。

表 5-11   矩形导体抗弯截面系数 W_{ph} （m^3）

每相条数	1	2	3	备注
水平布置、母线竖放	$b^2h/6$	$1.44b^2h$	$3.3b^2h$	力作用在 h 面
水平布置、母线平放；垂直布置、母线竖放	$bh^2/6$	$bh^2/3$	$bh^2/2$	力作用在 b 面

对于矩形母线，不论每相条数多少，不论平放或竖放，也不论条间距离多少，条间作用力总是作用在 h 边这个面上，所以，W_b 与三相水平布置、单条竖放的 W_{ph} 相同，即

$$W_b = \frac{b^2h}{6} \tag{5-56}$$

求出的 σ_{max} 应满足式（5-57），称母线满足动稳定，即

$$\sigma_{al} \geqslant \sigma_{max} \tag{5-57}$$

式中　σ_{al}——导体最大允许应力，Pa，硬铝为 70×10^6 Pa，硬铜为 140×10^6 Pa，LF21 型铝镁合金管为 90×10^6 Pa。

（2）每相单条导体的矩形母线动稳定性跨距条件。每相为单条导体时，只受相间电动力的作用。导体自由支承于支柱绝缘子上，相当于一多跨梁，承受均匀分布的电动力作用。

当跨数大于 2 时，导体所受的最大弯矩为

$$M_{ph} = \frac{f_{ph}L^2}{10} \quad (\text{N·m}) \tag{5-58}$$

$$f_{ph} = 1.73 \times 10^{-7} \frac{l}{a} i_{sh}^2 \beta \quad (\text{N/m}) \tag{5-59}$$

式中　f_{ph}——单位长度导体上所受到的相间电动力，N/m；

L——支柱绝缘子间的跨距，m；

l——导体长度，m；

a——两导体之间的距离，m；

i_{sh}——短路冲击电流峰值，kA；

β——动态应力系数。

导体最大相间计算应力为

$$\sigma_{max} = \sigma_{ph} = \frac{M_{ph}}{W_{ph}} = \frac{f_{ph}L^2}{10W_{ph}}(\text{Pa}) \tag{5-60}$$

可见，σ_{ph} 与 L 有关，L 越大，σ_{ph} 越大。已知 L 时，可直接计算 σ_{ph}；设计时，一般 L 未知，为满足动稳定，常根据材料的允许应力 σ_{al} 来确定绝缘子间的最大允许跨距 L_{max}，即令 $\sigma_{ph} = \sigma_{al}$，则可得

$$L_{max} = \sqrt{\frac{10\sigma_{al}W_{ph}}{f_{ph}}}(\text{m}) \tag{5-61}$$

只要选择 $L \leqslant L_{max}$，就必满足动稳定。计算出的 L_{max} 可能较大，为避免矩形导体平放时因本身自重而过分弯曲，所选的实际跨距 L 一般不得超过 2m。考虑到绝缘子支座及引下线安装的方便，常选取 L 等于配电装置间隔的宽度。

（3）每相二或三条导体的矩形母线动稳定性跨距条件。

1）相间应力 σ_{ph} 的计算。相间应力 σ_{ph} 计算与每相单条类同，但式中的 W_{ph} 为相应条数和布置方式的截面系数。

2）同相条间应力 σ_b 的计算。由于同相的条间距离很近，因此 σ_b 通常很大。为了减小 σ_b，在同相各条导体间每隔 30～50cm 设一衬垫，如图 5-12 所示。

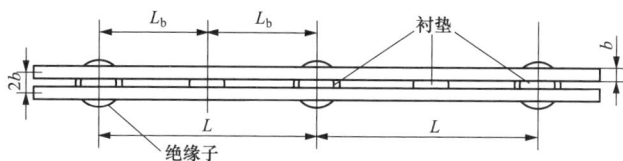

图 5-12　一相有两条导体的衬垫设置

同相中，边条导体所受的条间作用力最大。边条导体所受的最大弯矩为

$$M_b = \frac{f_bL^2}{12}(\text{N} \cdot \text{m}) \tag{5-62}$$

式中　L——衬垫跨距（相邻两衬垫间的距离），m；

f_b——单位长度导体上所受到的条间电动力，N/m，计算如下。

当每相为二条时，有

$$f_b = 0.25 \times 10^{-7} \frac{i_{sh}^2}{b} K_{12} \tag{5-63}$$

$$b = 2a$$

式中　i_{sh}——短路冲击电流峰值，A；

a——条间距离，m；

K_{12}——第 1、2 条导体的截面形状系数。

当每相为三条时，有

$$f_b = 0.08 \times 10^{-7} \frac{i_{sh}^2}{b}(K_{12} + K_{13}) \tag{5-64}$$

式中 K_{12}——第 1、2 条导体的截面形状系数；

K_{13}——第 1、3 条导体的截面形状系数。

可求得

$$\sigma_b = \frac{M_b}{W_b} = \frac{f_b L_b^2}{2b^2 h} \tag{5-65}$$

式中 h——导体高，m。

同样，L_b 越大，σ_b 越大。在计算 σ_{ph} 的基础上可计算满足动稳定要求的最大允许衬垫跨距 L_{bmax}。令 $\sigma_{max} = \sigma_{ph} + \sigma_b = \sigma_{al}$，得

$$L_{bmax} = b\sqrt{2h(\sigma_{al} - \sigma_{ph})/f_b} \tag{5-66}$$

$L_b < L_{bmax}$，从而满足动稳定要求。

另外，当 L_b 较大时，在条间作用力 f_b 的作用下，同相的各条导体可能因弯曲而互相接触。为防止这种现象发生，要求 L_b 必须小于另一个允许的最大跨距，即临界跨距 L_{cr}。L_{cr} 计算如下：

$$L_{cr} = \lambda^4 \sqrt{h/f_b} \tag{5-67}$$

式中 λ——系数，每相为二条导体时铜的系数为 1144，铝为 1003；每相为三条导体时铜的系数为 1355，铝为 1197。

（4）槽形母线的应力计算。双槽形母线的布置方式如图 5-13 所示，其应力计算方法与矩形母线相同。

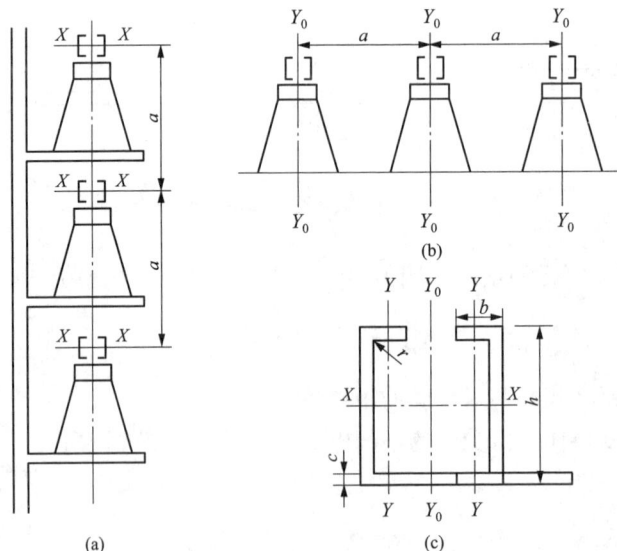

图 5-13 双槽形母线的布置方式

（a）垂直布置；（b）水平布置；（c）导线截面

a—条间距离

1）相间应力 σ_{ph} 的计算。相间应力 σ_{ph} 仍按每相单条的公式计算。当导体按图 5-13（a）垂直布置时，$W_{ph} = 2W_x$（W_x 为单条槽形对 X 轴的截面系数）；当导体按图 5-13（b）水平布

置时，$W_{ph} = 2W_y$（W_y 为单条槽形对 Y 轴的截面系数），如两槽焊成一整体，则整体绕 Y_0 轴弯曲，$W_{ph} = 2W_{y0}$（W_{y0} 为双槽整体对 Y 轴的截面系数）。

2）同相条间应力 σ_b 的计算。同相条间应力 σ_b 的计算与双条矩形导体的计算相同。当条间距离为 h（槽形导体高）时，$K_{12} \approx 1$，于是有

$$f_b = 0.5 \times 10^{-7} \frac{i_{sh}^2}{h} \tag{5-68}$$

不管采用垂直布置还是水平布置方式，作用力 f_b 均沿 X 轴方向，则各槽形导体均绕 Y 轴弯曲，$W_b = W_y$，则

$$\sigma_b = \frac{M_b}{W_b} = \frac{f_b L_b^2}{12 W_y} \tag{5-69}$$

5.6.2　电力电缆的选择

电力电缆的基本结构包括导电芯、绝缘层、铅包（或铝包）和保护层等部分。按其缆芯材料分为铜芯和铝芯两大类；按其采用的绝缘介质分为油浸纸绝缘和塑料绝缘两大类。电力电缆制造成本高、投资大，但是其有运行可靠、不易受外界影响、不需架设电杆、不占地面、不碍观瞻等优点。

1. 按结构类型选择电力电缆（即选择电力电缆的型号）

根据电力电缆的用途、敷设方法和使用场所，选择电力电缆的芯数、芯线的材料、绝缘的种类、保护层的结构以及电力电缆的其他特征，最后确定电力电缆的型号。一般经验如下：

（1）电力电缆芯线有铜芯和铝芯，需移动或振动剧烈的场所应采用铜芯。

（2）在 35kV 及以下三相三线制的交流装置中，用三芯电缆；在 380/220V 三相四线制的交流装置中，用四芯或五芯（有一芯用于保护接地）电缆；在直流装置中，用单芯或双芯电缆。

（3）直埋电缆一般采用带护层的铠装电缆。周围潮湿或有腐蚀性介质的地区应选用塑料护套电缆。

（4）移动机械选用重型橡套电缆；高温场所宜用耐热电缆；重要直流回路或保安电源回路宜用阻燃电缆。

（5）垂直或高差较大处选用不滴流电缆或塑料护套电缆。

（6）设在管道（或没有可能使电缆受伤的场所）中的电缆，可用铅包电缆或黄麻护套电缆。

2. 按额定电压选择

按照电力电缆的额定电压 U_N 不低于敷设地点电网额定电压 U_{Ns} 的条件选择，即

$$U_N \geqslant U_{Ns} \tag{5-70}$$

3. 电力电缆截面的选择

一般根据电力电缆最大长期工作电流选择，但是对于有些回路，如发电机、变压器回路，其年最大负荷利用小时数超过 5000h，且长度超过 20m 时应按经济电流密度来选择。

（1）按最大长期工作电流选择。电力电缆长期发热的允许电流 I_{al}，应不小于所在回路的最大长期工作电流 I_{max} 时，即

$$KI_{al} \geqslant I_{max} \tag{5-71}$$

式中　I_{al}——电力电缆允许温度和标准环境条件下导体的长期允许电流，kA；

　　　K——综合修正系数。

　　K 取值如下：空气中单根敷设时，$K=K_t$；空气中多根敷设时，$K=K_tK_1$；空气中穿管敷设时，$K=K_tK_2$；土壤中单根敷设时，$K=K_tK_3$；土壤中多根敷设时，$K=K_tK_4$。其中，K_t 为环境温度不同于标准敷设温度时的修正系数；K_1 为空气中并列敷设电力电缆的校正系数；K_2 为空气中穿管敷设时的校正系数，电压为 10kV 及以下，截面积为 95mm^2 及以下时取 0.95，截面积为 120～185mm^2 时取 0.85；K_3 为直埋敷设电力电缆因土壤热阻不同的校正系数；K_4 为多根并列直埋敷设时的校正系数；I_{al} 为敷设在空气和土壤中的电力电缆的允许载流量，kA；$I_{w_{max}}$ 为电力电缆允许通过的最大持续电流，kA。

　　（2）按经济电流密度选择。按经济电流密度 J 选择电力电缆截面的方法与按经济电流密度选择母线截面的方法相同，经济截面 S_{ec} 为

$$S_{ec}=\frac{I_{max}}{J} \tag{5-72}$$

　　按经济电流密度选出的电力电缆，还必须按最大长期工作电流校验。

　　按经济电流密度选出的电力电缆，还应决定经济合理的根数，截面积 $S\leqslant150\text{mm}^2$ 时，其经济根数为一根；截面积 $S>150\text{mm}^2$ 时，其经济根数可按 $S/150$ 决定。例如计算出 S_{ec} 为 200mm^2 时，选择两根截面积为 120mm^2 的电力电缆为宜。

　　为了不损伤电力电缆的绝缘和保护层，电力电缆的曲率半径不应小于一定值（例如，三芯纸绝缘电缆的曲率半径不应小于电缆外径的 15 倍）。为此，一般避免采用芯线截面积大于 185mm^2 的电力电缆。

　　4. 热稳定校验

　　电力电缆截面热稳定的校验方法与母线热稳定的校验方法相同。满足热稳定要求的最小截面可按式（5-73）求得，即

$$S_{min}=\sqrt{Q_k}/C \tag{5-73}$$

式中　Q_k——短路电流热效应，$(\text{kA})^2\cdot\text{s}$；

　　　C——与电力电缆材料及允许发热有关的系数。

　　C 按式（5-74）计算得

$$C=\frac{1}{\eta}\sqrt{\frac{4.2Q}{K_s\rho_{20}\alpha}\ln\frac{1+\alpha(\theta_h-20)}{1+\alpha(\theta_w-20)}}\times10^{-2} \tag{5-74}$$

式中　η——计及电力电缆芯线充填物热容随温度变化以及绝缘散热影响的校正系数，3～6kV 厂用电回路可取 0.93，10kV 及以上回路取 1.0；

　　　Q——电力电缆芯单位体积的热容量，J/(cm^3·℃)，铝芯取 0.59J/(cm^3·℃)，铜芯取 0.81J/(cm^3·℃)；

　　　α——电力电缆芯线在 20℃ 时的电阻温度系数，铝芯取 4.03×10^{-3}℃$^{-1}$，铜芯取 3.93×10^{-3}℃$^{-1}$；

　　　K_s——20℃ 时电力电缆芯的集肤效应系数，$S\leqslant150\text{mm}^2$ 的三芯电缆 $K_s=1$，150～240mm^2 的三芯电缆 $K_s=1.01～1.035$；

　　　ρ_{20}——电力电缆芯线在 20℃ 时的电阻率，Ω·cm；

　　　θ_h——电力电缆芯在短路时的最高允许温度，℃；

θ_w——35kV 及以下电力电缆芯在短路前的实际运行最高温度，℃。

5. 电压损失校验

对于供电距离较远、容量较大的电力电缆线路，应校验其电压损失 $\Delta U\%$，对于三相交流电路，一般应满足

$$\Delta U\% \leqslant 5\% \tag{5-75}$$

电压损失 $\Delta U\%$ 的计算公式为

$$\Delta U\% = 0.173 I_{max} L (r\cos\varphi + x\sin\varphi)/U_{Ns} \tag{5-76}$$

式中　I_{max}——电力电缆线路的最大持续工作电流，A；

　　　L——线路长度，km；

　　　r——电力电缆单位长度的电阻，Ω/km；

　　　x——电力电缆单位长度的电抗，Ω/km；

　　$\cos\varphi$——功率因数；

　　　U_{Ns}——电力电缆线路的额定电压，kV。

6. 举例

变电站某两回出线负荷 $S_1 = S_2 = 2.9$MVA，$\cos\varphi = 0.8$，$T_{max} = 4000$h；正常运行时只有一回线路投入运行，当任一回电缆线路故障被切除时，另一回线路自动投入；变电站 10kV 母线处三相短路电流为 $I'' = 13.5$kA，$I_{0.6} = 6.94$kA，$I_{1.2} = 5.9$kA，短路切除时间 $t_k = 1.2$s；电力电缆长度 $L = 1.5$km，采用电缆沟敷设的方式，周围环境温度为 20℃。试选择发电厂 10kV 出线电缆。

答：（1）按经济电流密度选择电缆截面并检验长期发热线路正常工作电流，即

$$I_{max} = \frac{1.05 S_N}{\sqrt{3} U_N} = \frac{1.05 \times 2900}{\sqrt{3} \times 10} = 175.8 (A)$$

由 $T_{max} = 4000$h 查图得 $J = 0.88$A/mm²，则

$$S_{ec} = I_{max}/J = 175.8/0.88 = 199.8 (mm^2)$$

选两根 10kV ZLQ₂ 型 3×95mm² 的油浸低绝缘铝芯包钢带铠装防腐电缆，查得每根的允许电流 $I_{al25℃} = 185$A，正常允许的最高温度 θ_{al} 为 60℃，$r = 0.34$ Ω/km，$x = 0.076$ Ω/km。

两回线路的四根电力电缆采用电缆沟敷设方式，因 $\theta_0 = 20℃ < 25℃$，得

$$K_\theta = \sqrt{\frac{60-20}{60-25}} = 1.07$$

四根电力电缆采用电缆沟敷设的允许载流量为

$$K_\theta \cdot K_1 \cdot I_{al25℃} = 1.07 \times 0.98 \times 185 \times 2 = 387.982 (A)$$

考虑一回线路故障被切除时负荷的转移，完好线路承担的最大负荷电流加倍时，有

$$I_{g\,max} = 2 \times 175.8 = 351.6 < 387.982 (A)$$

$$\theta = \theta_0 + (\theta_{al} - \theta_0)\left(\frac{I_{g\,max}}{I_{al}}\right)^2 = 20 + (60-20)\left(\frac{351.6}{387.982}\right)^2 = 52.85 (℃) < 60℃$$

因此，满足长期发热条件。

（2）热稳定检验。

$$S_{min} = \frac{1}{C}\sqrt{Q_k} = \frac{1}{88}\sqrt{\frac{1.2}{12}(13.5^2 + 10 \times 6.9^2 + 5.9^2)} = 96 (mm^2) < 2 \times 95 (mm^2)$$

因此，满足短期发热条件。

（3）电压降检验。

$$\Delta U\% = 0.173 I_{gmax} L (r\cos\varphi + x\sin\varphi)/U_N$$
$$= 0.173 \times 334.8 \times 1.5(0.34 \times 0.8 + 0.076 \times 0.6)/10 = 2.76 < 5$$

满足要求。

5.7　支柱绝缘子及穿墙套管的选择

支柱绝缘子主要用于发电厂及变电站的母线和电气设备的绝缘及机械固定。此外，支柱绝缘子常作为隔离开关和断路器等电气设备的组成部分。高压穿墙套管用于发电厂、变电站的配电装置和高压电器中导电部分穿过墙壁或其他接地物的绝缘和支持。高压穿墙套管有导杆式穿墙瓷套管、母线式穿墙瓷套管、油纸电容式穿墙瓷套管。

5.7.1　支柱绝缘子的选择

支柱绝缘子选择校验的项目有额定电压、安装地点、短路时动稳定校验。

1. 种类和形式的选择

支柱绝缘子按安装地点可分为室内式和室外式。室外式绝缘子一般采用棒式绝缘子，需要倒挂时宜用悬式支柱绝缘子。室内绝缘子一般采用联合胶装的多棱式支柱绝缘。在污秽区应尽量采用防污盘形悬式绝缘子。

2. 额定电压的选择

按支柱绝缘子的额定电压 U_N 不得低于其所在电网额定电压 U_{Ns} 的条件来选择，即

$$U_N \geqslant U_{Ns} \tag{5-77}$$

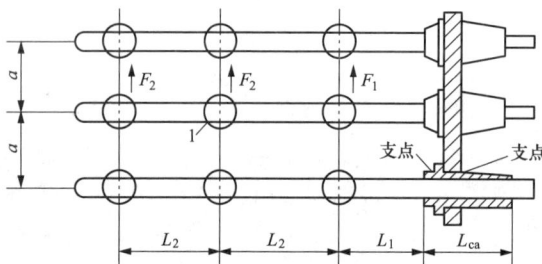

图 5-14　绝缘子和穿墙套管所受的电动力

发电厂与变电站的 $3 \sim 20kV$ 室外支柱绝缘子，在有空气污秽或冰雪的地区，应选用高一级电压的产品。对于 $3 \sim 6kV$，也可采用提高两级电压的产品。

3. 动稳定校验

如图 5-14 所示，在同一个平面内三相母线水平布置时，发生短路时支柱绝缘子所受电动力为两侧相邻跨母线上电动力的平均值，如绝缘子 1 的受力 F_{max} 为

$$F_{max} = (F_1 + F_2)/2 = 1.732 \times 10^{-7}(L_1 + L_2)i_{sh}^2/2a \quad (N) \tag{5-78}$$

式中　F_1、F_2——相邻两侧跨母线上支柱绝缘子所受的电动力，N；

　　　　L_1、L_2——与绝缘子相邻的跨距，m；

　　　　a——相间距离，m；

　　　　i_{sh}——三相短路时的冲击电流，A。

一般厂家给出的是作用在绝缘子帽上的抗弯破坏负荷 F_{de}，但母线电动力 F_{max} 作用在截面的中心线上，所以需要将 F_{max} 换算成绝缘子帽上所受的电动力 F_C，如图 5-15 所示。根据力矩平衡关系得

$$F_C = F_{max}(H_1/H) \tag{5-79}$$

$$H_1 = H + b + h/2$$

式中　H——绝缘子高度，mm；

　　　H_1——绝缘子底部到导体水平中心线的高度，mm；

　　　h——导体放置高度，mm；

　　　b——导体支持器下片厚度，一般竖放矩形导体为 18mm，平放矩形导体及槽形导体为 12mm。

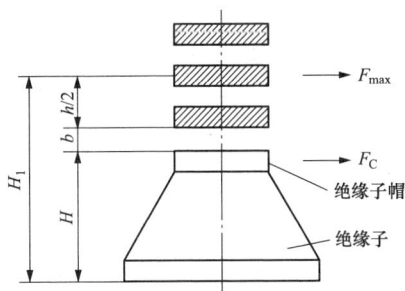

图 5-15　绝缘子受电动力示意图

校验短时荷载作用时，支柱绝缘子的机械强度安全系数不应小于 1.67，动稳定校验条件应满足

$$F_C \leqslant F_{de}/1.67 \approx 0.6 F_{de} \tag{5-80}$$

式中　F_{de}——抗弯破坏负荷，N。

5.7.2　穿墙套管的选择

穿墙套管根据额定电压、额定电流和安装地点来选择，按短路时的热稳定和动稳定进行校验。

1. 种类和形式的选择

根据装设地点可选室内式和室外式，根据用途可选带导体的穿墙套管和不带导体的母线型穿墙套管。载流导体从室内引出至室外时用室外式穿墙套管。穿墙套管一般采用铝导体。

2. 额定电压的选择

按穿墙套管的额定电压 U_N 不得低于其所在电网额定电压 U_{Ns} 的条件来选择，即

$$U_N \geqslant U_{Ns} \tag{5-81}$$

当有冰雪时，应选高一级电压的产品。

3. 额定电流的选择

带导体的穿墙套管，其额定电流 I_N 不得小于所在回路的最大持续工作电流 I_{max}。不带导体的母线型穿墙套管，不需按最大持续工作电流选择，只需保证套管的形式与母线的尺寸相配，即

$$K I_N \geqslant I_{max} \tag{5-82}$$

式中　K——温度修正系数，℃，当周围环境温度高于 +40℃ 但不超过 +60℃ 时，穿端套管的持续允许电流需要修正，即 $K = 0.149\sqrt{85-\theta}$，$\theta$ 为周围实际环境温度。

4. 热稳定校验

制造厂通常给出时间 t 内通过 I_t 所允许的短时发热，即

$$I_t^2 t \geqslant Q_k \tag{5-83}$$

式中　I_t——制造厂给出的时间 t 内允许通过的热稳定电流，kA；

　　　Q_k——短路电流热效应，(kA)^2 · s。

母线型穿墙套管不需要进行热稳定校验。

5. 动稳定校验

在同一个平面内三相母线水平布置时，发生短路时穿墙套管端部所受电动力 F_{max} 为

$$F_{max} = (F_1 + F_2)/2 = 1.732 \times 10^{-7}(L_1 + L_{ca})i_{sh}^2/2a \quad (\text{N}) \tag{5-84}$$

式中　L_1——穿墙套管端部至最近一个支柱绝缘子之间的距离，m；

　　　L_{ca}——套管本身的长度，m；

　　　a——相间距离，m；

　　　i_{sh}——三相短路时的冲击电流，A。

校验短时荷载作用时，穿墙套管的机械强度安全系数不应小于 1.67，动稳定校验条件应满足

$$F_{max} \leqslant F_{de}/1.67 \approx 0.6F_{de} \tag{5-85}$$

式中　F_{de}——抗弯破坏负荷，N。

5.8　中性点接地设备的选择

5.8.1　消弧线圈的选择

1. 电容电流估算

电容电流是消弧线圈补偿容量选择的基础。发电厂的电容电流应包括所有架空线路、电力电缆线路的电容电流，并计及厂、站母线和电器的影响。该电容电流应取最大运行方式下的电流。

（1）架空线路的电容电流经验估算公式为

$$I_C = (2.7 \sim 3.3)U_N L \times 10^{-3} \tag{5-86}$$

式中　I_C——架空线路的电容电流，A；

　　　U_N——电网额定电压，kV；

　　　L——线路的长度，km。

式（5-86）中系数 2.7 适用于无架空地线的线路，系数 3.3 适用于有架空地线的线路。

需要注意的是，同杆双回线路的电容电流为单回路的 1.3～1.6 倍；对于钢筋混凝土杆和金属杆的架空线，电容电流增加 10%～12%。

（2）电力电缆线路的电容电流经验估算公式为

$$I_C = 0.1U_N L \tag{5-87}$$

不同截面的电力电缆单位长度电容电流也可以通过生产厂家的产品目录手册查得。

（3）配电装置增加的接地电容电流附加值见表 5-12。

表 5-12　　　　　　　　　　　　配电装置增加的接地电容电流附加值

额定电压（kV）	6	10	15	35	63	110
附加值（%）	18	16	15	13	12	10

（4）发电机电压回路的电容电流。发电机电压回路的电容电流应包括发电机、变压器和连接导体的电容电流，当回路装有直配线或电容器时，尚应计及这部分电容电流。对于敞开式母线，一般取 $(0.5 \sim 1) \times 10^{-3}$ A/m。变压器低压侧绕组的三相对地电容电流，一般可按 0.1～0.2A 估算。

2. 形式选择及安装位置

（1）消弧线圈宜选用油浸式。装设在室内相对湿度小于 80% 场所的消弧线圈，也可选用干式。在电容电流变化较大的场所，宜选用自动跟踪动态补偿式消弧线圈。

（2）在发电厂中，发电机电压的消弧线圈可装在发电机中性点上，也可装在厂用变压器中性点上。当发电机与变压器为单元连接时，消弧线圈应安装在发电机中性点上。

（3）在变电站中，消弧线圈宜装在变压器中性点上，6～10kV 消弧线圈也可装在调相机的中性点上。

（4）如变压器无中性点或中性点未引出，则应装设容量相当的专用接地变压器。接地变压器可与消弧线圈采用相同的额定工作时间（例如 2h），而不是连续时间。接地变压器的特性要求是零序阻抗低、空载阻抗高、损失小。采用曲折形接法的变压器，能满足这些要求。

3. 消弧线圈容量的选择

消弧线圈的补偿容量计算公式为

$$Q = KI_C U_N / \sqrt{3} \tag{5-88}$$

式中　Q——补偿容量，kVA；

　　　K——系数，过补偿取 1.35，欠补偿按脱谐度确定；

　　　I_C——电网或发电机回路的电容电流，A；

　　　U_N——电网或发电机回路的额定线电压，kV。

消弧线圈应避免在谐振点运行。装在电网的变压器中性点的消弧线圈，以及具有直配线的发电机中性点的消弧线圈，应采用过补偿方式。在正常情况下，脱谐度一般不大于 10%。

对于采用单元连接的发电机中性点的消弧线圈，为了限制电容耦合传递过电压以及频率变动等对发电机中性点位移电压的影响，宜采用欠补偿方式。在正常情况下，脱谐度一般不宜超过 30%。

4. 中性点位移电压校验

（1）中性点经消弧线圈接地的电网，在正常情况下，长时间中性点位移电压不应超过额定相电压的 15%（15%×$U_N/\sqrt{3}$），脱谐度一般不大于 10%（绝对值）。

中性点经消弧线圈接地的发电机，在正常情况下，长时间中性点位移电压不应超过额定相电压的 10%（10%×$U_N/\sqrt{3}$），考虑到限制传递过电压等因素，脱谐度不宜超过 ±30%。

（2）中性点位移电压计算公式为

$$U_0 = U_{bd} / \sqrt{d^2 + \nu^2} \tag{5-89}$$

$$\nu = (I_C - I_L) / I_C \tag{5-90}$$

式中　U_0——中性点位移电压，kV；

　　　U_{bd}——消弧线圈投入前电网或发电机回路中性点不对称电压，可取 0.8% 相电压；

　　　d——阻尼率，一般 66～110kV 架空线路取 3%，35kV 及以下电压等级架空线路取 5%，电力电缆线路取 2%～4%；

　　　ν——脱谐度；

　　　I_C——电网或发电机回路的电容电流，A；

　　　I_L——消弧线圈的电感电流，A。

5.8.2　接地变压器及接地电阻的选择

1. 接地变压器的选择

当系统中性点可以引出时宜选用单相接地变压器，当系统中性点不能引出时应选用三相变压器。有条件时宜选用干式无励磁调压接地变压器。

（1）接地变压器的额定电压。

1）安装在发电机或变压器中性点的单相接地变压器额定一次电压 U_{Nb} 取发电机线电压或变压器额定一次线电压 U_N，即 $U_{Nb}=U_N$。

2）接于系统母线的三相接地变压器额定一次电压 U_{Nb} 应与系统额定电压 U_{Ns} 一致，即 $U_{Nb}=U_{Ns}$。

3）接地变压器二次电压可根据负荷特性确定。

（2）接地变压器的额定容量。

1）单相接地变压器的额定容量为

$$S_N \geqslant U_2 I_2 / K = U_N I_2 / (\sqrt{3} Kn) \ (\text{kV} \cdot \text{A}) \tag{5-91}$$

$$n = U_N \times 10^3 / (\sqrt{3} U_{N2})$$

式中　K——接地变压器的过负荷系数，由变压器制造厂提供；

　　　U_N——接地变压器的额定电压，kV；

　　　U_2——接地变压器二次侧电压，kV；

　　　I_2——二次电阻电流，A；

　　　n——降压变压器一、二次之间的变比；

　　　U_{N2}——单相接地变压器的二次电压，V。

2）三相接地变压器的额定容量应与消弧线圈或接地电阻容量相匹配。若带有二次绕组，则还应考虑二次负荷容量。

2. 接地电阻的选择

中性点电阻材质可选用金属、非金属或金属氧化物线性电阻。系统中性点电阻值可根据系统单相对地短路电容电流值来确定。当接地电容电流小于规定值时，可采用高电阻接地方式；当接地电容电流值大于规定值时，可采用低电阻接地方式。

（1）当中性点采用高电阻接地方式时，电阻的计算与选择如下：

电阻的额定电压为

$$U_{RN} \geqslant 1.05 U_N / \sqrt{3} \tag{5-92}$$

电阻值为

$$R = U_N \times 10^3 / (\sqrt{3} I_R) = U_N \times 10^3 / (\sqrt{3} K I_C) \tag{5-93}$$

电阻的消耗功率为

$$P_R = U_N I_R / \sqrt{3} \tag{5-94}$$

式中　U_{RN}——电阻额定电压，kV；

　　　U_N——系统额定线电压，kV；

　　　R——中性点接地电阻值，Ω；

　　　I_R——电阻电流，A；

　　　K——单相对地短路时电阻电流与电容电流的比值，一般取 1.1；

　　　I_C——系统单相对地短路时的电容电流，A；

　　　P_R——电阻的消耗功率，kW。

（2）经单相配电变压器高电阻接地时电阻的计算选择。单相配电变压器接地时，电阻的额定电压应不小于变压器二次侧电压，一般选用 110V 或 220V。

电阻值为

$$R_{N2} = U_N \times 10^3 / (1.1 \times \sqrt{3} I_C n^2) \tag{5-95}$$

接地电阻的消耗功率为

$$P_R = I_{R2} \times U_{N2} \times 10^{-3} = U_N^2 \times 10^3 / (3n^2 R_{N2}) \tag{5-96}$$

$$n = U_N \times 10^3 / (\sqrt{3} U_{N2})$$

式中　n——降压变压器一、二次之间的变比；

　　R_{N2}——间接接入的电阻值，Ω；

　　I_{R2}——二次电阻上流过的电流，A；

　　U_{N2}——单相配电变压器的二次电压，V。

（3）当中性点采用低电阻接地方式时，接地电阻的选择计算如下：

电阻的额定电压满足

$$U_{RN} \geqslant 1.05 U_N / \sqrt{3} \tag{5-97}$$

电阻值为

$$R_N = U_N / (\sqrt{3} I_d) \tag{5-98}$$

接地电阻消耗功率为

$$P_R = I_d \times U_R \tag{5-99}$$

式中　R_N——中性点接地电阻值，Ω；

　　I_d——选定的单相接地电流，A。

单相接地电流应大于电网单相接地电容电流，一般在 1.1 倍以上，可按单相接地电容电流的 1.1～1.5 倍选择；单相接地电流满足保护设备灵敏度的要求。

5.9　配电装置及电气平面布置

5.9.1　发电厂和变电站配电装置设计

1. 配电装置设计的基本步骤

配电装置承担着接受和分配电能的任务。配电装置根据布置条件分为室外配电装置和室内配电装置；根据电气设备和母线的高度分为中型配电装置、半高型配电装置和高型配电装置；根据绝缘介质可分为敞开式配电装置（AIS）、SF_6 气体绝缘金属封闭开关设备（GIS）及母线不装于 SF_6 气室的 GIS（即 HGIS）。配电装置的设计应符合 DL/T 5352—2018《高压配电装置设计规范》，主要有安全净距、施工、运行检修等要求，具体步骤如下：

（1）选择形式。根据电压等级、电器形式、出线多少、出线方式、电抗器、地形及环境选择配电装置的形式。

（2）拟定配置图。将进线、出线、母联断路器、分段断路器、厂用变压器、避雷器等合理分配于间隔，并表示出导体和电器在各间隔小室中的轮廓。

（3）设计平面图及断面图。按照所选设备的外形尺寸、运输方式、检修和巡视安全等要求，绘制出配电装置的平面图和断面图。

2. 配电装置的选型

（1）3～20kV 电压等级的配电装置宜采用金属封闭开关设备。

（2）35kV 配电装置宜采用金属封闭开关设备，也可采用室外中型配电装置或其他形式。

（3）110kV 和 220kV 电压等级的配电装置可采用室外中型配电装置、GIS 配电装置或室内配电装置。

（4）330～750kV 电压等级的配电装置宜采用室外中型配电装置。e 级污染地区、海拔大于 2000m 地区、不受场地受限的 330～750kV 电压等级配电装置，经技术经济比较合理，可采用 GIS 配电装置或 HGIS 配电装置。

（5）1000kV 配电装置宜采用 GIS 配电装置或 HGIS 配电装置。

（6）抗震设防烈度为 8 度及以上地区的 110kV 及以上电压等级配电装置宜采用 GIS 配电装置。

5.9.2　电气平面布置

1. 发电厂的电气总平面布置

发电厂的电气设施包括高压配电装置、主控制室、主变压器、高压厂用变压器和厂用配电装置等，其布置是总平面布置的重要内容。

对于火力发电厂，总平面布置如下：

（1）高压配电装置均布置在主厂房前，向主厂房前方出线。

（2）主变压器和高压厂用变压器紧靠汽机房布置，可缩短发电机至变压器和厂用配电装置的距离。

（3）单机容量为 200MW 及以上的大型发电厂的机炉电单元控制室布置在主厂房内。

对于水力发电厂，总平面布置如下：

（1）发电机电压配电装置的位置通常直接靠近机组。

（2）主变压器安装在主厂房的上游或下游。

2. 变电站的电气平面布置

变电站主要由室内配电装置、室外配电装置、变压器、主控制室及辅助设施等组成。变电站的总体布置应根据外界条件，依据配电装置的电压等级和形式、出线方向和方式、出线走廊的条件、地形情况等因素，满足防火及环境保护的要求，因地制宜地进行设计。变电站总体布置设计应满足 DL/T 5056—2007《变电站总布置设计规程》的要求。

高压配电装置的位置和朝向主要取决于对应的高压出线方向。一般各级电压配电装置有双列布置、L 形布置、一列布置、Ⅱ形布置四种组合方式。

主变压器一般布置在各级电压配电装置和静止补偿装置或调相机较为中间的位置，便于高、中、低压侧引线的就近连接。

高压并联电抗器及串联补偿装置一般布置在出线侧，也可与主变压器并列布置，便于运输和检修。

主控制室应在邻近各级电压配电装置处布置。

5.10　发电厂和变电站雷电过电压防护要求

5.10.1　雷电过电压保护概述

雷电过电压又称大气过电压，属于外部过电压，雷电过电压分直击雷过电压和感应雷过电压两种。直击雷过电压是雷闪直接击中电工设备导电部分（如架空输电线路导线）时所出现的过电压。感应雷过电压是雷闪击中电工设备附近地面，在放电过程中由于空间电磁场的急剧变化而使未直接遭受雷击的电工设备（包括二次设备、通信设备）上感应出的过电压。雷电过电压除了上述两种雷击形式外，还有一种是由于架空线路遭受直击雷或感应雷而引起过电压波形，沿线路侵入变电站或其他建筑，这称为雷电波侵入。

对于电气设备的直击雷过电压防护，一般采用避雷针或避雷线；雷电感应过电压一般只对 60kV 及以下设备有威胁，可采用屏蔽、加大设备对地电容、装设避雷器等防护措施；对于雷电侵入波过电压，通常采用避雷器和进行段保护。发电厂和变电站雷电过电压防护的设计包括诸多方面，本节仅对雷电过电压防护的配置、要求及措施等进行介绍，其他内容读者可参考相关文献。防雷过电压设计必须遵守 GB/T 50064—2014《交流电气装置的过电压保护和绝缘配合设计规范》。

5.10.2 发电厂和变电站直击雷过电压防护

1. 直击雷过电压防护装设的范围

（1）应设置直击雷过电压防护装置的有：室外配电装置，包括组合导线和母线廊道；火力发电厂的烟囱、冷却塔和输煤系统的高建筑物（地面转运站、输煤栈桥和输煤筒仓）；油处理室、燃油泵房、露天油罐及其架空管道、装卸油台、易燃材料仓库；乙炔发生站、制氢站、露天氢气罐、氢气罐储存室、天然气调压站、天然气架空管道及天然气露天贮罐。

（2）宜设置直击雷过电压防护装置的有：强雷区的主厂房、主控制室、变电站控制室和配电装置室；峡谷地区的发电厂和变电站。

2. 直击雷过电压防护的措施及要求

（1）峡谷地区的发电厂和变电站宜用避雷线保护。

（2）发电厂和变电站有爆炸危险且爆炸后会波及发电厂和变电站内主设备或严重影响发供电的建（构）筑物，应用独立避雷针保护。

（3）110kV 及以上的配电装置，可将避雷针装在配电装置的架构或房顶上，在土壤电阻率大于 1000Ω·m 的地区，宜装设独立避雷针。

（4）66kV 的配电装置，可将避雷针装在配电装置的架构或房顶上，在土壤电阻率大于 500Ω·m 的地区，宜装设独立避雷针。

（5）35kV 及以下高压配电装置的架构或房顶不宜装设避雷针。

（6）35kV 和 66kV 配电装置，在土壤电阻率大于 500Ω·m 的地区，线路避雷线应架设到线路终端杆塔。从线路终端杆塔到配电装置的一档线路的保护，可采用独立避雷针，也可在线路终端杆塔上装设避雷针。

（7）独立避雷针与配电装置带电部分、发电厂和变电站电气设备接地部分、架构接地部分之间的空气中距离，应满足

$$S_a \geqslant 0.2R_i + 0.1h_j \tag{5-100}$$

式中 S_a——空气中的距离，m；

R_i——避雷针的冲击接地电阻，Ω；

h_j——避雷针校验点的高度，m。

（8）独立避雷针的接地装置与发电厂或变电站接地网间的地中距离 S_e，应满足

$$S_e \geqslant 0.3R_i \tag{5-101}$$

（9）避雷线与配电装置带电部分、发电厂和变电站电气设备接地部分、架构接地部分之间的空气中距离应满足以下要求：

1) 对于一端绝缘、另一端接地的避雷线，有

$$S_a \geqslant 0.2R_i + 0.1(h + \Delta l) \tag{5-102}$$

式中 h——避雷线支柱的高度，m；

Δl——避雷线上校验的雷击点与最近接地支柱的距离，m。

2) 对于两端接地的避雷线，有

$$S_a \geqslant \beta'[0.2R_i + 0.1(h + \Delta l)] \tag{5-103}$$

$$\beta' = \frac{l' - \Delta l + h}{l' + 2h}$$

式中 β'——避雷线分流系数；

l'——避雷线两支柱间的距离，m。

(10) 对于两端接地的避雷线，其接地装置与发电厂或变电站接地网间的地中距离要求是

$$S_e \geqslant 0.3\beta'R_i \tag{5-104}$$

(11) S_a 不宜小于 5m，S_e 不宜小于 3m；对于 66kV 及以下配电装置，包括组合导线、母线廊道，应降低感应过电压，当条件许可时，应增大 S_a。

5.10.3　发电厂和变电站雷电侵入波过电压防护

1. 配电装置雷电侵入波过电压防护

(1) 未沿全线架设地线的 35~110kV 架空输电线路，应在变电站 1~2km 的进线段架设地线；在雷季，进线的隔离开关或断路器经常断路运行，同时线路侧又带电时，应在靠近隔离开关或断路器处装设一组金属氧化物避雷器（metal oxide arrester，MOA）。

(2) 全线架设地线的 66~220kV 变电站，当进线的隔离开关或断路器经常断路运行，同时线路侧又带电时，宜在靠近隔离开关或断路器处装设一组 MOA。

(3) 为防止雷击线路断路器跳闸后待重合时间内重复雷击，66~220kV 敞开式变电站的 66~220kV 侧，线路断路器的线路侧宜安装一组 MOA。

(4) 对于发电厂、变电站的 35kV 及以上电缆进线段，电缆与架空线的连接处应装设 MOA，其接地端应与电缆金属外皮连接。三芯电缆末端的金属外皮应直接接地；单芯电缆应经金属氧化物电缆护层保护器接地。

(5) 35kV 及以上装有标准绝缘水平的设备和标准特性 MOA 且高压配电装置采用单母线、双母线或分段的电气主接线时，MOA 可仅安装在母线上。

(6) 变电站的 6kV 和 10kV 配电装置，应在每组母线和架空进线上分别装设电站型和配电型 MOA；但架空进线全部在厂区内，且受到其他建筑物屏蔽时，可只在母线上装设 MOA。

(7) 6kV 和 10kV 配电站，当无站用变压器时，可仅在每路架空进线上装设 MOA。

2. 变压器雷电侵入波过电压防护

有效接地系统中的中性点不接地的变压器，中性点采用分级绝缘且未装设保护间隙时，应在中性点装设 MOA。中性点采用全绝缘，变电站为单进线且为单台变压器运行时，也应在中性点装设 MOA。不接地、谐振接地和经高电阻接地系统中的变压器中性点，可不装设保护装置，多雷区单进线变电站且变压器中性点引出时，宜装设 MOA。自耦变压器应在其两个自耦合的绕组出线上装设 MOA。

中性点避雷器选择如下：

（1）采用有串联间隙金属氧化物避雷器和碳化硅阀式避雷器时，额定电压在一般情况下应符合：对于 3～20kV 和 35、66kV 系统，分别不低于 $0.64U_m$ 和 $0.58U_m$（U_m 为系统最高运行电压）；对于 3～20kV 发电机，不低于发电机最高运行电压的 64%。

（2）采用无间隙金属氧化物避雷器时，避雷器能承受所在系统作用的暂时过电压和操作过电压。

（3）变压器和发电机中性点避雷器标称放电电流选用 1.5kA。

（4）变压器中性点绝缘冲击试验电压与氧化锌避雷器 1.5kA 雷电冲击残压之间至少有 20% 的裕度。

（5）变压器中性点绝缘的工频试验电压乘以冲击系数后与氧化锌避雷器的操作冲击电流下的残压之间至少有 15% 的裕度。

中性点保护间隙选择如下：

（1）110～330kV 系统的变压器中性点一般采用经接地开关和保护间隙的接地方式。

（2）高压侧 110kV 系统的变压器中性点间隙调整距离一般为 90～140mm。

（3）高压侧 220kV 系统的变压器中性点间隙调整距离一般为 250～360mm。

（4）高压侧 330kV 系统的变压器中性点间隙调整距离一般为 170～250mm。

3. 旋转电机雷电过电压防护

（1）单机容量不小于 25 000kW 且不大于 60 000kW 的旋转电机，宜采用图 5-16 所示的保护接线，其中 MOA1 为配电型 MOA；MOA2 为旋转电机 MOA；MOA3 为旋转电机中性点 MOA；G 为发电机；L 为限制短路电流用电抗器；C 为电容器；R 为接地电阻。60 000kW 以上的旋转电机，不应与架空线路直接连接。进线电缆段宜直接埋设在土壤中，以充分利用其金属外皮的分流作用；当进线电缆段未直接埋设时，可将电缆金属外皮多点接地。进线段上 MOA 的接地端，应与电缆的金属外皮和地线连在一起接地，接地电阻不应大于 3Ω。

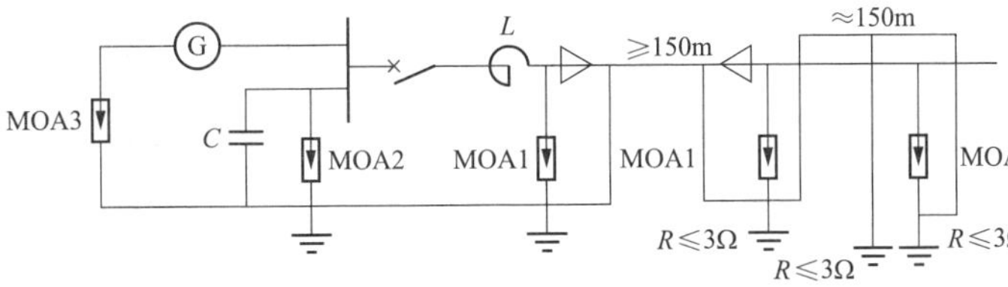

图 5-16　25 000～60 000kW 旋转电机的保护接线

（2）单机容量不小于 6000kW 且小于 25 000kW 的旋转电机，宜采用图 5-17 所示的保护接线。在多雷区，可采用图 5-16 所示的保护接线。

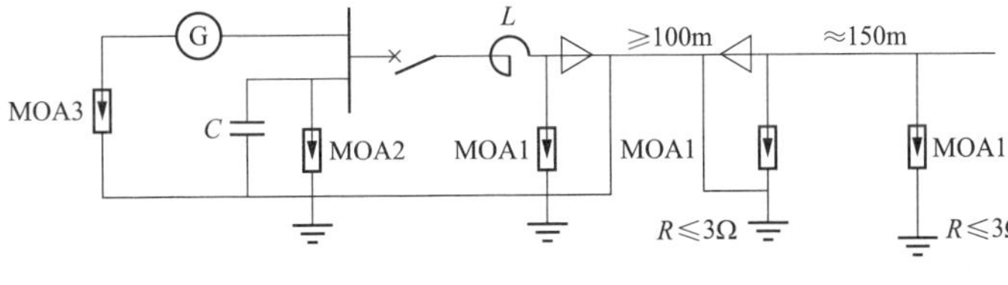

图 5-17　6000～25 000kW（不含 25 000kW）旋转电机的保护接线

（3）单机容量不小于 6000kW 且不大于 12 000kW 的旋转电机，出线回路中无限流电抗器时，宜采用图 5-18 所示的有电抗线圈的保护接线。

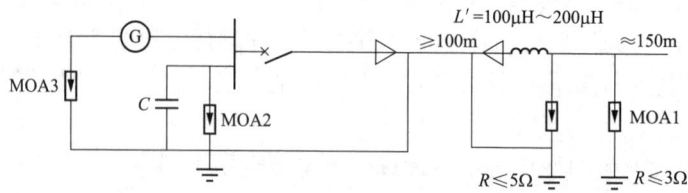

图 5-18　6000～12 000kW 旋转电机的保护接线

（4）单机容量不小于 1500kW 且小于 6000kW 或少雷区 60 000kW 及以下的旋转电机，可采用图 5-19 所示的保护接线。在进线保护段长度内，应装设避雷针或地线。

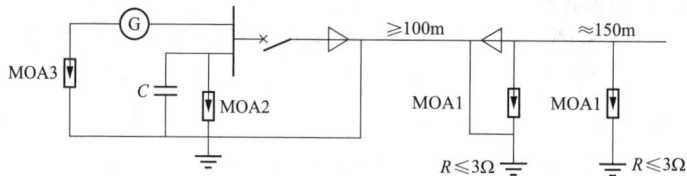

图 5-19　1500～6000kW（不含 6000kW）旋转电机和少雷区 60 000kW 及以下旋转电机的保护接线

（5）单机容量为 6000kW 及以下的旋转电机或牵引站的旋转电机可采用图 5-20 所示有电抗线圈或限流电抗器的保护接线。

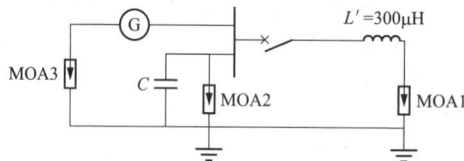

图 5-20　6000kW 及以下的旋转电机或牵引站旋转电机的保护接线

（6）容量为 25 000kW 及以上的旋转电机，应在每台电机出线处装设一组旋转电机 MOA。25 000kW 以下的旋转电机，MOA 应靠近电机装设，MOA 可装在电机出线处；当接在每一组母线上的电机不超过两台时，MOA 可装在每组母线上。

设计要点提示

- 电气设备的选型在负荷计算和短路电流计算的基础上进行。
- 电气设备一般按照正常工作条件选择，按照短路条件校验，并考虑不同设备特点的特殊要求。
- 断路器具有开断负荷电流和断开短路电流的作用，必须考虑额定开断电流、额定关合电流及全断时间等参数的确定。
- 高压负荷开关具有开断负荷电流的作用，需进行额定关合电流的技术参数确定。
- 电压互感器和电流互感器作为一次电压、电流的测取设备，需进行准确度等级与二次容量的校验。

- 一般母线长度在 20m 及以下的，按最大持续工作电流选择截面积；长度在 20m 以上的，按经济电流密度选择截面积。
- 对于电气设备的直击雷过电压防护，一般采用避雷针或避雷线；雷电感应过电压和雷电侵入波过电压一般采用避雷器防护。

设计基础习题

1. 某回路主保护动作时间为 1s，后备保护动作时间为 2s，断路器全断时间为 0.1s，则校验设备热稳定性短路持续时间采用（　　）s。

    A. 2.2　　　　　　　B. 0.2　　　　　　　C. 2　　　　　　　D. 2.1

2. 工作电流在 4000～8000A 范围内的室内母线一般采用的形状为（　　）。

    A. 矩形　　　　　　B. 圆形　　　　　　C. 管形　　　　　　D. 槽形

3. 单台变压器的最大持续工作电流一般为额定电流的（　　）倍。

    A. 1.0　　　　　　　B. 1.05　　　　　　C. 1.1　　　　　　D. 1.15

4. 隔离开关选择时，不需要考虑的因素是（　　）。

    A. 额定电压　　　　B. 额定电流　　　　C. 额定关合电流　D. 额定开断电流

5. 海拔超过（　　）m 的地区称为高原地区。

    A. 1000　　　　　　B. 1200　　　　　　C. 1500　　　　　　D. 2000

6. 用于电流测量的电流互感器，其准确度等级不应低于 3 级。（　　）

7. 按照机械强度，一般铜线及钢芯铝绞线的截面积不能小于 $35mm^2$。（　　）

8. 油断路器的开断性能比真空和六氟化硫断路器差，维护量大，已很少选用。（　　）

9. 发电厂和变电站设计中，35kV 及以下的配电装置多采用室内式。（　　）

10. 变压器和发电机中性点避雷器标称放电电流一般选用 1.5kA。（　　）

第6章 继电保护配置方案设计

本章设计导图

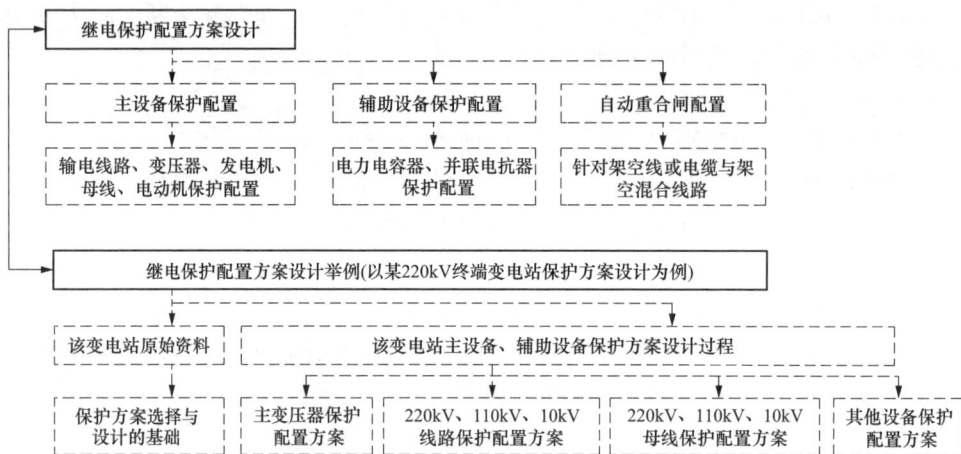

6.1 继电保护的作用及要求

继电保护是电力系统安全稳定运行的第一道防线。当电力系统中的一次设备（如发电机、变压器、输电线路、母线、电动机等）在运行过程中，由于外力、绝缘老化、过电压、误操作、设计制造缺陷等因素，发生各种短路或出现因过负荷、振荡等引起的异常运行状态时，继电保护装置能自动、迅速、有选择性地切除故障元件或反映出异常运行状态并予以告警或跳闸，以保证电气设备免遭损坏，提高系统运行的稳定性。因此，要求一次设备不得在无保护的情况下运行，不同类型、不同电压等级的一次设备必须针对其可能发生的故障和出现的异常运行状态，配置完善可靠的保护，并对其相应的保护进行正确的整定计算，使其满足电力系统对继电保护提出的"选择性、速动性、灵敏性、可靠性"的基本要求。

1. 选择性

保护的选择性是指当一次设备故障时，首先由故障设备本身的保护切除故障元件，当故障设备本身的保护或断路器拒动时，则由上一级相邻一次设备的保护作为远后备保护或由断路器失灵保护作为近后备保护来切除故障，尽量使停电范围缩小。

为了保证选择性，所有一次设备的保护必须同时配有主保护和后备保护，同时要求相邻一次设备有配合关系的保护（如阶段式电流保护、阶段式距离保护等）或同一个保护中有配合关系的两个元件（如闭锁式方向纵联保护中的两个启动元件），其灵敏性和动作时间之间应相互配合。

2. 速动性

保护的速动性是指保护装置应尽可能快地切除短路故障，以提高系统并列运行的稳定性，减轻故障设备和线路的损坏程度，缩小故障波及范围，提高自动重合闸、备用电源或备用设备的自动投入成功率等。

故障切除时间是保护速动性的具体表现，它等于保护装置和断路器动作时间的总和。然而，能快速动作又满足选择性的保护装置，一般结构比较复杂、价格昂贵，高速动作的断路器造价也比较高，因此保护的速动性通常应根据系统接线及被保护元件的具体情况，经技术经济比较后确定。例如：对于高压电网，为了维持电力系统的暂态稳定性，要求必须"全线速动"；对于超高压、特高压电网，则需采用高速动作的保护装置和断路器；对于中低压系统及其电气元件，可采用动作速度较慢但简单经济的保护装置和断路器。

一些特殊场合也仍要求快速切除的故障，如：使发电厂或重要用户的母线电压低于允许值（$\leqslant 0.7U_N$）的故障；大容量发电机、变压器或电动机内部故障；中低压线路导线截面过小不允许延时切除的故障；危及人身安全、对通信及铁路信号系统有严重干扰的故障等。

3. 灵敏性

保护的灵敏性是指保护对其保护范围内发生故障或出现异常运行状态的反应能力，一般用灵敏系数（K_{sen}）来衡量。为了保证保护范围内发生故障或出现异常运行状态时，保护装置具有正确动作能力的裕度，灵敏系数应根据最不利于保护动作的运行方式和故障类型进行计算。

对于过量保护（如电流保护），其灵敏系数为

$$K_{sen} = \frac{\text{保护范围内发生金属性故障时电气量或参数的最小值}}{\text{整定值}} \tag{6-1}$$

对于欠量保护（如电压保护、距离保护），其灵敏系数为

$$K_{sen} = \frac{\text{整定值}}{\text{保护范围内发生金属性故障时电气量或参数的最大值}} \tag{6-2}$$

同时，GB/T 14285—2006《继电保护和安全自动装置技术规程》规定，各类保护的计算所得灵敏系数不得低于表 6-1 所列最低限值。

表 6-1　　　　　　　　　　　　　　保护的最小灵敏系数

保护分类	保护类型	组成元件		灵敏系数	备注
主保护	带方向和不带方向的电流、电压保护	电流元件 电压元件		1.3～1.5	线路长度大于 200km，不小 1.3；50～200km 线路，不小于 1.4；50km 以下线路，不小于 1.5
		零序或负序方向元件		1.5	
	距离保护	启动元件	负序和零序增量或负序分量元件、相电流突变量元件	4	距离保护第三段动作区末端故障，大于 1.5
			电流和阻抗元件	1.5	线路末端短路电流应为阻抗元件精确工作电流的 1.5 倍以上。200km 以上线路，不小于 1.3；50～200km 线路，不小于 1.4；50km 以下线路，不小于 1.5
		距离元件		1.3～1.5	

续表

保护分类	保护类型	组成元件	灵敏系数	备注
主保护	线路纵联保护	跳闸元件	2.0	
		高阻接地故障测量元件	1.5	个别情况下为 1.3
	发电机、变压器、电动机纵联差动保护	差电流元件的启动电流	1.5	
	母线完全电流差动保护	差电流元件的启动电流	1.5	
	母线不完全电流差动保护	差电流元件	1.5	
	发电机、变压器、线路和电动机的电流速断保护	电流元件	1.5	按保护安装处短路计算
后备保护	远后备保护	电流、电压和阻抗元件	1.2	按相邻电力设备和线路末端短路计算（短路电流应为阻抗元件精确工作电流的 1.5 倍以上），可以考虑相继动作
		零序或负序方向元件	1.5	
	近后备保护	电流、电压和阻抗元件	1.3	按线路末端短路计算
		负序或零序方向元件	2.0	
辅助保护	电流速断保护		1.2	按正常运行方式保护安装处短路计算

注　1. 主保护的灵敏系数除表中标注的外，均按被保护线路（设备）末端短路计算。

　　　2. 表中未包括的其他保护类型，其灵敏系数另作规定。

4. 可靠性

保护的可靠性体现在两个方面，即"保护范围内部故障时不拒动"和"正常运行及保护范围外部故障时，保护不误动"。保护误动和拒动均会对电力系统造成严重的危害，而实际应用中提高保护不误动和不拒动的措施常常是矛盾的。因此，应根据拒动和误动带给系统的危害程度，对可靠性的两个矛盾面进行不同程度的考虑。例如，当误动危害小于拒动危害时，应重点考虑如何提高保护不拒动的可靠性；反之则应考虑如何提高保护不误动的可靠性。

上述继电保护的四项基本要求是研究和评价继电保护性能的基础，它们相互矛盾，但通过不同保护原理或相同保护原理不同保护判据之间的合理配合，又能达到辩证统一。在实际工程应用中，根据运行条件、运行要求，对不同电气元件继电保护进行合理的配置，就是为了使继电保护基本要求能够达到辩证统一，同时满足技术经济的要求。

6.2　继电保护配置原则

继电保护配置需考虑电力系统的结构特点和运行要求、故障概率和可能造成的后果、国内外运行经验、对电力系统发展的适应性及技术经济的合理性，以满足选择性、速动性、灵敏性、可靠性的基本要求。

在进行保护配置时，为了保证保护不拒动，通常会给被保护元件设置反应故障的主保护、后备保护，必要时还会设置辅助保护，针对异常运行状态则会配置异常状态保护。所谓的主保护是指满足系统和设备的安全要求，以最快速度有选择性地切除被保护设备和线路故障的保护。后备保护有近后备保护和远后备保护之分，近后备保护是指当主保护拒动时，由该电力设备或线路的另一套保护实现后备功能；远后备保护则指当主保护和近后备保护拒动后，由相邻电力设备或线路的保护实现后备功能。而当断路器拒动时，可采用远后备保护切除故障，也可采用断路器失灵保护作为近后备保护来处理故障。不同的后备方式切除故障的速度、停电范围及经济性等均不相同，应根据具体情况进行合理的选择。辅助保护是为补充主保护和后备保护的性能或当主保护和后备保护退出运行时而增设的简单保护。异常运行保护是指为反应电力系统过负荷、振荡等异常状态所设置的保护，如过负荷保护等。在选择主保护、后备保护时，应根据运行条件和运行要求（如电压等级、电气设备在电力系统中的重要程度等）选择不同性能不同原理的保护。

　　此外，进行保护配置时还需在满足可靠性的基础上尽量简化二次接线；进行互感器配置时，应保证相邻元件保护装置的保护范围有重叠，以防止相邻元件保护装置之间存在死区，导致故障无法切除。相邻被保护元件电流互感器（TA）配置示意图如图 6-1 所示。

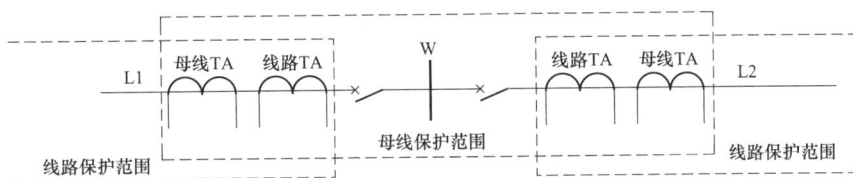

图 6-1　相邻被保护元件电流互感器（TA）配置示意图

6.2.1　输电线路保护配置原则

　　电力系统中输电线路分布最广，故障概率最高，因此应针对其故障类型（相间短路和接地短路）及异常运行状态配置相应的保护。但是，由于不同电压等级的输电线路对保护性能要求不同，因此线路保护配置方案也不尽相同。

　　1. 3～66kV 输电线路保护配置原则

　　我国 3～66kV 电力系统通常采用中性点非有效接地（小电流接地）方式，当线路发生单相接地故障后，线电压保持对称，故障电流小（主要是线路对地电容电流），允许系统继续运行 1～2h 以保证供电的连续性，但其健全相电压会升高至线电压，长时间过电压会影响健全线路的绝缘性能，极有可能导致单相接地故障转化为更为严重的两相接地故障，因此需要配置相应的接地保护以延时告警或延时跳闸。

　　与单相接地故障相比，相间短路时故障电流增大，电压降低，可能损坏设备，甚至影响系统供电安全性，应配置相应的相间短路保护作用于断路器跳闸以切除故障线路。

　　此外，对于可能出现过负荷的电缆线路或电缆与架空线路混合线路，应装设过负荷保护，并延时动作于信号，必要时可动作于跳闸。3～10kV 线路保护应采用远后备方式，对于使发电厂厂用母线和重要用户母线电压低于额定电压 60% 的短路或线路导线截面过小不允许带延时切除的短路，应快速切除故障；当过电流保护动作时限不大于 0.5s 且没有快速切除故障需求时，可不装设瞬时电流速断保护。35～66kV 线路保护也采用远后备方式，当短路时发电厂厂用母线电压低于额定电压的 60%、切除线路故障时间长可能导致线路失去热稳定性、城市配电网的直馈线路需保证电能质量或临近高压电网长时间切除故障会导致高压电网的稳定性问题时，应快速切除故障。

　　3～10kV 和 35～66kV 输电线路保护配置原则见表 6-2 和表 6-3。

表 6-2 　　　　　　　　　3~10kV 输电线路保护配置原则

故障类型	应用场合	保护配置
相间短路	单侧电源线路	两相星形接线的两段式电流保护（瞬时电流速断保护*和定时限或反时限过电流保护），仅安装在线路电源侧，线路不超过 2 级（一级为宜）
		电流保护不能满足要求时，可采用光纤电流差动保护（主保护）和带时限的过电流保护（后备保护）
	双侧电源线路	两相星形接线的方向性两段式电流保护（功率方向元件可根据保护是否会误动来选择设置或不设置）
		短线路、电缆线路、并联的电缆线路宜采用光纤电流差动保护（主保护）和方向性电流保护（后备保护）
		并列运行的平行线路应配光纤电流差动保护和方向性电流保护
	环网中的线路	一般环网设计开环运行以简化保护，按单侧电源线路配置与整定
		必须闭环运行时，为简化保护可采用故障时先将环网自动解列后恢复的方法；对于不宜解列的情况，则安装双侧电源线路配置保护
	厂用电源线路	发电厂厂用电源线（包括带限流电抗器的电源线），宜装设纵联差动保护和过电流保护
单相接地短路	中性点非有效接地系统	发电厂、变电站的母线上，应装设反应零序电压的绝缘监视装置，动作于信号，该保护不具备选择性，出线数较少时可通过依次断开线路的方法寻找故障线路
		当出线数较多时，采用有选择性的动作于信号的单相接地保护，如零序电流保护、零序功率方向保护、利用消弧线圈补偿后残余电流的有功分量或高次谐波分量或利用单相接地故障暂态电流构成的接地保护，对单相接地线路进行识别；必要时可根据人身和设备的安全使所选择的单相接地保护动作于跳闸
	中性点经小电阻接地系统	单侧电源线路，采用两段式零序电流保护（零序电流速断保护和零序过电流保护）

* 对于带限流电抗器的线路，断路器若不能断开电抗器前的短路电流，则不应装设瞬时电流速断保护，而由母线保护或其他保护予以切除；对于发电厂引出的不带限流电抗器的线路，应装设瞬时电流速断保护，其保护范围应能切除所有使该母线残压低于 60% 额定电压的相间短路（为了满足这一要求，该保护可以无选择动作，并配以自动重合闸或备用电源自动投入装置进行补救）。

表 6-3 　　　　　　　　　35~66kV 输电线路保护配置原则

故障类型	应用场合	保护配置
相间短路	单侧电源线路	可装设一段式过电流保护或两段式的瞬时电流速断保护和过电流保护，必要时可增设复合电压闭锁元件*
	复杂网络的单回线路	可装设一段式过电流保护或两段式的瞬时电流速断保护和过电流保护，必要时可增设复合电压闭锁元件和方向元件；电流、电压保护不满足要求或保护构成过于复杂时，宜采用距离保护
		电缆或架空短线路，当电流、电压保护不满足要求时，宜采用光纤电流差动保护（主保护）和方向性电流电压保护（后备保护）
		环网宜开环运行，必须闭环运行时，可采用故障时先将环网自动解列后恢复的方法简化保护
	平行线路	宜分列运行，若须并列运行，可根据电压等级、重要程度等选择以下保护方式之一： 1）全线速动保护（主保护）和阶段式距离保护（后备保护）； 2）采用能相继动作的纵联距离保护作为主保护和后备保护

故障类型	应用场合	保护配置
单相接地短路	中性点非有效接地系统	发电厂、变电站的母线上，应装设反应零序电压的绝缘监视装置，动作于信号，该保护不具备选择性，出线数较少时可通过依次断开线路的方法寻找故障线路
		当出线数较多时，采用有选择性的动作于信号的单相接地保护，如零序电流保护、零序功率方向保护、利用消弧线圈补偿后残余电流的有功分量或高次谐波分量或利用单相接地故障暂态电流构成的接地保护，对单相接地线路进行识别；必要时可根据人身和设备的安全使所选择的单相接地保护动作于跳闸
	中性点经小电阻接地系统	单侧电源线路，采用两段式零序电流保护（零序电流速断保护和零序过电流保护）

* 复合电压闭锁元件由一个低电压元件和一个负序过电压元件以或的关系组成，它与电流保护以"与"的关系出口构成了复合电压闭锁电流保护，以改善电流保护的性能。

2.110kV 及以上线路保护配置原则

与 3～66kV 电压等级系统不同，我国 110kV 及以上电力系统通常采用中性点直接接地（大电流接地）方式，单相接地故障与相间短路电流都很大，均要求其保护快速地切除故障。下面是不同电压等级与网络结构下 110kV 及以上线路保护配置原则。

（1）110kV 输电线路保护配置原则。110kV 输电线路保护配置原则见表 6-4。

表 6-4　　　　　　　　　　　　110kV 输电线路保护配置原则

应用场合	故障类型	保护配置
单侧电源线路	相间短路	阶段式电流保护，该保护不满足要求时采用阶段式相间距离保护
	接地短路	阶段式零序电流保护，该保护不满足要求时采用阶段式接地距离保护，辅助一段零序过电流保护用以切除经电阻接地故障
双侧电源线路	相间短路	阶段式相间距离保护
	接地短路	阶段式接地距离保护，辅助一段零序过电流保护切除经电阻接地故障

需要注意的是，对于 110kV 输电线路，当双侧电源线路符合下列条件之一时，应安装一套全线速动保护（如光纤电流差动保护）作为主保护，来反应相间短路和接地短路。

1）根据系统稳定性要求有必要安装时。

2）线路发生三相短路，使发电厂厂用母线电压低于允许值（一般为 60％额定电压），而且其他保护不能无时限和有选择性切除短路时。

3）采用全线速动保护后，能改善本线路保护性能以及整个电网保护性能时。

对于多级串联或采用电缆的单侧电源线路，为满足快速性和选择性要求，也可装设全线速动保护作为主保护。

当 110kV 线路采用全线速动保护作为主保护时，应配以阶段式相间和接地距离保护、零序电流保护分别作为反映相间短路和接地短路的后备保护。

（2）220kV 及以上输电线路保护配置原则。220kV 及以上线路保护通常按照"加强主保护，简化后备保护"的基本原则配置和整定。

"加强主保护"是指全线速动保护的双重化配置。要求每一套全线速动保护功能完整，能够反应并快速切除整条线路内部发生的各种类型的故障。对于具有单相重合闸的线路，每套全线速动保护应具有选相功能，并保证对故障电阻不大于 100Ω 的单相接地故障能正确选相，并能使保护正确动作于跳闸以切除故障。

"简化后备保护"是指主保护双重化配置的同时，允许作为后备保护的阶段式相间和接地距离保护、阶段式零序电流保护中的延时段保护，与相邻线路主保护或变压器主保护配合以简化动作时间的配合整定。当双重化配置的主保护均有完善的距离保护时，则可以不使用零序 I、II 段保护，只保留一段定时限或反时限零序过电流保护切除经接地电阻不大于 100Ω 的接地短路。

根据上述原则，220kV 及以上输电线路保护配置原则见表 6-5。

表 6-5　　　　　　　　　　　**220kV 及以上输电线路保护配置原则**

主保护	后备保护
方案一：光纤分相电流差动保护＋高频保护 方案二：光纤分相电流差动保护＋光纤分相电流差动保护	阶段式相间距离保护
	阶段式方向性零序电流保护
	阶段式相间和接地距离保护＋反应电阻接地故障的零序过电流保护

6.2.2　变压器保护配置原则

电力变压器是实现电力系统变压环节不可或缺的关键设备，也是变电站中十分贵重的设备，若发生故障或因异常运行状态而造成变压器损坏，则会影响电力系统运行的可靠性和安全性，造成不必要的经济损失。故而，应根据可能发生的故障以及异常（不正常）运行状态，对不同容量、不同重要程度的变压器配备相应的继电保护。

1. 故障类型及异常运行状态

目前，电力系统中的大部分电力变压器为油浸式变压器，它包括铁芯、绕组、油箱、储油柜、绝缘套管、引接线、分接开关等。

通常，油浸式变压器的故障包括油箱内部故障和油箱外部故障两大类。油箱内部故障包括油箱内绕组相间短路、单相绕组通过变压器油箱外壳发生的单相接地故障、单相绕组匝间短路及铁芯烧损等。油箱内部故障产生的高温电弧，会损坏绕组绝缘、烧损铁芯，油箱内部的绝缘油及绝缘材料会因受热分解而产生大量瓦斯气体，可能引起变压器爆炸。油箱外部故障则包括绝缘套管及其引接线上发生的相间短路和接地短路。对于变压器的各种故障，要求继电保护装置能可靠断开变压器各侧的断路器。

除各种类型的故障外，变压器的异常运行状态也会引起变压器铁芯过热，从而威胁变压器的安全，要求根据异常运行造成的严重程度，发出告警信号或切除变压器。变压器的异常运行状态包括：变压器外部相间短路引起的过电流；中性点直接接地或经小电阻接地电网外部接地短路引起的过电流及中性点过电压；过负荷；过励磁；中性点非有效接地侧的单相接地故障；油面降低；变压器油温、绕组温度过高及油箱压力过高和冷却系统故障。

2. 保护配置原则

针对变压器的故障和异常运行状态，可以配置表 6-6 所示的保护。

表 6-6 　　　　　　　　　　　　　变压器保护的基本配置

保护分类	保护配置	说　明
主保护	干式变压器：电流速断保护、电流纵联差动保护	针对变压器的各种故障类型
	油浸式变压器："瓦斯保护＋电流速断保护"或"瓦斯保护＋电流纵联差动保护"	
后备保护	过电流保护	反应相间短路引起的过电流（选其中之一）
	复合电压（负序电压和相间电压）启动的过电流保护	
	复合电流保护（负序电流和单相低电压启动的过电流保护）	
	阻抗保护	反应接地短路引起的过电流
	中性点直接接地运行的变压器：两段式零序电流保护（中高压侧中性点直接接地的三绕组或自耦变压器还应设置零序功率方向元件）	
	中性点直接接地或不接地运行的全绝缘变压器：两段式零序电流保护＋零序电压保护	
	中性点直接接地或经放电间隙接地运行的分级绝缘变压器：两段式零序电流保护＋间隙零序电流保护＋零序电压保护	
反应异常的保护	过负荷保护	反应变压器过负荷的保护
	过励磁保护	为防止因频率降低或/和电压升高引起的变压器磁密过高而损坏变压器所设置的保护
其他保护	油温保护、压力释放保护、启动风冷的保护、有载调压的保护等	针对变压器本体的非电气量保护

表 6-6 中所述保护的具体配置原则如下：

（1）瓦斯保护的配置原则。瓦斯保护是反应变压器油箱内部气体和油流数量及流动速度而动作的保护。它是一种非电气量保护，保护的主要元件是气体继电器，该继电器通常安装在油箱与储油柜之间的连接管道上。瓦斯保护有重瓦斯保护和轻瓦斯保护之分。对于0.4MVA 及以上车间内油浸式变压器和 0.8MVA 及以上油浸式变压器，均应装设瓦斯保护。当油箱内部轻微故障产生轻微瓦斯或油面下降时，轻瓦斯保护应瞬时动作于信号；当油箱内部严重故障并产生大量瓦斯时，由重瓦斯保护瞬时动作于断开变压器各侧的断路器。

带负载调压变压器充油调压开关也应装设瓦斯保护。

（2）电流速断保护、电流纵联差动保护的配置原则。电流速断保护和电流纵联差动保护作为变压器电气量的主保护，应根据变压器电压等级、容量选择其一。

一般情况下，除了 10kV 及以下、容量在 10MVA 及以下的变压器采用电流速断保护，其余的均采用电流纵联差动保护。对于 10kV 及以下重要变压器，当电流速断保护灵敏性不满足要求时，也可以采用电流纵联差动保护。

对于 220kV 及以上变压器，电流纵联差动保护应采用双重化配置。

（3）反应相间短路过电流的后备保护。反应变压器相间短路过电流的后备保护既作为相间短路主保护的近后备保护，也作为变压器外部故障时的远后备保护。如表 6-6 中所列，变压器相间短路的后备保护有过电流保护、复合电压启动的过电流保护、复合电流保护及阻抗保护四种，这四种保护的性能及构成各有差异。

过电流保护最为简单，但其灵敏性较差，一般适用于 35～66kV 及以下中小容量的变压器。

复合电压启动的过电流保护则是在过电流保护的基础上又增设了低电压和负序过电压的判断，以提高保护的灵敏性。110～500kV 降压变压器、升压变压器及联络变压器，在过电流保护灵敏性不满足要求时，宜采用复合电压启动的过电流保护。

对于一些大容量的变压器，复合电压启动的过电流保护很难满足作为相邻元件相间短路后备保护的灵敏性时，可采用复合电流保护。当电压电流保护均不能满足灵敏性要求时，可以采用阻抗保护作为变压器相间短路的后备保护。

（4）反应接地短路的后备保护。与 110kV 及以上中性点直接接地电网相连的降压、升压及联络变压器，应按照变压器中性点运行方式，配置表 6-6 所示的接地短路后备保护，该后备保护不仅作为变压器接地短路主保护的近后备保护，同时也作为变压器外部接地短路的远后备保护。

10～66kV 系统专用接地变压器按要求配备主保护和相间短路后备保护即可。对于低阻接地系统的接地变压器，还应配置零序过电流保护作为接地短路的后备保护。

对于一次侧接入 10kV 及以下非有效接地系统、绕组为 Yy 接线、低压侧中性点直接接地的变压器，当灵敏度满足要求时，可将变压器高压侧的相间过电流保护作为低压侧单相接地短路后备保护；当灵敏度不满足要求时，可在变压器低压侧设置零序过电流保护。

（5）过负荷保护。0.4MVA 及以上数台并列运行的变压器和作为其他负荷备用电源的单台运行变压器，应装设过负荷保护。自耦变压器和多绕组变压器的过负荷保护应能反应公共绕组及各侧过负荷情况。

（6）过励磁保护。高压侧为 330kV 及以上的变压器应装设过励磁保护。

6.2.3　发电机保护配置原则

发电机作为电力系统的电源，其安全运行对保证电力系统的安全可靠运行及电能质量至关重要，同时它是发电厂中十分贵重的一次设备，应根据其可能发生的故障及异常运行状态，装设相应的保护。

1. 故障类型及异常运行状态

发电机由定子、转子、端盖及轴承等部件构成，其中定子部分包括定子铁芯、定子绕组、机座等；转子则包括转子绕组（励磁回路）、转轴等部件。因此其故障主要包括定子绕组相间短路、定子绕组绝缘损坏造成的单相接地故障、定子绕组匝间短路、转子绕组接地故障、发电机低励磁和失磁等。

发电机的异常运行状态主要包括外部短路引起的定子绕组过电流、负荷超过发电机额定容量引起的三相对称过负荷、突然甩负荷引起的定子绕组过电压、外部不对称短路或非全相运行引起的发电机负序过电流和过负荷、励磁回路故障或强励磁时间过长引起的转子绕组过负荷、汽轮机主汽门突然关闭造成的发电机逆功率等。

2. 保护配置原则

结合发电机故障类型、异常运行状态，600MW 及以下发电机保护具体配置如下：

（1）发电机定子绕组及其引出线的相间短路所配置的保护。针对发电机定子绕组及其引出线相间短路，应根据发电机容量不同，配置表 6-7 所示的保护作为发电机的主保护。

表 6-7　　　　　　　发电机定子绕组及其引出线相间短路时所配保护类型及适用场合

故障类型	保护	适用范围	
发电机定子绕组及其引出线相间短路	过电流保护	1MW 及以下单独运行的发电机	中性点侧有引出线
	低电压保护		中性点侧无引出线
	低电压保护	1MW 及以下与其他发电机或电力系统并列运行的发电机	
	纵联差动保护	1MW 以上的发电机或当电流速断保护灵敏度不满足要求时	
	低电压过电流保护	当电流速断保护灵敏度不满足要求且发电机中性点无引出线时	

需要注意的是，表 6-7 中所示各保护均应动作于停机，即断开发电机断路器、灭磁，对汽轮机要关闭主汽门，水轮机则要关闭导水翼。

（2）对发电机定子绕组单相接地故障所配置的保护。发电机的中性点一般采用定子绕组中性点不接地或经消弧线圈接地的方式。

对于与母线直接连接的中小型发电机，在不考虑消弧线圈补偿作用的情况下，当单相接地短路电流大于表 6-8 中的允许值时，应装设有选择性的零序过电流保护作为接地保护，当接地电容电流不小于 5A 时，接地保护动作于跳闸，反之则动作于信号。

表 6-8　　　　　　　　发电机定子绕组单相接地短路电流的允许值

发电机额定电压（kV）	发电机额定容量（MW）		单相接地短路电流允许值（A）
6.3	≤50		4
10.5	汽轮发电机	50～100	3
	水轮发电机	10～100	
13.8～15.75	汽轮发电机	125～200	2
	水轮发电机	40～225	（氢冷发电机则为 2.5）
18～20	300～600		1

在发电机-变压器组中，100MW 以下发电机应装设保护区不小于 90% 的定子接地保护；100MW 及以上发电机，则应装设保护区为 100% 的定子接地保护。保护带延时动作于信号，必要时也可以动作于停机。

为检查发电机定子绕组和发电机回路的绝缘状况，保护装置应能监视发电机机端零序电压值。

（3）发电机定子绕组匝间短路所配置的保护。对于发电机定子绕组为星形连接、每相有并联分支且中性点侧有分支引出端的发电机，应装设零序电流型横差保护或裂相横差保护、不完全纵差保护。

（4）转子接地保护。发电机转子接地保护主要是针对转子接地故障，该保护分为一点接地保护和两点接地保护。对于水轮发电机组，一般只装设动作于信号的一点接地保护；对于汽轮机组，则应同时装设一点接地保护和两点接地保护，通常当动作于信号的一点接地保护动作后再投入两点接地保护，两点接地保护则应动作于跳闸。

（5）发电机相间短路的后备保护。考虑到外部相间短路引起发电机定子绕组过电流以及发电机相间短路主保护误动的情况，应对发电机相间短路配置合适的后备保护。通常，对于

1MW 及以下与其他发电机或电力系统并列运行的发电机，应装设过电流保护；对于 1MW 以上的发电机，宜装设复合电压（包括负序电压和线电压）启动的过电流保护。灵敏度不满足要求时，可增设负序过电流保护。50MW 及以上的发电机宜装设负序过电流保护。

（6）反应发电机定子绕组异常过电压的保护。水轮发电机应装设过电压保护，100MW 及以上的汽轮发电机宜装设过电压保护。通常，过电压保护宜动作于解列灭磁，其定值应根据定子绕组绝缘状况决定。

（7）定子绕组过负荷保护。对过负荷引起的发电机定子绕组过电流，应设定子绕组过负荷保护：

1）定子绕组为非直接冷却的发电机，应设定时限过负荷保护。

2）定子绕组为直接冷却且过负荷能力较低（如低于 1.5 倍，持续 60s）的发电机，则应装设由定时限和反时限两部分组成的过负荷保护。其中：定时限部分动作于信号，有条件时可动作于自动减负荷，动作电流按照在发电机长期允许的负荷电流下能可靠返回的条件整定；反时限部分反应电流变化时定子绕组的热积累过程，通常动作于停机，其动作特性按发电机定子绕组的过负荷能力确定。

（8）不对称负荷、非全相运行及外部不对称短路引起的负序电流所配保护。50MW 及以上转子表面承受负荷电流能力的常数 A 大于 10 的发电机，应装设定时限负序过负荷保护，动作于信号；100MW 及以上 A 值不大于 10 的发电机，应装设由定时限和反时限两部分组成的转子表面过负荷保护。其中：定时限部分带时限动作于信号，动作电流按发电机长期允许的负序电流和躲过最大负荷电流过滤器的不平衡电流整定；反时限部分反应电流变化时发电机转子的热积累过程，动作于停机，动作特性按发电机承受短时负荷电流的能力确定。

（9）励磁系统故障或强励磁时间过长引起的励磁绕组过负荷所配保护。100MW 及以上、300MW 以下采用半导体励磁的发电机，应装设定时限励磁绕组过负荷保护，动作于信号和降低励磁电流；300MW 及以上的发电机，可装设由定时限和反时限两部分构成的励磁绕组过负荷保护。

（10）失磁保护。发电机失磁故障指的是因转子绕组故障、励磁机故障、自动励磁开关误跳、半导体励磁系统中某些元件损坏或回路故障、误操作等所引起的，发电机励磁突然全部消失或部分消失。发电机失磁后异步运行，会从电力系统中吸收大量的无功功率，导致系统电压下降、发电机有功功率减少、转子励磁回路和铁芯过热。因此针对失磁故障，应装设失磁保护装置，具体设置原则为：不允许失磁运行的发电机及失磁对电力系统有重大影响的发电机应装设失磁保护。对于汽轮发电机，失磁保护宜瞬时或短延时动作于信号，条件允许时则可进行励磁切换。对于水轮发电机，励磁保护应带动作时限动作于解列。

（11）过励磁保护。300MW 及以上的发电机应装设过励磁保护。该保护为由低定值和高定值两部分组成的定时限过励磁保护或反时限过励磁保护，其中：低定值部分带时限动作于信号和降低励磁电流；高定值部分动作于解列灭磁或程序跳闸。

应注意的是，有条件的情况下应优先装设反时限过励磁保护。汽轮发电机装设过励磁保护后可不再装设过电压保护。

（12）其他保护的配置情况。

1）对于发电机变电动机运行的异常运行方式，200MW 及以上汽轮发电机及燃气轮机应装设逆功率保护。

2）低于额定频率带负载运行的 300MW 及以上汽轮发电机应装设动作于信号的低频率保护；高于额定频率带负载运行的 100MW 及以上的汽轮发电机、水轮发电机应装设动作于解列灭磁或程序跳闸的高频率保护。

3）300MW 及以上的发电机宜装设失磁保护。

4）对于调相运行的水轮发电机，在调相运行期间可能失去电源的情况下装设带延时动作于停机的解列保护。

3. 配置保护时的注意事项

100MW 及以上容量的发电机-变压器组，在进行保护配置时，除了非电气量保护，主保护应双重化配置。

自并励发电机的励磁变压器宜采用电流速断保护作为主保护，采用过电流保护作为后备保护。

6.2.4 母线保护配置原则

在发电厂、变电站中，母线起着汇集和分配电能的作用。在运行过程中，断路器套管及母线绝缘子的闪络、母线电压互感器故障、运行人员的误碰或误操作等均有可能造成母线发生短路故障，从而使得故障母线上连接的所有支路出现短时停电，在枢纽变电站中母线故障还可能破坏电力系统稳定性。因此必须采取相应的保护措施消除或减小母线故障所造成的不良后果。

目前，针对母线故障的保护措施有两种方式：

（1）利用相邻元件保护装置切除母线故障。这种方式主要用于 35kV 及以下系统对母线故障切除速动性要求不高的场合，可以利用母线上其他供电支路的保护装置以较小的延时切除母线故障，例如，利用母线上连接的发电机或变压器后备保护来切除母线故障。该方式简化了保护，但切除母线故障时带有延时，速动性较差。

（2）装设专门的母线保护。当母线故障造成电压降低，影响全系统供电质量和系统稳定运行时，要求保护快速且有选择性地切除母线故障，但第一种方法无法满足要求，此时应装设专门的母线保护，具体原则为：

1）220kV 及以上母线应装设快速有选择性的母线保护，其中：对于 3/2 断路器接线，每组母线应装设两台母线保护；对于双母线、双母线分段接线，宜装设两套母线保护，防止因母线检修退出而失去保护。

2）110kV 双母线应装设专门的母线保护。

3）110kV 单母线、重要发电厂或 110kV 以上重要变电站 35～66kV 母线需要快速切除母线故障时应装设专门的母线保护。

4）35～66kV 电力网中，主要变电站 35～66kV 双母线或单母线分段需快速有选择性地切除一段或一组母线时应装设专门的母线保护。

5）发电厂、主要变电站 3～10kV 分段母线及并列运行的双母线，当须快速有选择性地切除一段或一组母线故障时以及线路断路器不允许切除线路电抗器的短路时也应装设专门的母线保护。

母线保护通常按照差动原理构成。对于单母线或双母线经常只有一组母线运行或不并列运行的情况，可分为完全差动保护和不完全差动保护，前者是将母线上所有支路电流均接入差流回路，后者仅将母线上电源支路的电流接入差流回路。当3～10kV分段母线采用专门的母线保护时，宜采用不完全电流差动保护。对于双母线并列运行时的母线（即采用固定连接方式运行的双母线），为了保证选择性，其母线保护由三组完全差动保护构成，它们分别是可以反应Ⅰ、Ⅱ母故障的大差动保护，该保护是将Ⅰ、Ⅱ上所有支路的电流均接入差流回路，不能区分故障母线，只能作为整套母线保护的启动元件；两组小差动保护分别反应Ⅰ、Ⅱ母故障，能够区分故障母线且只切除故障母线。

由于双母线固定连接方式下的完全电流差动保护缺乏灵活性，因此当双母线连接支路运行方式经常发生改变时可采用母线电流相位比较式差动保护。

此外，为了防止母线保护在差动保护出口回路或断路器失灵保护出口回路被误碰或出口继电器损坏等情况下发生误动，造成大面积停电，可在母线差动保护中设置复合电压闭锁元件。同时，为了保证分段或母联断路器合于故障母线时能尽快隔离故障母线，应在分段断路器和母联断路器处安装相电流保护或零序电流保护，作为母线充电保护，并兼作新线路投运时的辅助保护。

6.2.5　断路器失灵保护配置原则

断路器失灵保护是指当故障线路的保护动作发出跳闸命令后，断路器拒绝动作时，能够以较短延时切除同一母线上其他所有支路的断路器，将故障部分隔离，并使停电范围最小的一种近后备保护。

在220kV及以上电网中或110kV电网的个别重要部分中，当线路或电力设备采用近后备方式时，或断路器与电流互感器之间发生故障不能由该回路主保护切除形成保护死区，而其他线路或变压器后备保护切除又会造成停电范围扩大，并引起严重后果时，应装设一套断路器失灵保护。对于220kV及以上具有分相操作的断路器，考虑到断路器单相操作拒动，可装设断路器失灵保护。

断路器失灵保护一般由相电流元件构成，发电机-变压器组或变压器断路器失灵保护可采用零序电流元件或负序电流元件。断路器失灵保护的动作时间和返回时间均不应大于20ms。为了保证断路器失灵保护的可靠性，断路器失灵保护应在故障线路或电力设备瞬时复归继电器动作后不返回或断路器未断开的判别元件动作后不返回的情况下方可启动。

为了防止断路器失灵保护误动，提高其可靠性，可以增设跳闸闭锁元件。该元件一般采用复合电压（母线相电压、零序电压和负序电压）闭锁元件。需要注意的是，在以下情况下可以不设置闭锁元件：

（1）3/2断路器接线的失灵保护。

（2）发电机、变压器及高压电抗器断路器的失灵保护，为防止闭锁元件灵敏度不足，可采取相应措施或不设闭锁回路。

6.2.6　电动机保护配置原则

电动机是将电能转化成机械能的设备，它属于电力系统负荷。根据供电电源的不同，电动机可以分为交流电动机和直流电动机，其中交流电动机又分为异步电动机和同步电动机。在工业应用中，大部分的电动机都是交流异步电动机，同步电动机多用于电力系统中的一些特殊场合，例如作为无功补偿的同步调相机和抽水蓄能电厂的发电机。本节主要介绍交流电动机的保护配置。

运行中的交流电动机，可能发生如表6-9中所示的故障和异常运行状态，并造成电动机损坏、绝缘加速老化，影响电力系统电能质量，因此需要对电动机配置相应的保护措施。

表 6-9　　　　　　　　　　　　交流电动机故障和异常运行状态

故障和异常运行状态		危　害
故障	定子绕组相间短路	发热引起电动机绝缘与铁芯严重损坏，电网电压下降影响其他用户正常工作，需尽快切除
	定子绕组单相接地短路	中性点不接地时，只有数值较小的对地电容电流，危害较小
	定子一相绕组匝间短路	造成磁场不对称，引起振动，破坏电动机稳定运行，相电流增大
异常运行状态	电动机启动时间过长、堵转、过负荷、过热	使电动机温升超过允许值，绝缘迅速老化从而造成更严重的故障
	相电流不平衡或断相	造成磁场不对称
	同步电动机失步、失磁、出现非同步冲击电流	影响同步电动机的正常运行

根据交流电动机可能出现的故障和异常运行状态，通常需要按照以下原则配置相应的保护：

（1）对于定子绕组及引出线相间短路，要求 2MW 以下的电动机装设两相星形接线的电流速断保护；2MW 及以上的电动机，或 2MW 以下电动机采用电流速断保护灵敏度不足时，可装设纵联差动保护。

（2）对于定子绕组单相接地故障，当接地电流大于 5A 时，应装设专门的单相接地保护；当单相接地电流不小于 10A 时，保护动作于跳闸；10A 以下可动作于信号，也可动作于跳闸。

（3）运行中易发生过负荷的电动机，应根据负荷特性带时限动作于信号或跳闸；对于启动或自启动困难而需要防止启动或自启动时间过长的电动机，过负荷保护应动作于跳闸。

（4）当电源电压短时降低或短时中断又恢复时，为了保证重要电动机能够顺利自启动，需要设置低电压保护而断开次要的电动机；对于电源电压短时降低或中断后不允许或不需要自启动的电动机，或需要自启动，但为了保证人身和设备安全，电源电压长时间消失后，需从电网中自动断开的电动机，均需要设置低电压保护；属于Ⅰ类负荷并装有自动投入装置的备用机械的电动机也要设置低电压保护。

（5）2MW 及以上的电动机，为反应电动机相电流的不平衡，可装设动作于信号或跳闸的负序过电流保护，该保护也可作为相间短路主保护的后备保护。

（6）针对同步电动机的失步，可装设带延时动作的失步保护；对于负荷变动大的同步电动机，当用反应定子过负荷的失步保护时，应增设带时限动作于跳闸的失磁保护；对于不允许非同步冲击的同步电动机，应装设防止电源中断再恢复时造成非同步冲击的保护。

此外，对于电动机启动时间过长的情况，可采用检测电动机启动电流持续大于定值超过所允许的时间时断开电动机的保护，该保护也可以作为电动机启动过程中的堵转保护；而运行中的电动机，其堵转保护可以采用正序电流保护；针对电动机的过热可以设置过热保护，该保护还可以作为电动机短路、启动时间过长、堵转等保护的后备保护。

6.2.7　电力电容器组保护配置原则

在电力系统中，通常采用电力电容器组进行无功功率补偿，它包括并联补偿电容器组和串联补偿电容器组两种。在运行过程中用于无功功率补偿的电力电容器出现故障或异常状态时，会影响无功功率补偿的效果，甚至会威胁系统的安全可靠运行，因此针对电力电容器的故障和异常状态，也应配置相应的保护。

1. 并联补偿电容器的故障、异常运行状态及其保护配置

运行过程中，并联补偿电容器可能发生故障或出现异常运行状态，针对这些故障和异常运行状态，需配置相应的保护，具体内容见表 6-10。

表 6-10　　　　　3kV 及以上并联补偿电容故障、异常运行状态及其保护配置

故障和异常运行状态		保护配置
故障	电容器和断路器之间连接线短路	设置带有短延时的电流速断和过电流保护，动作于跳闸
	电容器内部故障及引出线短路	对每台电容器分别装设专用的保护熔断器
异常运行状态	电容器组的单相接地故障	参照表 6-2 中 3kV～10kV 线路单相接地短路保护配置；安装在绝缘支架上的电容器不再设置单相接地保护
	电容器组中某一故障电容器切除后引起的剩余电容器的过电压	可根据不同的情况装设相应的不平衡保护 *
	电容器组过电压	装设带延时动作于信号或跳闸的过电压保护
	所连接母线失压	设置失压保护（母线失压时切除电容器组）
	过负荷	装设动作于信号或跳闸的过负荷保护

*　中性点不接地单星形连接的电容器组，可装设中性点电压不平衡保护；中性点接地单星形连接的电容器组，可装设中性点电流不平衡保护；中性点不接地双星形连接的电容器组，可装设中性点间电流或电压不平衡保护；中性点接地双星形连接的电容器组，可装设中性点回路电流差的不平衡保护；可装设电压差动保护。

2. 串联电容补偿装置的保护配置

(1) 针对电容器组故障或异常所配置的保护：不平衡电流保护和过负荷保护。

(2) 金属氢化物非线性电阻（MOV）保护：过温度保护、过电流保护和能量保护。

(3) 旁路断路器保护：断路器三相不一致保护和断路器失灵保护。

(4) 间隙（GAP）保护：GAP 自触发保护、GAP 延时触发保护和 GAP 长时间导通保护。

(5) 平台保护：反应串联补偿电容器对平台的短路故障的保护。

(6) 对于可控串联电容补偿装置，还应装设晶闸管回路过负荷保护、可控阀及相控电抗器故障保护以及晶闸管触发回路和冷却系统故障保护。

6.2.8　并联电抗器保护配置原则

并联电抗器和串联电容补偿装置是高压长距离柔性交流输电系统中必不可少的装置，它们能起到改善系统有功功率和无功功率分布、提高线路输送容量以及提高系统运行稳定性和可靠性的作用。根据绝缘方式，并联电抗器分为油浸式和干式两种。

对于油浸式并联电抗器，其在运行过程中可能发生线圈单相接地故障、匝间短路、引出线相间短路和单相接地短路、油面降低、温度升高、冷却系统故障及过负荷等故障与异常运行状态。针对这些故障及异常运行状态，需要配置以下保护：

1) 瓦斯保护：动作于跳闸的重瓦斯保护和动作于信号的轻瓦斯保护。该保护是利用油浸式并联电抗器内部故障时会产生瓦斯这一特点而构成的。接于并联电抗器中性点的接地电抗器，应装设瓦斯保护。

2) 电流速断保护或纵联电流差动保护：除瓦斯保护外，还要配置电气量保护来反应油浸式并联电抗器内部及其引出线的相间或单相接地故障。66kV 及以下的并联电抗器应装设

瞬时动作于跳闸的电流速断保护；110kV 及以上的并联电抗器宜采用纵联差动保护；220kV 及以上的电抗器，除瓦斯保护外，电气量保护应双重化配置。

3）匝间短路保护：220kV 及以上的并联电抗器应装设匝间短路保护，且宜不带时限动作于跳闸。

4）过电流保护：主要作为速断保护和差动保护的后备保护。

5）过负荷保护：220～500kV 并联电抗器，当电源电压升高并引起并联电抗器过负荷时，应装设过负荷保护。对由三相不对称等原因引起的接地电抗器过负荷，宜装设过负荷保护。

66kV 及以下干式并联电抗器应装设电流速断保护作为主保护，过电流保护和零序过电压保护分别作为相间短路和接地短路的后备保护。

6.2.9 自动重合闸装置配置原则

自动重合闸装置是将因故障而由保护断开的断路器按需要自动投入的一种自动装置，它属于安全自动装置。若故障为瞬时性故障，则自动重合闸装置可以提高系统的供电可靠性和运行稳定性。因此通常要求以下情况需配置自动重合闸装置：

（1）3kV 及以上架空线路及电缆与架空混合线路，在具有断路器的条件下，当用电设备允许且无备用电源自动投入时，应装设自动重合闸装置。

（2）旁路断路器与兼作旁路的母线联络断路器，应装设自动重合闸装置。

（3）必要时母线故障可采用母线自动重合闸装置。

对于 110kV 及以下单侧电源线路，自动重合闸装置一般情况下可采用三相一次重合闸。当断路器断流容量允许时，可采用两次重合闸方式：无经常值班人员变电站引出的无遥控的单回线路或给重要负荷供电且无备用电源的单回线路。由几段串联线路构成的电力网，可采用前加速重合闸或顺序重合闸方式。

110kV 及以下双侧电源线路的自动重合闸装置：

1）并列运行的发电厂或电力系统之间具有强电气联系（四条以上联系的线路或三条紧密联系的线路）时，可采用不检定（不检查同步）的三相自动重合闸方式，若不具备强电气联系，则可采用检同期（同步检定）和检无压（无电压检定）的三相重合闸方式。

2）双侧电源单回线路一般采用一侧检无压一侧检同期的合闸方式；一侧是电力系统，一侧是发电厂，则可采用解列重合闸；一侧是电力系统，一侧是水力发电厂，若条件允许，则可采用自同期重合闸。

220kV 单侧电源线路采用不检定的三相重合闸方式。220kV 双侧电源线路若采用强电气联系，则采用不检定的三相重合闸方式；弱电气联系则需采用检同期和检无压的合闸方式。不符合上述条件的 220kV 线路，应采用单相自动重合闸方式。

330kV 及以上的线路，一般情况下应采用单相重合闸方式；对于 330kV 及以上同杆并架双回线路，若输送容量较大且为了提高系统运行稳定性，则可考虑采用按相自动重合闸方式。

6.3 继电保护配置举例

6.3.1 原始资料

某 220kV 终端变电站基本情况如下：

（1）主变压器远景 3 台、本期 1 台，均为三绕组变压器，容量 180MVA。

（2）该变电站设有 220、110、10kV 三个电压等级，其中 220kV 进线远景 6 回，本期 4 回；110kV 出线远景 10 回，本期 5 回；10kV 电缆出线远景 24 回，本期 8 回。除电源进线外，其他各侧均无电源。

（3）每台主变压器 10kV 侧配置 3 组 7.2Mvar 并联电容器，本期 10kV 侧无功补偿装置配置 3 组 7.2Mvar 并联电容器。

（4）站用变压器从 10kV 母线引接，采用接地变压器。

图 6-2 为该变电站的电气主接线示意图。下面将根据 6.2 所述保护配置原则，对该变电站一次设备的保护进行配置。

6.3.2　主变压器保护的配置

主变压器是该变电站用于电能传输和变换的关键一次设备。按照 6.2.2 中所述的变压器保护配置原则，该变电站中的主变压器应分别配置非电气量保护和电气量保护，其中非电气量保护指重瓦斯保护和轻瓦斯保护，通常单套配置；电气量保护包括电气量主保护——差动保护和电气量后备保护，由于该主变压器高压侧为 220kV，故电气量保护采用主、后备保护一体化的微机型保护装置，并双重化配置（即保护装置双套配置）。表 6-11 和图 6-3 分别为该变电站中主变压器的保护配置方案和保护配置图（以图 6-2 中的 1 号主变压器为例，2 号和 3 号主变压器的保护配置方案和保护配置图与 1 号主变压器相同）。

表 6-11　　　　　　　　　　　　　　主变压器保护配置方案

保护类型			保护功能	具体配置
电气量保护	主保护	纵联差动保护	差动速断保护	反应变压器内部及各侧引接线上的故障，各个保护判据之间以"或"的关系出口	采用主、后备保护一体化的保护装置，并双重化配置
			稳态比率制动差动保护		
			工频变化量差动保护		
			零序电流差动保护		
	后备保护	高、中压侧复合电压方向闭锁过电流保护		变压器相间短路后备保护	
		低压侧复合电压闭锁过流保护			
		中高压侧零序方向过电流保护		变压器接地故障后备保护	
		高中压侧中性点间隙零序过电流和过电压保护			
		高中压侧过负荷保护		变压器过负荷保护	
非电气量保护	主保护	重瓦斯保护		反应变压器油箱内部严重故障，并动作于跳闸	单套装置配置
		轻瓦斯保护		反应油箱内部轻微故障、漏油造成的油面下降、绕组开焊故障等，动作于信号	
	其他	变压器本体及有载调压部分的油温保护		保证变压器安全运行	
		变压器压力释放保护			
		变压器带负荷启动风冷保护			

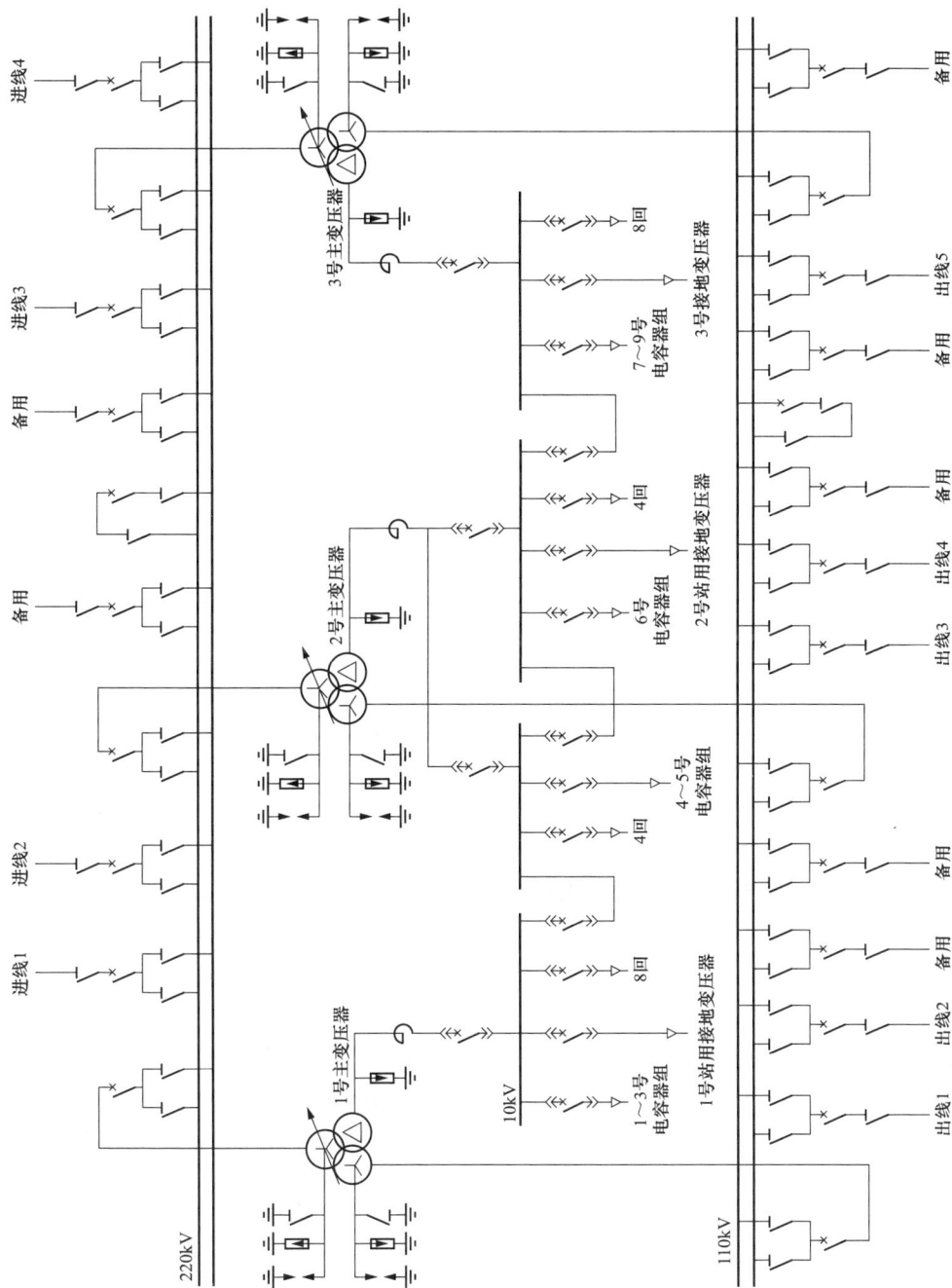

图 6-2　某 220kV 变电站电气主接线示意图

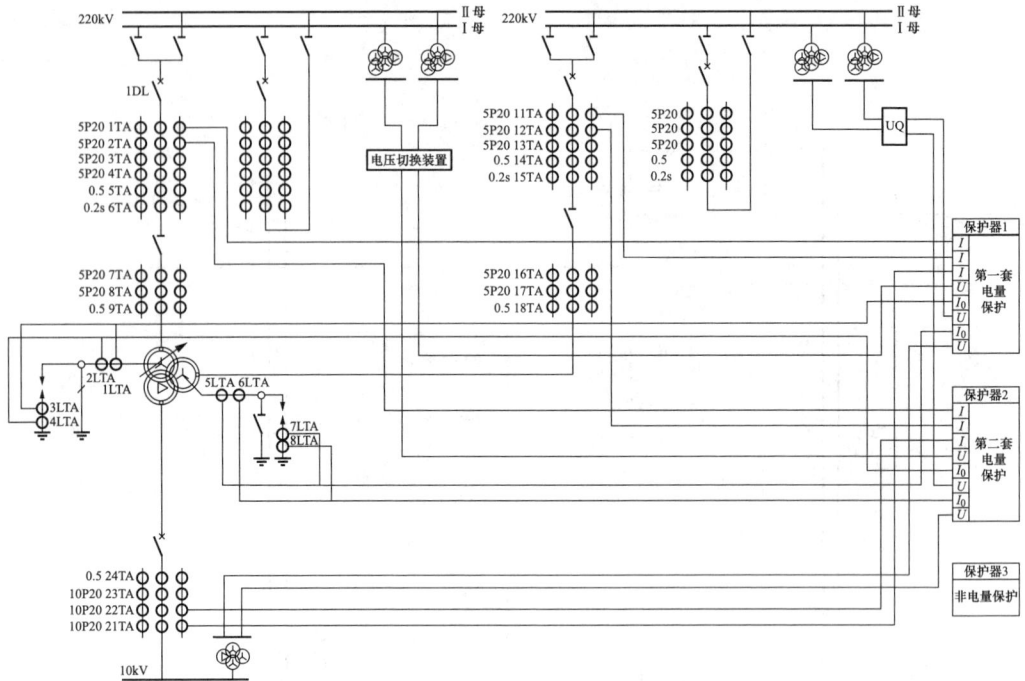

图 6-3 主变压器保护配置图

6.3.3 线路保护配置

1. 220kV 线路保护配置

根据 6.2.1 所述内容可知，220kV 输电线路保护需考虑"双重化"配置，即采用两套主、后备保护一体化的微机继电保护装置，其中两套保护装置的主保护分别为光纤差动保护和高频保护，后备保护均采用距离保护（三段式相间距离保护、三段式接地距离保护）和四段式零序电流保护。

由原始资料可知，该变电站 220kV 线路属于单侧电源线路，而 220kV 单侧电源网络需配置不检定（不需要检同期的一种合闸方式）的三相重合闸方式，考虑到重合闸合于永久性故障时能快速有选择性地将故障再次断开，还需配置后加速保护。

220kV 线路除了保护"双重化"配置之外，断路器还会装设两组独立的跳闸线圈，接至不同的操作电源，以防止线圈断线、短路和操作电源故障等异常情况所引起的断路器拒动。尽管如此，断路器仍然存在拒动的可能，例如 SF_6 断路器就可能因为低压闭锁分闸、机构故障等原因而拒动。因此，按照 220kV 断路器拒动采用近后备保护的原则，该变电站 220V 线路还需要配置断路器失灵保护。

2. 110kV 线路保护配置

与 220kV 线路保护"双重化"配置不同，110kV 线路只需要配置一套主、后备保护一体化的微机继电保护。由于该变电站为终端变电站，对保护速动性要求相对较低，故采用三段式相间距离保护、三段式接地距离保护及三段式零序电流保护，其中相间和接地距离的Ⅰ、Ⅱ段和零序电流的Ⅰ、Ⅱ段为主保护，相间和接地距离的Ⅲ段、零序电流Ⅲ段既作为该变电站 110kV 线路主保护的近后备保护，也作为该变电站 110kV 断路器失灵和相邻下一级线路的远后备保护。同时，由于该变电站 110kV 为单侧电源架空线路，故与 220kV 相同，需配置具有后加速保护功能的不检定三相重合闸。

3. 10kV 线路保护配置

该变电站 10kV 单侧电源线路属于 35kV 及以下电压等级线路，可配置三段式电流保护来反应其相间故障。其中电流 I 段和电流 II 段为主保护，电流 III 段为后备保护，保证主保护或断路器拒动以及相邻下一级线路保护拒动时能可靠切除故障。

由原始资料可知，该变电站 10kV 线路为电缆线路，因为电缆线路的相间故障通常为永久性故障，故不需配置重合闸功能。

又因为我国 35kV 及以下系统一般为中性点不接地系统，故应配置能发信号或跳闸的零序电流保护来反应单相接地故障。

表 6-12 为该 220kV 变电站 220、110、10kV 线路保护配置方案。

表 6-12　　　　　　　　220kV 变电站 220、110、10kV 线路保护配置方案

被保护元件	主保护	后备保护	其他功能	备注
220kV 线路	光纤电流差动保护	三段式相间距离保护、三段式接地距离保护、四段式零序电流保护	不检定的三相重合闸方式，后加速保护，断路器失灵保护	双重化配置（即两套主、后备保护及其他功能一体化的微机保护装置）
	高频保护	三段式相间距离保护、三段式接地距离保护、四段式零序电流保护	不检定的三相重合闸方式，后加速保护，断路器失灵保护	
110kV 线路	相间距离 I、II 段；接地距离 I、II 段；零序电流 I、II段	相间距离 III 段、接地距离 III 段、零序电流 III段	不检定的三相重合闸方式，后加速保护	一套主、后备保护及其他功能一体化的微机保护装置
10kV 线路	电流 I、II 段	电流 III 段	反应单相接地故障的零序电流保护	一套主、后备保护及其他功能一体化的微机保护装置

6.3.4　母线保护配置

1. 220kV 母线保护配置

考虑到 220kV 及以上系统对保护可靠性和速动性的高要求，该变电站 220kV 双母线接线采用"双重化"的母线保护配置。其具体配置为母线差动保护为主保护，此外还需配置母联充电保护、母线过电流保护、母联死区保护、母联非全相保护、母线失灵保护和断路器失灵保护等辅助保护功能。

2. 110kV 母线保护配置

对于该变电站的 110kV 母线，由于其采用双母线接线，故应配置一套专门的母线保护，具体配置包括主保护（如母线差动保护）以及相关辅助保护（如母联充电保护、母线过电流保护、母联死区保护和母线失灵保护）。

3. 10kV 母线保护配置

根据 6.2.4 所述的母线保护配置原则可知，35kV 及以下系统对保护速动性要求不高，为了简化保护，通常利用相邻上一级元件的后备保护切除母线故障，无须配置专门的母线保护。

因此，该变电站 10kV 母线故障时，将由主变压器后备保护予以切除，不再设置专门的母线保护。

表 6-13 为该变电站 220、110、10kV 母线保护配置方案。

表 6-13　　　　　　　　　　　　变电站 220、110、10kV 母线保护配置方案

被保护元件	主保护	辅助保护	备　注
220kV 母线	母线差动保护	母联充电保护、母线过电流保护、母联死区保护、母联非全相保护、母线失灵保护、断路器失灵保护	双重化配置（即两套主保护及其他辅助保护一体化的微机保护装置）
	母线差动保护	母联充电保护、母线过电流保护、母联死区保护、母联非全相保护、母线失灵保护、断路器失灵保护	
110kV 母线	母线差动保护	母联充电保护、母线过电流保护、母联死区保护、母线失灵保护	一套主保护及其他辅助保护一体化的微机保护装置
10kV 母线	不专门设置母线保护，由主变压器的后备保护切除母线故障		

6.3.5　其他一次设备的保护配置

由图 6-2 可知，该变电站 10kV 母线上并联着用于无功功率补偿的电力电容器以及为该变电站提供站用电的站用接地变压器。为了保证这些设备的安全性，也应配置相应的保护，具体配置见表 6-14。

表 6-14　　　　　　　　　　　　变电站其他一次设备配置方案

被保护元件	作用	所配保护	备　注
10kV 母线的并联电容器	用于无功功率补偿，提高功率因数	过电流保护、过电压保护、失压保护以及中性点电压不平衡保护（针对中性点不接地单星形连接的电容组）	配置一台各保护功能一体化的微机保护装置
10kV 母线上的站用接地变压器	提供站用电，一般为干式变压器	主保护：电流速断保护；后备保护：过电流保护和过负荷保护	配置一台各保护功能一体化的微机保护装置

设计要点提示

- 保护配置是指以发电厂、变电站一次系统原始资料为基础，根据电气一次设备在运行过程中可能发生的故障及异常运行状态，并结合继电保护配置原则对其一次设备保护方案进行选择和设计的过程。
- 不同的应用场景，对保护的要求不同，应根据实际情况及具体要求对电气一次设备的保护方案进行选择。
- 所选择的保护方案必须满足继电保护速动性、选择性、灵敏性和可靠性的要求。

设计基础习题

1. 双侧电源 10kV 输电线路，其相间短路的保护配置可以是（　　）。
   A. 阶段式相间距离保护　　　　　B. 阶段式电流保护
   C. 阶段式零序电流保护　　　　　D. 速断保护

2. 干式变压器的主保护可能的配置是（　　）。
   A. 电流速断保护　　　　　　　　B. 电流纵联差动保护
   C. 瓦斯保护　　　　　　　　　　D. 复合电流保护

3. 1MW 及以下单独运行的发电机，中性点侧有引出线时，应对其定子绕组及引出线相间短路的保护可以是（　　）。
   A. 纵联差动保护　　　　　　　　B. 低电压保护
   C. 低电压过电流保护　　　　　　D. 过电流保护

4. 当 3～10kV 分段母线需采用专门的母线保护时，宜采用（　　）。
   A. 差动保护　　　　　　　　　　B. 完全电流差动保护
   C. 不完全电流差动保护　　　　　D. 相位比较式差动保护

5. 应对 3kV 及以上电容器和断路器之间连接线短路故障，一般可对其设置（　　）。
   A. 失压保护　　　　　　　　　　B. 电流速断保护
   C. 过电流保护　　　　　　　　　D. 专用保护熔断器

6. 220kV 及以上具有分相操作的断路器，可装设断路器失灵保护。（　　）

7. 对 220kV 及以上的电抗器设置瓦斯保护后，电气量保护可以不双重化配置。（　　）

8. 对于定子绕组及引出线相间短路，2MW 以下的电动机装设两相星形接线的电流速断保护。（　　）

9. 对于 110kV 及以下单侧电源线路，一般情况下可采用三相一次重合闸。（　　）

10. 设备元件的保护配置应综合考虑主保护、后备保护、辅助保护、异常状态保护等多个方面。（　　）

第 7 章　发电厂电气部分课程设计案例

本章设计导图

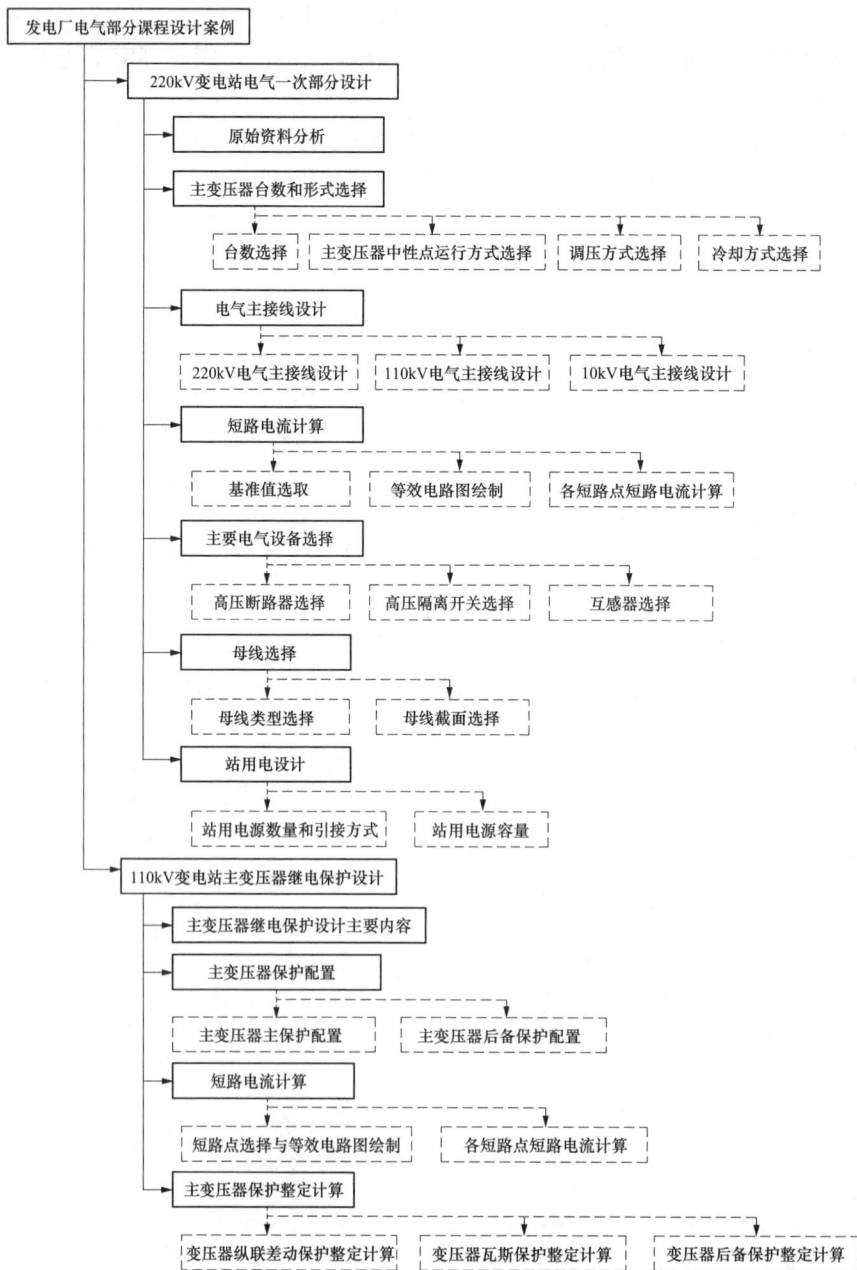

```
发电厂电气部分课程设计案例
    │
    ├── 220kV变电站电气一次部分设计
    │       │
    │       ├── 原始资料分析
    │       │
    │       ├── 主变压器台数和形式选择
    │       │       ├── 台数选择
    │       │       ├── 主变压器中性点运行方式选择
    │       │       ├── 调压方式选择
    │       │       └── 冷却方式选择
    │       │
    │       ├── 电气主接线设计
    │       │       ├── 220kV电气主接线设计
    │       │       ├── 110kV电气主接线设计
    │       │       └── 10kV电气主接线设计
    │       │
    │       ├── 短路电流计算
    │       │       ├── 基准值选取
    │       │       ├── 等效电路图绘制
    │       │       └── 各短路点短路电流计算
    │       │
    │       ├── 主要电气设备选择
    │       │       ├── 高压断路器选择
    │       │       ├── 高压隔离开关选择
    │       │       └── 互感器选择
    │       │
    │       ├── 母线选择
    │       │       ├── 母线类型选择
    │       │       └── 母线截面选择
    │       │
    │       └── 站用电设计
    │               ├── 站用电源数量和引接方式
    │               └── 站用电源容量
    │
    └── 110kV变电站主变压器继电保护设计
            │
            ├── 主变压器继电保护设计主要内容
            │
            ├── 主变压器保护配置
            │       ├── 主变压器主保护配置
            │       └── 主变压器后备保护配置
            │
            ├── 短路电流计算
            │       ├── 短路点选择与等效电路图绘制
            │       └── 各短路点短路电流计算
            │
            └── 主变压器保护整定计算
                    ├── 变压器纵联差动保护整定计算
                    ├── 变压器瓦斯保护整定计算
                    └── 变压器后备保护整定计算
```

7.1　220kV 变电站电气一次部分初步设计

7.1.1　主要设计内容与设计任务书

1. 主要设计内容

该设计为某 220kV 变电站电气部分的初步设计。该设计主要完成主变压器选择、电气主接线选择与设计、主要高压一次设备选择与校验、母线选择。

该电气一次部分初步设计的主要内容包括：对基础资料进行分析；根据待设计变电站与电力系统的连接情况和穿越功率情况，确定主变压器的形式、台数和容量；经技术与经济比较确定各电压等级的电气主接线方案；进行短路电流计算；对高压一次设备进行选择和校验；绘制电气主接线图。

2. 设计任务书

由于课程设计时间不同，设计任务也有差异，以下仅供参考。

220kV 变电站电气部分初步设计任务书

系部：＿＿＿＿＿＿＿＿＿　专业：＿＿＿＿＿＿＿＿＿　班级：＿＿＿＿＿＿＿＿＿

姓名：＿＿＿＿＿＿＿＿＿　指导教师：＿＿＿＿＿＿＿＿＿

设计题目：220kV 变电站电气部分初步设计

一、设计题目

220kV 变电站电气部分初步设计。

二、设计任务

（1）变电站总体分析。

（2）主变压器的选择。

（3）电气主接线和站用电接线设计。

（4）短路电流的计算。

（5）主要电气设备的选择。

（6）继电保护的配置。

（7）绘制工程图纸。

三、设计成品要求

1. 编写技术设计说明书

（1）原始资料分析。

（2）电气主接线和站用电接线设计。

（3）主变压器的台数、容量和形式的确定。

（4）短路电流的计算说明书和计算结果。

（5）主要电气设备选择的说明和结果表。

（6）继电保护的配置说明。

2. 编写技术设计计算书

（1）短路电流计算书。

（2）电气设备选择计算书。

3. 绘制工程图纸

220kV 变电站电气主接线图。

四、设计原始资料

1. 建站目的

某地区因电力负荷发展,拟新建一座 220kV 地区变电站。

2. 拟建变电站概况

拟建变电站具有三个电压等级:220/110/10kV,高压侧与 220kV 系统相连,110kV 侧与邻近变电站 110kV 出线相连,10kV 侧接地区负荷。

3. 地区自然条件

待建变电站选址在市郊空旷土地上,地势平坦,环境污染较小;年平均气温为 21.2℃,极端最高气温为 40℃,极端最低气温为 −13.8℃,最热月平均最高气温为 28℃,最大风速为 25m/s,污秽等级为 Ⅲ 级,海拔为 986m。

4. 系统参数

归算至 220kV 母线的系统阻抗为:$X_1 = 0.0274$,$X_0 = 0.0523$;归算至 110kV 母线的系统阻抗为:$X_1 = 0.0566$,$X_0 = 0.0824$。

5. 出线情况

各电压出线回路数:220kV 出线 6 回,110kV 出线 12 回,10kV 出线 12 回;负荷情况:220kV 出线负荷均为 312MVA;110kV 出线负荷均为 118MVA,其中有两回出线供电给大型冶炼厂;10kV 出线负荷均为 3.5MVA;变电站年最大负荷利用小时数 $T_{max} = 3400h$。

五、时间安排 (2 周)

(1) 资料收集与整理 (1 天)。

(2) 主变压器选择 (1 天)。

(3) 电气主接线选择与绘制 (2 天)。

(4) 短路电流计算 (1 天)。

(5) 电气主设备选择 (1 天)。

(6) 变压器继电保护配置 (1 天)。

(7) 说明书整理与编写 (2 天)。

(8) 答辩 (1 天)。

六、成绩评定办法

(1) 设计说明书及设计计算书,共 60 分。

(2) 图纸,共 30 分。

(3) 平时表现,共 10 分。

七、题目来源、类型

工程实践、设计型。

八、说明

(1) 通过电气一次部分初步设计,综合运用"电力系统分析"和"发电厂电气部分"课程的基本理论和基本方法,了解变电站电气部分初步设计的基本内容和方法。

(2) 通过继电保护配置部分设计,综合运用"电力系统继电保护"课程的基本理论和基本方法,了解变电站中电气元件的继电保护配置原则。

（3）通过绘制变电站设计的相关图纸，学习和掌握用绘图工具进行工程图纸绘制的基本要求和基本方法。

7.1.2　主变压器台数和形式的选择

主变压器选择的主要内容包括台数、容量和形式（相数、绕组、连接方式、连接组别、调压方式）的选择，影响主变压器选择的因素包括电压等级、输送功率、传递容量、馈线回路数等，还要考虑 5～10 年的发展规划。

1. 与主变压器选择有关的设计规范

主变压器选择可能参考的设计规范和设计手册为 GB/T 17468—2019《电力变压器选用导则》、GB/T 6451—2015《油浸式电力变压器技术参数和要求》、DL/T 5222—2021《导体和电器选择设计规程》、《电力工程电气设计手册（电气一次部分)》。

2. 主变压器形式和中性点运行方式的选择

该设计的 220kV 变电站站址交通便利，不受运输条件的影响，根据原始资料，此变电站有三个电压等级，分别为 220、110、10kV，故主变压器选用普通三相三绕组变压器。主变压器高压侧采用星形接线，中性点直接接地；中压侧采用星形接线，中性点经隔离开关接地；低压绕组采用三角形接线。

3. 调压方式的选择

220kV 及以上的降压变压器，在电网电压可能有较大变化的情况下，可采用有载调压方式。该设计的变压器选择有载调压变压器，采用在高压侧调压，调压范围和级数为 $220\pm8\times1.25\%$。

4. 主变压器冷却方式的选择

该设计选用的变压器容量为 180MVA，变压器电压等级较高，容量较大。因此选用冷却效率较高的强迫油循环风冷却（ODAF）。

根据系统资料，按照变压器标准容量，该变电站安装两台 180MVA 变压器，主变压器参数详见表 7-1。

表 7-1　　　　　　　　　　　　　　　　主变压器参数

型　　号	SSFP9-180000/220		
额定容量（MVA）	180		
额定电压（kV）	$220\pm8\times1.25\%$	121	11
阻抗电压（%）	高一中：12	高一低：22	中一低：8
空载电流（%）	0.42		
空载损耗（kW）	142		
负载损耗（kW）	585		
容量比	100%/100%/50%		
联结组号	YNyn0d11		
冷却方式	ODAF		

7.1.3　电气主接线设计

1. 电气主接线的基本要求

电气主接线要满足可靠、灵活和经济的要求。

2. 与电气主接线选择有关的设计规范

220kV 变电站电气主接线设计要参照的规程和设计手册有 DL/T 5218—2012《220kV～750kV 变电站设计技术规程》、《电力工程电气设计手册（电气一次部分）》、DL/T 5216—2017《35kV～220kV 城市地下变电站设计规程》。

电气主接线的设计，要在原始资料分析的基础上，根据变电站的电压等级和在电力系统中的地位和作用、出线回路数、变压器台数和容量及母线结构等要素，拟定出若干个主接线方案。依据对主接线的基本要求，从技术上论证并淘汰一些明显不合理的方案，最终保留 2～3 个技术上相当，又都能满足任务要求的方案，再进行经济比较。对于在系统中占有重要地位的大容量发电厂或变电站主接线，还应进行可靠性定量计算和比较，最终确定出在技术上合理、经济上可行的最终方案。

3. 220kV 电气主接线设计

根据 DL/T 5218—2012《220kV～750kV 变电站设计技术规程》5.1.6："220kV 变电站中的 220kV 配电装置，当在系统中居重要地位、出线回路数为 4 回及以上时，宜采用双母线接线"，当出线 5 回及以上时，可以采用双母线带旁路母线接线，该变电站 220kV 侧出线为 6 回，考虑了两种方案。

方案一：采用双母线接线，主变压器接在不同母线上，出线平均分配到两条母线上。

方案二：采用双母线带旁路接线，可以不停电检修出线断路器。

两种方案的比较见表 7-2。经比较，220kV 采用双母线接线。

4. 110kV 电气主接线设计

110kV 侧有 2 回出线供电给大型冶炼厂，发生停电事故会造成很大的经济损失，因此可以采用双母线或单母线分段母线带旁路接线。因为 110kV 负荷较为重要，且双母线接线调度灵活，易于扩建，所以 110kV 采用双母线接线。

5. 10kV 电气主接线设计

根据 DL/T 5218—2012《220kV～750kV 变电站设计技术规程》5.1.7："220kV 变电站中的 10kV 配电装置宜采用单母线接线，并根据主变压器台数确定母线分段数量"，该变电站 10kV 采用单母线分段接线，分两段，中间用断路器连接。

6. 电气主接线的技术经济比较

电气主接线的技术经济比较见表 7-2。

表 7-2　　　　　　　　　　　　　电气主接线的技术经济比较

项目	方案一	方案二
220kV	双母线接线	双母线带旁路接线
技术性	可以分别检修任一组母线而不致中断供电；检修任意一条回路的母线隔离开关时，只需断开与此隔离开关相连的那组母线，其他线路均可通过另一组母线继续运行	一段工作母线故障时，将故障母线所接电源和出线回路切换到备用母线上，即可恢复供电。进出线断路器检修时，可以不停电。比双母线接线增加了一组母线和断路器
经济性	双母线带旁路母线接线比双母线接线增加了母线和隔离开关	

续表

项目	方案一	方案二
110kV	双母线接线	单母线分段接线
技术性	可以分别检修任一组母线而不致中断供电；检修任意一条回路的母线隔离开关时，只需断开与此隔离开关相连的那组母线，其他线路均可通过另一组母线继续运行	母线和母线隔离开关可分段轮流检修；对于重要用户，可从不同母线段引双回路供电，当一段母线发生故障或任意一个连接元件发生故障，断路器拒动时，由继电保护动作断开分段断路器，将故障限制在母线范围内，非故障母线继续运行，能保证对重要用户的供电，提高了供电可靠性
经济性	双母线所用设备较多，投资较大	
10kV	单母线分段接线	单母线带旁路母线接线
技术性	母线和母线隔离开关可分段轮流检修；对于重要用户，可从不同母线段引双回路供电，当一段母线发生故障或任意一个连接元件发生故障，断路器拒动时，由继电保护动作断开分段断路器，将故障限制在母线范围内，非故障母线继续运行，能保证对重要用户的供电，提高了供电可靠性	不需要停电即可检修任意一个出线断路器；当母线进行检修或发生故障时，10kV 线路全部停电
经济性	单母线带旁路母线接线增加了一组旁路母线，投资增加，运行复杂	

　　通过在技术和经济上对每个电压等级电气主接线的两个方案进行比较，方案一比方案二更加合理，且可靠性和灵活性均能满足要求，故选用方案一为最终设计方案，即 220kV 侧和 110kV 侧均采用双母线接线，10kV 侧采用单母线分段接线，电气主接线如图 7-1 所示。

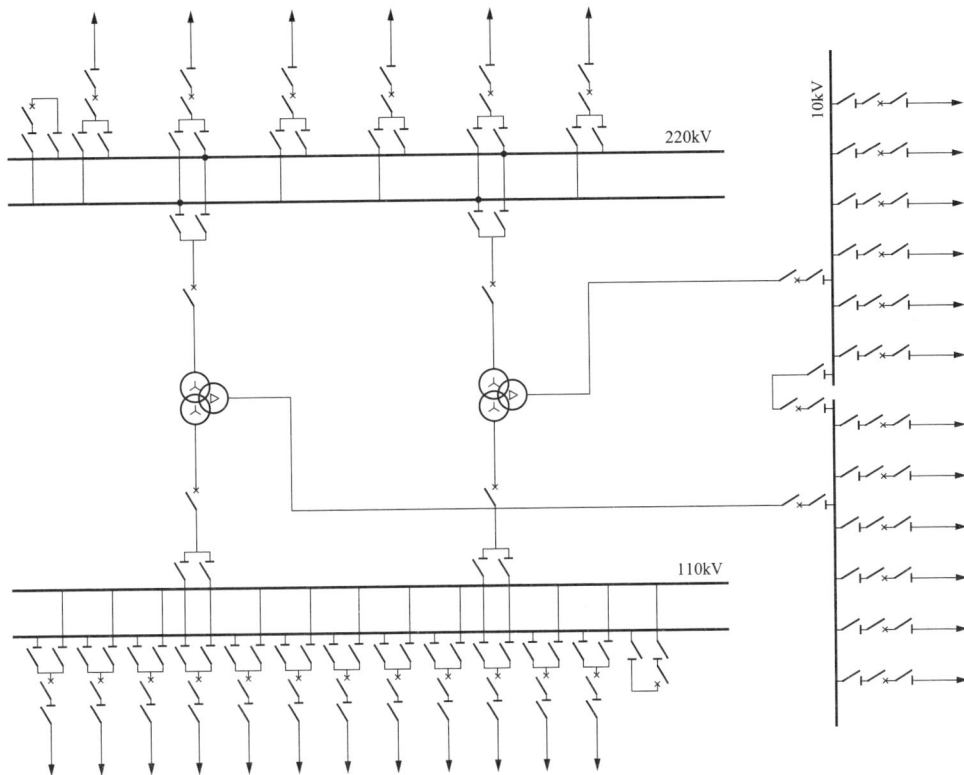

图 7-1　电气主接线图

7.1.4 短路电流计算

在电气一次部分的初步设计中，短路电流计算的目的是研究限制短路电流的措施和对电气设备进行短路稳定性校验，需考虑各短路点可能的最大短路电流。在计算时，应按远景规划水平年考虑，远景规划水平年一般取工程建成后 5～10 年中的某一年。运行方式取最大运行方式，在所有的短路类型中，一般三相短路时短路电流最大，有些离发电机较近的节点需要比较三相短路电流和单相接地短路电流。这里只做三相短路电流计算。

1. 基准值选取

一般取基准容量 $S_B = 100\text{MVA}$，根据变电站基本数据，基准电压按表 7-3 选取，基准电流按式（7-1）计算。

表 7-3   变电站基准值 （$S_B = 100\text{MVA}$）

基准电压 （kV）	10.5	115	230
基准电流 （kA）	5.50	0.502	0.251

$$I_B = \frac{S_B}{\sqrt{3} U_B} \tag{7-1}$$

2. 元件电抗标幺值计算

在高压电力系统的短路电流计算中忽略元件的电阻，只计电抗部分。

系统阻抗：220kV 侧 $X_1 = 0.0274$；110kV 侧 $X_2 = 0.0566$。

主变压器容量为 180/180/90MVA，阻抗电压百分值为 $U_{k(1-2)}\% = 12$，$U_{k(1-3)}\% = 22$，$U_{k(2-3)}\% = 8$，则

$$U_{k1}\% = \frac{1}{2}[U_{k(1-2)}\% + U_{k(1-3)}\% - U_{k(2-3)}\%] = \frac{1}{2} \times (12 + 22 - 8) = 13$$

$$U_{k2}\% = \frac{1}{2}[U_{k(1-2)}\% + U_{k(2-3)}\% - U_{k(1-3)}\%] = \frac{1}{2} \times (12 + 8 - 22) = -1$$

$$U_{k3}\% = \frac{1}{2}[U_{k(1-3)}\% + U_{k(2-3)}\% - U_{k(1-2)}\%] = \frac{1}{2} \times (22 + 8 - 12) = 9$$

变压器三个绕组电抗标幺值为

$$X_{T1} = \frac{U_{k1}\%}{100} \times \frac{S_B}{S_{NT}} = \frac{13}{100} \times \frac{100}{180} = 0.072$$

$$X_{T2} = \frac{U_{k2}\%}{100} \times \frac{S_B}{S_{NT}} = \frac{-1}{100} \times \frac{100}{180} = -0.005$$

$$X_{T3} = \frac{U_{k3}\%}{100} \times \frac{S_B}{S_{NT}} = \frac{9}{100} \times \frac{100}{180} = 0.05$$

3. 系统等效电路

该变电站的系统正序等效电路图如图 7-2 所示。正序等效电路图中包含电源（包括系统阻抗）、有关电气元件的正序阻抗（变电站包括变压器、出线、系统阻抗）、短路点。在一次部分设计的短路电流计算中，短路点一般取在各级电压母线上。

4. k1 点短路电流计算

k1 点短路的等效电路图如图 7-3 所示。k1 点短路综合阻抗标幺值为

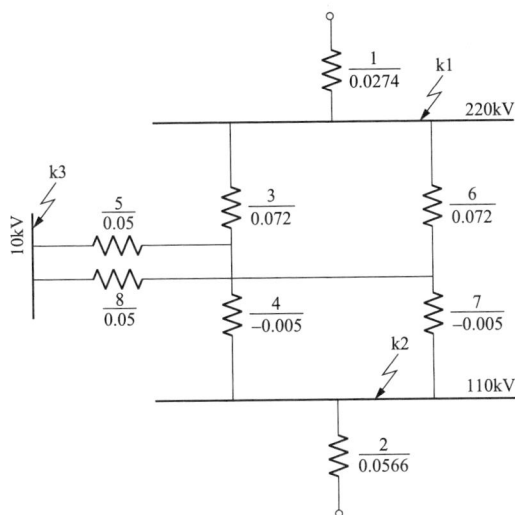

图 7-2　系统正序等效电路图　　　　图 7-3　k1 点短路的等效电路图

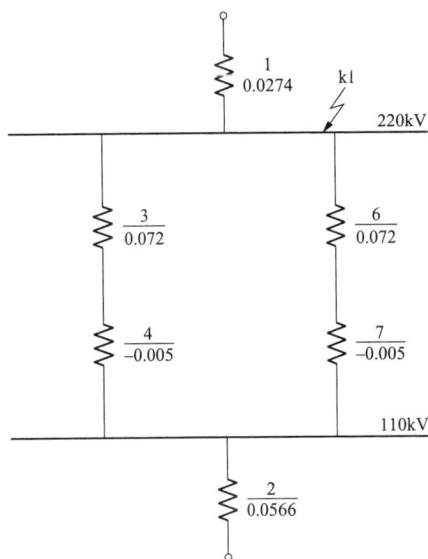

$$X_{\Sigma k1} = \left[(X_3 + X_4)//(X_6 + X_7) + X_2\right]//X_1$$
$$= \left[\frac{1}{2}(0.072 - 0.005) + 0.0566\right]//0.0274 = 0.0210$$

k1 点三相短路周期分量有名值为

$$I_{k1} = \frac{I_{B1}}{X_{\Sigma k1}} = \frac{0.251}{0.0210} = 11.95(\text{kA})$$

三相短路冲击电流瞬时值为

$$i_{sh} = \sqrt{2}K_m \cdot I_{k1} = \sqrt{2} \times 1.8 \times 11.95 = 30.47(\text{kA})$$

三相短路电流最大有效值为

$$I_{sh} = 1.51 \times I_{k1} = 1.51 \times 11.95 = 18.04(\text{kA})$$

5. k2 点短路电流计算

k2 点短路的等效电路图如图 7-4 所示。

k2 点短路综合阻抗标幺值为

$$X_{\Sigma k2} = \left[(X_3 + X_4)//(X_6 + X_7) + X_1\right]//X_2$$
$$= \left[\frac{1}{2}(0.072 - 0.005) + 0.0274\right]//0.0566 = 0.0293$$

k2 点三相短路周期分量有名值为

$$I_{k2} = \frac{I_{B2}}{X_{\Sigma k2}} = \frac{0.502}{0.0293} = 17.13(\text{kA})$$

三相短路冲击电流瞬时值为

$$i_{sh} = \sqrt{2}K_m \cdot I_{k2} = \sqrt{2} \times 1.8 \times 17.13 = 43.68(\text{kA})$$

三相短路电流最大有效值为

$$I_{sh} = 1.51 \times I_{k2} = 1.51 \times 17.13 = 25.87(\text{kA})$$

6.k3 点短路电流计算

单母线分段主接线要先考虑分段断路器接通，即两段母线并列运行时短路电流是否在断路器的短路水平范围内，如果短路电流超过断路器的短路水平，则需要对低压母线运行方式加以限制，需要将母线分段断路器断开运行。

（1）当低压侧母线并列运行时，k3 点短路的等效电路图如图 7-5 所示。

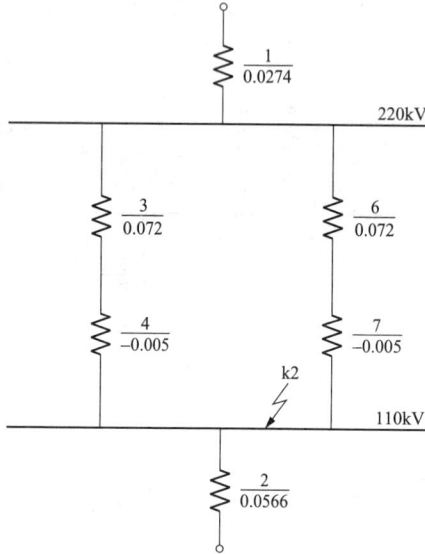

图 7-4　k2 点短路的等效
电路图

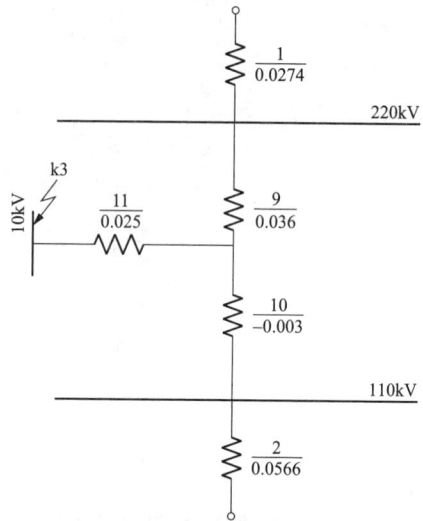

图 7-5　低压侧母线并列运行时 k3
点短路的等效电路图

k3 点短路综合阻抗标幺值为

$$X_{\Sigma k3}=(X_1+X_9)//(X_2+X_{10})+X_{11}$$
$$=(0.0274+0.036)//(0.0566-0.003)+0.025=0.0290$$

k3 点三相短路周期分量有名值为

$$I_{k3}=\frac{I_{B3}}{X_{\Sigma k3}}=\frac{5.50}{0.0290}=189.66(\text{kA})$$

可见，当低压母线列运行时，短路电流很大，远远超出断路器短路电流水平，所以需要限制低压母线运行方式，采用分列运行方式。

（2）当低压母线分列运行时，等效电路图如图 7-6 所示。等效电路图化简过程如图 7-7 所示。

$$X_{13}=\frac{X_3X_{12}}{X_3+X_4+X_{12}}=\frac{0.072\times0.067}{0.072-0.005+0.067}=0.036$$

$$X_{14}=\frac{X_4X_{12}}{X_3+X_4+X_{12}}=\frac{(-0.005)\times0.067}{0.072-0.005+0.067}=-0.0025$$

$$X_{15}=\frac{X_3X_4}{X_3+X_4+X_{12}}=\frac{0.072\times(-0.005)}{0.072-0.005+0.067}=-0.0027$$

低压母线分列运行时，k3 点短路综合阻抗标幺值为

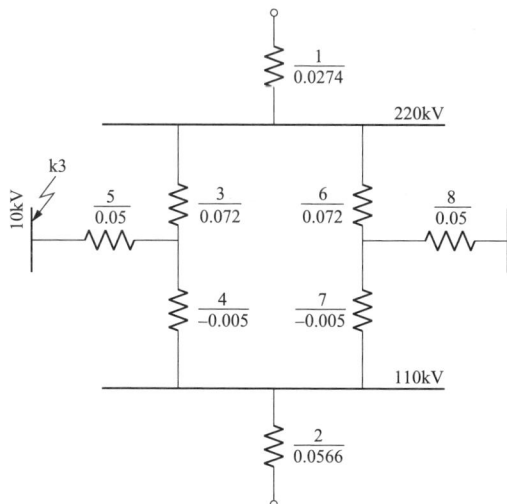

图 7-6　低压侧母线分列运行时 k3 点短路的等效电路图

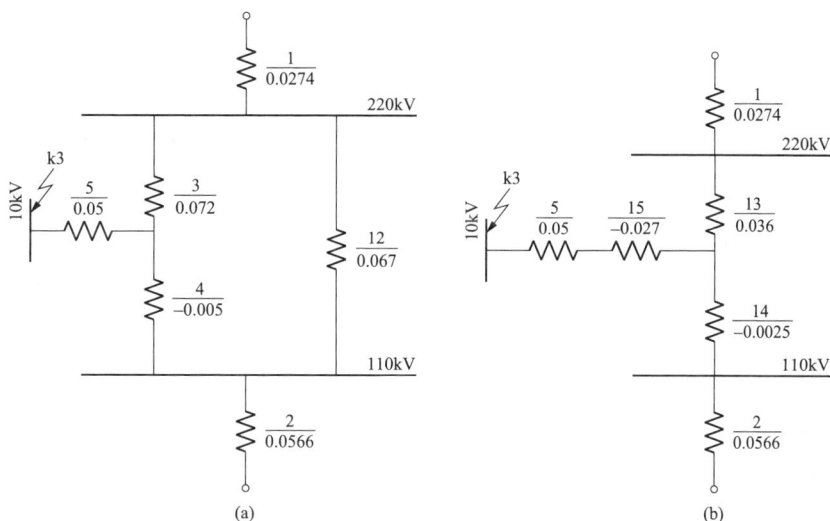

图 7-7　低压侧母线分列运行时 k3 点短路的等效电路图化简过程

$$X_{\Sigma k3} = (X_1 + X_{13}) / / (X_2 + X_{14}) + X_{15} + X_5$$
$$= (0.0274 + 0.036) / / (0.0566 - 0.0025) - 0.0027 + 0.05$$
$$= \frac{0.0634 \times 0.0541}{0.0634 + 0.0541} - 0.0027 + 0.05 = 0.076$$

k3 点三相短路周期分量有名值为

$$I_{k3} = \frac{I_{B3}}{X_{\Sigma k3}} = \frac{5.50}{0.076} = 72.37(\text{kA})$$

此电流仍超出断路器限制的短路电流水平，需加装限流电抗器。将电抗器装设在变压器低压侧引出线上，将短路电流水平降低至 $I = 40\text{kA}$ 以下，则限流电抗器的电抗百分值为

$$X_k \% \geqslant \left(\frac{I_B}{I} - X_{\Sigma k3}\right) \frac{I_{NL}}{U_{NL}} \frac{U_B}{I_B} \times 100\% \tag{7-2}$$

式中 $X_{\Sigma k3}$——以 U_B、I_B 为基准，从网络计算至所选用电抗器前的电抗标幺值；

U_{NL}——电抗器的额定电压，kV；

I_{NL}——电抗器的额定电流，A。

变压器低压侧引出线持续工作电流，按低压侧出线 12 回，每回最大负荷 3.5MVA 计算，考虑一台变压器故障或检修退出运行期间，另一台变压器承担全部低压侧负荷，变压器低压侧引出线持续工作电流为

$$I_{max}=\frac{1.05\times3.5\times12\times10^3}{\sqrt{3}\times10}=2547(A)$$

电抗器的额定电流需不小于 2547A，取 3000A。

根据图 7-5，以 U_B、I_B 为基准的从网络计算至电抗器前的电抗标幺值为 0.029，由式（7-2），电抗器的电抗百分值为

$$X_k\%\geqslant\left(\frac{5.5}{40}-0.029\right)\times\frac{3}{10}\times\frac{10.5}{5.5}\times100\%=6.2\%$$

取 $X_k\%=6.5\%$，则电抗器的实际电抗标幺值为

$$X_k=\frac{X_k\%}{100}\times\frac{U_N}{\sqrt{3}I_N}\times\frac{S_B}{U_B^2}=\frac{6.5}{100}\times\frac{10}{\sqrt{3}\times3}\times\frac{100}{10.5^2}=0.113$$

加装限流电抗器后低压侧实际短路电流为

$$I'_{k3}=\frac{5.5}{0.029+0.113}=38.73(kA)$$

三相短路冲击电流瞬时值为

$$i_{sh}=\sqrt{2}K_m\cdot I_{k3}=\sqrt{2}\times1.8\times38.73=98.76(kA)$$

三相短路电流最大有效值为

$$I_{sh}=1.51\times I_{k3}=1.51\times38.73=58.48(kA)$$

各短路点短路电流计算结果表见表 7-4。

表 7-4 各短路点短路电流计算结果表

短路点	k1	k2	k3
基准电压（kV）	230	115	10.5
基准电流（kA）	0.251	0.502	5.50
三相短路电流有名值（kA）	11.95	17.13	38.73
三相短路冲击电流（kA）	30.47	43.68	98.76
三相短路电流最大有效值（kA）	16.93	25.87	58.48

7.1.5 主要电气设备的选择

1. 电气设备选择需参照的设计规程

电气设备选择需参照的设计规程和手册有 DL/T 5222—2021《导体和电器选择设计规程》、DL/T 866—2015《电流互感器和电压互感器选择及计算规程》、DL/T 5352—2018《高压配电装置设计规范》、《电力工程电气设计手册（电气一次部分）》、《电力工程电气设备手册 电气一次部分（上、下册）》。

2. 高压断路器的选择与校验

该变电站有 3 个电压等级，断路器按电压等级可以有三大类，即 220、110、10kV，按统一设备型号、减少设备品种的原则，每个电压等级断路器统一型号。

（1）220kV 断路器的选择。断路器的持续工作电流考虑高压侧出线和变压器高压侧引出线持续工作电流。其中 220kV 出线负荷均为 312MVA，断路器的持续工作电流为

$$I_{\max} = \frac{312 \times 10^3}{\sqrt{3} \times 220} = 819(\text{A})$$

变压器高压侧引出线持续工作电流为

$$I_{\max} = \frac{1.05 \times 180 \times 10^3}{\sqrt{3} \times 220} = 496(\text{A})$$

根据上述额定电流和最高工作电压条件，所选 220kV 断路器（即 LW15-220/2000 断路器）技术参数见表 7-5。

表 7-5　　　　　　　　　　　LW15-220/2000 断路器技术参数

断路器型号	额定工作电压 （kV）	最高工作电压 （kV）	额定电流 （A）	额定开断电流 （kA）	4s 热稳定电流 （kA）	额定动稳定电流 （kA）	额定开断时间 （s）
LW15-220/2000	220	252	2000	40	40	100	0.06

220kV 断路器所在电压等级的最大短路电流为 11.95kA，所选断路器的额定开断电流为 40kA，满足开断电流的要求。

断路器的热稳定电流和热稳定校验时间分别为 40kA 和 4s，220kV 三相短路稳态电流为 11.95kA，高压侧出线后备保护动作时间为 0.51s，断路器的额定开断时间为 0.06s，有

$$Q_k = 11.95^2 \times (0.51 + 0.06) = 81.40[(\text{kA})^2 \cdot \text{s}]$$
$$I_t^2 \cdot t = 40^2 \times 4 = 6400[(\text{kA})^2 \cdot \text{s}]$$

可见 $I_t^2 \cdot t \geqslant Q_k$，满足短路热稳定校验条件。

断路器的额定动稳定电流为 100kA，高压侧三相短路冲击电流瞬时值为 30.47kA，满足短路动稳定校验条件。

（2）110kV 断路器的选择。110kV 断路器的持续工作电流考虑中压侧出线和变压器中压侧引出线持续工作电流。其中 110kV 出线负荷均为 118MVA，断路器的持续工作电流为

$$I_{\max} = \frac{118 \times 10^3}{\sqrt{3} \times 110} = 619(\text{A})$$

变压器中压侧引出线持续工作电流为

$$I_{\max} = \frac{1.05 \times 180 \times 10^3}{\sqrt{3} \times 110} = 992(\text{A})$$

根据上述额定电流和最高工作电压条件，所选 110kV 断路器（即 LW14-110/2000 断路器）技术参数见表 7-6。

表 7-6   LW14-110/2000 断路器技术参数

断路器型号	额定工作电压 (kV)	最高工作电压 (kV)	额定电流 (A)	额定开断电流 (kA)	3s 热稳定电流 (kA)	额定动稳定电流 (kA)	额定开断时间 (s)
LW14-110/2000	110	126	2000	31.5	31.5	80	0.05

断路器所在电压等级的最大短路电流为 17.13kA，所选断路器的额定开断电流为 31.5kA，满足开断电流的要求。

断路器的热稳定电流和热稳定校验时间分别为 31.5kA 和 3s，110kV 三相短路稳态电流为 17.13kA，高压侧出线后备保护动作时间为 1.3s，断路器的额定开断时间为 0.05s，有

$$Q_k = 17.13^2 \times (1.3 + 0.05) = 396.14 [(kA)^2 \cdot s]$$
$$I_t^2 \cdot t = 31.5^2 \times 3 = 2976.75 [(kA)^2 \cdot s]$$

可见 $I_t^2 \cdot t \geqslant Q_k$，满足短路热稳定校验条件。

断路器的额定动稳定电流为 80kA，高压侧三相短路冲击电流瞬时值为 43.68kA，满足短路动稳定校验条件。

（3）10kV 断路器的选择。10kV 断路器的持续工作电流考虑低压侧出线和变压器低压侧引出线持续工作电流。其中 10kV 出线负荷均为 3.5MVA，出线断路器的持续工作电流为

$$I_{max} = \frac{3.5 \times 10^3}{\sqrt{3} \times 10} = 202 (A)$$

变压器低压侧引出线持续工作电流，按低压侧出线 12 回，每回最大负荷 3.5MVA 计算，考虑一台变压器故障或检修退出运行期间，另一台变压器承担全部低压侧负荷，变压器低压侧引出线持续工作电流为

$$I_{max} = \frac{1.05 \times 3.5 \times 12 \times 10^3}{\sqrt{3} \times 10} = 2547 (A)$$

根据上述额定电流和最高工作电压条件，所选 10kV 断路器（即 ZN-10/3150-40 断路器）技术参数见表 7-7。10kV 配电装置采用户内布置，选用户内式断路器。

表 7-7   ZN-10/3150-40 断路器技术参数

断路器型号	额定工作电压 (kV)	最高工作电压 (kV)	额定电流 (A)	额定开断电流 (kA)	4s 热稳定电流 (kA)	额定动稳定电流 (kA)	额定开断时间 (s)
ZN-10/3150-40	10	11.5	3150	40	40	100	0.05

110kV 断路器所在电压等级的最大短路电流为 38.73kA，所选断路器的额定开断电流为 40kA，满足开断电流的要求。

断路器的热稳定电流和热稳定校验时间分别为 40kA 和 4s，10kV 三相短路稳态电流为 38.73kA，高压侧出线后备保护动作时间为 1.3s，断路器的额定开断时间为 0.05s，有

$$Q_k = 38.73^2 \times (1.3 + 0.05) = 2025.01 [(kA)^2 \cdot s]$$
$$I_t^2 \cdot t = 40^2 \times 4 = 6400 [(kA)^2 \cdot s]$$

可见 $I_t^2 \cdot t \geqslant Q_k$，满足短路热稳定校验条件。

断路器的额定动稳定电流为 100kA，高压侧三相短路冲击电流为 98.76kA，满足短路动

稳定校验条件。

3. 高压隔离开关的选择与校验

隔离开关一般按工作电压、额定电流进行选择，按短路动稳定、热稳定进行校验。具体选择条件可参见断路器的相关项目。隔离开关选择结果见表 7-8～表 7-10。

表 7-8　　　　　　　　　　　　　220kV 隔离开关选择结果

计算数据		技术参数	
		型号　　GW4-220D/2000	
$U_{Ns}(kV)$	220	最高工作电压 $U_N(kV)$	252
$I_{max}(A)$	819	额定电流 $I_N(A)$	2000
$i_{sh}(kA)$	30.47	动稳定电流（kA）	100
$Q_k[(kA)^2 \cdot s]$	81.40	短路允许热效应 $I_t^2 \cdot t[(kA)^2 \cdot s]$	6400

表 7-8 中的数据满足要求。

表 7-9　　　　　　　　　　　　　110kV 隔离开关选择结果

计算数据		技术参数	
		型号　　GW4-110D/2000	
$U_{Ns}(kV)$	110	最高工作电压 $U_N(kV)$	126
$I_{max}(A)$	992	额定电流 $I_A(A)$	2000
$i_{sh}(kA)$	43.68	动稳定电流（kA）	100
$Q_k[(kA)^2 \cdot s]$	396.14	短路允许热效应 $I_t^2 \cdot t[(kA)^2 \cdot s]$	6400

表 7-9 中的数据满足要求。

表 7-10　　　　　　　　　　　　　10kV 隔离开关选择结果

计算数据		技术参数	
		型号　　GN2-10/3000	
$U_{Ns}(kV)$	10	最高工作电压 $U_N(kV)$	11.5
$I_{max}(A)$	2547	额定电流 $I_N(A)$	3000
$i_{sh}(kA)$	98.76	动稳定电流（kA）	100
$Q_k[(kA)^2 \cdot s]$	2025.01	短路允许热效应 $I_t^2 \cdot t[(kA)^2 \cdot s]$	25 000

表 7-10 中的数据满足要求。

4. 电流互感器的选择与校验

选择电流互感器，首先需要确定在哪些回路装设电流互感器，再根据各回路测量和继电保护的要求确定电流互感器的准确度等级和三相的配置情况。

电流互感器配置的基本原则为：凡有断路器的回路均应装设电流互感器，其数量应满足测量仪表、保护和自动装置的要求；在未装设断路器的发电机、变压器中性点，发电机和变压器出口，桥形接线的跨条上等位置也应装设电流互感器。

（1）220kV 电流互感器的选择与校验。

1）220kV 出线电流互感器的选择。选择户外瓷柱式电流互感器。

由 $U_N \geqslant U_{Ns} = 220\text{kV}$ 和 $I_N \geqslant I_{max} = 819\text{A}$，初选出线电流互感器型号，其技术参数见表 7-11。

表 7-11　　　　　　　　　　　　220kV 出线电流互感器技术参数

型号	额定电压 (kV)	额定电流比 (A/A)	级次组合	1s 热稳定倍数	动稳定倍数
LCW-220	220	1000/1	0.2/0.5/P/TP/TP	60	60

二次绕组中，0.2 级接计量仪表，0.5 级接测量仪表，P 级接失灵保护，两个 TP 级分别接母线保护和线路保护。

220kV 三相短路冲击电流为 $i_{sh} = 30.47\text{kA} < i_{es} = (K_{es}\sqrt{2}\,I_{1N}) = 60 \times \sqrt{2} \times 1 = 84.84(\text{kA})$，满足短路动稳定校验条件。

$(K_t \cdot I_{1N})^2 \cdot t = (60 \times 1)^2 \times 1 = 3600[(\text{kA})^2 \cdot \text{s}] > Q_k = 1860.16[(\text{kA})^2 \cdot \text{s}]$

满足短路热稳定校验条件。

2）变压器高压侧引出线电流互感器的选择。变压器高压侧引出线电流互感器的额定电流按变压器高压侧引出线的持续工作电流选择，要求电流互感器的额定电流 I_N 不小于变压器高压侧引出线持续工作电流 I_{max}，即

$$I_N \geqslant I_{max} = 496\text{A}$$

初选变压器高压侧引出线电流互感器型号，其技术参数见表 7-12。

表 7-12　　　　　　　　　　变压器 220kV 引出线电流互感器技术参数

型号	额定电压 (kV)	额定电流比 (A/A)	级次组合	1s 热稳定倍数	动稳定倍数
LCW-220	220	800/1	0.2/0.5/P/TP	60	60

二次绕组中，0.2 级接计量仪表，0.5 级接测量仪表，TP 级接变压器差动保护，P 级接变压器过电流保护。如果变压器差动保护双重化配置，则还要增加一个 TP 级二次绕组。

220kV 三相短路冲击电流为 $i_{sh} = 30.47\text{kA} < i_{es} = (K_{es}\sqrt{2}\,I_{1N}) = 60 \times \sqrt{2} \times 0.8 = 67.87(\text{kA})$，满足短路动稳定校验条件。

$(K_t \cdot I_{1N})^2 \cdot t = (60 \times 0.8)^2 \times 1 = 2304[(\text{kA})^2 \cdot \text{s}] > Q_k = 1860.16[(\text{kA})^2 \cdot \text{s}]$

满足短路热稳定校验条件。

3）母联回路电流互感器的选择。母联回路电流互感器的额定电流按母线连接元件的最大工作电流选择，可见出线回路的工作电流更大，所以，母联回路电流互感器的型号与出线回路相同。

（2）110kV 电流互感器的选择与校验。

1）110kV 出线电流互感器的选择。选择户外瓷柱式电流互感器。

110kV 出线回路的电流互感器，根据 $U_N \geqslant U_{Ns} = 110\text{kV}$ 及 $I_{1N} \geqslant I_{max} = 619\text{A}$，初选电流互感器型号，其技术参数见表 7-13。

表 7-13　　　　　　　　　　110kV 出线电流互感器技术参数

型号	额定电压 (kV)	额定电流比 (A/A)	级次组合	1s 热稳定倍数	动稳定倍数
LCW-110	110	2×400/1	0.2/0.5/P/P/TP	75	150

二次绕组中，0.2 级接计量仪表，0.5 级接测量仪表，两个 P 级分别接失灵保护和线路保护，TP 级接母线保护。

110kV 三相短路冲击电流瞬时值为

$$i_{sh} = 43.68\text{kA} < i_{es} = (K_{es}\sqrt{2}\,I_{1N}) = 150 \times \sqrt{2} \times 2 \times 0.4 = 169.68(\text{kA})$$

满足短路动稳定校验条件。

$$(K_t \cdot I_{1N})^2 \cdot t = (75 \times 2 \times 0.4)^2 \times 1 = 3600\,[(\text{kA})^2 \cdot \text{s}] > Q_k = 1860.16\,[(\text{kA})^2 \cdot \text{s}]$$

满足短路热稳定校验条件。

2）变压器 110kV 引出线电流互感器的选择。变压器中压侧引出线电流互感器的额定电流按变压器中压侧引出线的持续工作电流选择，要求

$$I_N \geqslant I_{max} = 992\text{A}$$

初选变压器中压侧引出线电流互感器型号，其技术参数见表 7-14。

表 7-14　　　　　　　　　变压器 110kV 引出线电流互感器技术参数

型号	额定电压 (kV)	额定电流比 (A/A)	级次组合	1s 热稳定倍数	动稳定倍数
LCW-110	110	2×600/1	0.2/0.5/P/TP	75	150

二次绕组中，0.2 级接计量仪表，0.5 级接测量仪表，TP 级接变压器差动保护，P 级接变压器过电流保护。如果变压器差动保护双重化配置，则本侧也要增加一个 TP 级二次绕组。

$$i_{sh} = 43.68\text{kA} < i_{es} = (K_{es}\sqrt{2}\,I_{1N}) = 150 \times \sqrt{2} \times 2 \times 0.6 = 254.52(\text{kA})$$

满足短路动稳定校验条件。

$$(K_t \cdot I_{1N})^2 \cdot t = (75 \times 2 \times 0.6)^2 \times 1 = 8100\,[(\text{kA})^2 \cdot \text{s}] > Q_k = 1860.16\,[(\text{kA})^2 \cdot \text{s}]$$

满足短路热稳定校验条件。

3）110kV 母联回路电流互感器的选择。110kV 母联回路电流互感器的额定电流按母线连接元件的最大工作电流选择，可见 110kV 变压器引出线回路的工作电流更大，所以，110kV 母联回路电流互感器的型号与变压器 110kV 引出线回路相同。

（3）10kV 电流互感器的选择与校验。

1）10kV 出线电流互感器的选择。10kV 出线回路的电流互感器，根据 $U_N \geqslant U_{Ns} = 10\text{kV}$ 及 $I_{1N} \geqslant I_{max} = 202\text{A}$，初选电流互感器型号，其技术参数见表 7-15。选择户内环氧树脂浇注式电流互感器。

表 7-15　　　　　　　　　　10kV 出线电流互感器技术参数

型号	额定电压 (kV)	额定电流比 (A/A)	级次组合	1s 热稳定倍数	动稳定倍数
LMZ1-10	10	1000/1	0.2/0.5/P	50	90

二次绕组中，0.2 级接计量仪表，0.5 级接测量仪表，P 级接线路保护。

10kV 三相短路冲击电流瞬时值为

$$i_{sh} = 98.76\text{kA} < i_{es} = (K_{es}\sqrt{2}I_{1N}) = 90 \times \sqrt{2} \times 1 = 127.26(\text{kA})$$

满足短路动稳定校验条件。

$$(K_t \cdot I_{1N})^2 \cdot t = (50 \times 1)^2 \times 1 = 2500 [(\text{kA})^2 \cdot s] > Q_k = 2025.01 [(\text{kA})^2 \cdot s]$$

满足短路热稳定校验条件。

2）变压器 10kV 引出线电流互感器的选择。变压器低压侧引出线电流互感器的额定电流按变压器低压侧引出线的持续工作电流选择，要求

$$I_N \geqslant I_{max} = 2547\text{A}$$

选择户内环氧树脂浇注式电流互感器。初选变压器低压侧引出线电流互感器型号，其技术参数见表 7-16。

表 7-16　　　　　　　　　　变压器 10kV 引出线电流互感器技术参数

型号	额定电压 （kV）	额定电流比 （A/A）	级次组合	1s 热稳定倍数	动稳定倍数
LMZ1-10	10	3000/1	0.2/0.5/P	50	90

10kV 三相短路冲击电流为

$$i_{sh} = 98.76\text{kA} < i_{es} = (K_{es}\sqrt{2}I_{1N}) = 90 \times \sqrt{2} \times 3 = 381.78(\text{kA})$$

满足短路动稳定校验条件。

$$(K_t \cdot I_{1N})^2 \cdot t = (50 \times 3)^2 \times 1 = 22\,500 [(\text{kA})^2 \cdot s] > Q_k = 2025.01 [(\text{kA})^2 \cdot s]$$

满足短路热稳定校验条件。

5. 电压互感器的选择

（1）电压互感器的配置与形式选择。

1）电压互感器的数量和配置与主接线方式有关，并应满足测量、保护、同期和自动装置的要求。

2）220kV 及以下电压等级双母线接线宜在每组母线三相上装设一组电压互感器。当需要监视和检测线路侧有无电压时，可在出线侧一相装设一组电压互感器。

3）110kV 及以上系统宜采用单相式电压互感器。35kV 及以下系统可采用单相式、三柱式或三相五柱式电压互感器。

4）110kV 及以上配电装置宜采用电容式电压互感器，110kV 配电装置可采用电容式或电磁式电压互感器；3～35kV 户内配电装置宜采用固体绝缘的电磁式电压互感器；35kV 户外配电装置可采用适用户外环境的固体绝缘或油浸绝缘的电磁式电压互感器。

5）采用星形接线的三相三柱式电压互感器一次侧中性点不应接地，三相五柱式电压互感器一次侧中性点可接地。

（2）电压互感器的配置情况。根据电气主接线，该变电站在 220kV 双母线接线的两段母线、110kV 双母线接线的两段母线装设户外型电容式电压互感器，220kV 和 110kV 线路侧安装电容式电压互感器，满足重合闸检同期的需要；10kV 单母线分段接线的每段母线装设户内型电磁式电压互感器。

电压互感器一次侧额定电压按安装处的标称电压决定。

电压互感器并联接于电网中，不流经短路电流，且有熔断器保护，不需进行短路动稳定、热稳定校验。

电压互感器型号及技术参数见表 7-17。

表 7-17　　　　　　　　　　　　　电压互感器型号及技术参数

电压等级 （kV）	型号	一次额定电压 （kV）	二次额定电压 （V）	剩余绕组额定电压 （V）	准确度等级
220（母线）	TYD-220-0.01H	$220/\sqrt{3}$	$\dfrac{100}{\sqrt{3}}$	100	0.2/0.5/3P
220（出线）	TYD-220-0.01H	$220/\sqrt{3}$	$\dfrac{100}{\sqrt{3}}$	100	0.2/0.5/3P
110（母线）	TYD-110/$\sqrt{3}$-0.02H	$110/\sqrt{3}$	$\dfrac{100}{\sqrt{3}}$	100	0.2/0.5/3P
110（出线）	TYD-110/$\sqrt{3}$-0.02H	$110/\sqrt{3}$	$\dfrac{100}{\sqrt{3}}$	100	0.2/0.5/3P
10（母线）	JSJW-10	10	$\dfrac{100}{\sqrt{3}}$	$\dfrac{100}{3}$	0.5/1/3P

7.1.6　母线的选择

1. 母线的选型

载流导体一般选用铝、铝合金或铜材质。在持续工作电流较大且位置特别狭窄的发电机出线端部或污秽对铝有较严重腐蚀的场所宜选用铜导体。

常用的载流导体分为软导体和硬导体两种，常用硬导体的形式有矩形、槽形和圆管形。20kV 及以下回路的正常工作电流在 4000A 及以下时，宜选用矩形导体；在 $4000\sim8000$A 时，宜选用槽形导体；在 8000A 及以上时，宜选用圆管形导体。110kV 及以上高压配电装置，当采用硬导体时，宜采用铝合金管形导体。

该变电站 220kV 和 110kV 母线选用铝合金管形导体，10kV 母线选用矩形硬铝导体。

2. 母线截面积的选择

（1）220kV 母线截面积的选择。

1）截面积选择。变电站所在地区年平均气温为 21.2℃，最热月平均最高气温为 28℃，极端最高气温为 +40℃，极端最低气温为 -18℃，最大风速 $v_{max}=25$m/s，内过电压风速 $v_n=15$m/s。污秽等级为 Ⅲ 级，海拔为 986m。计及日照时屋外管形导体，在海拔 1000m 以下，实际环境温度为 25℃时综合校正系数为 1.00。220kV 母线最大持续工作电流为 819A，根据 DL/T 5222—2021《导体和电器选择设计规程》，ϕ50/45 铝镁硅系（6063）管形母线最高允许温度 80℃时允许的载流量为 977A。

初选 ϕ50/45 铝镁硅系（6063）管形母线参数见表 7-18。

表 7-18　　　　　　　　　ϕ50/45 铝镁硅系（6063）管形母线参数

截面尺寸 D/d（mm）	导体截面积 （mm²）	允许载流量 （A）	截面系数 W（cm³）	惯性半径 r_1（cm）	截面惯性矩 I（cm⁴）	最大允许应力 （×10⁶Pa）
50/45	373	977	4.22	1.68	10.6	120

2）短路热稳定校验。220kV 母线短路电流热效应 $Q_k=81.4(\text{kA})^2 \cdot \text{s}$，导体工作温度为 $80℃$ 时，热稳定系数 $C=83$，则母线导体热稳定截面积为

$$S_{\min}=\frac{\sqrt{Q_k}}{C}=\frac{\sqrt{81.4\times10^6}}{83}=108.7(\text{mm}^2)<373\text{mm}^2$$

满足短路热稳定校验条件。

3）短路动稳定校验。对圆管形母线进行动稳定校验时，要分别校验正常时、短路状态时、地震时可能的电动力组合条件下母线产生的弯矩和应力。户外管形导体的荷载组合条件见表 7-19。采用计算系数法计算最大弯矩和弯曲应力，1～5 跨等跨连续梁内力系数见表 7-20。要求在任何状态时，满足 $\sigma<\sigma_{\text{xu}}$。

表 7-19 **荷载组合条件**

载荷状态	风速	自重	引下线重	覆冰重	短路电动力	地震力
正常时	覆冰时的风速	√	√	√		
	最大风速	√	√			
短路时	50%最大风速，且不小于 15m/s	√	√		√	
地震时	25%最大风速	√	√			相应震级的地震力

表 7-20 **1～5 跨等跨连续梁内力系数**

跨数	载荷	支座弯矩					跨中挠度				
		跨中	M_B	M_C	M_D	M_E	y_1	y_2	y_3	y_4	y_5
1	均布 集中	0.125 0.250									
2	均布 集中		$\dfrac{-0.125}{-0.188}$				$\dfrac{0.521}{0.911}$	$\dfrac{0.521}{0.911}$			
3	均布 集中		$\dfrac{-0.100}{-0.150}$	$\dfrac{-0.100}{-0.150}$			$\dfrac{0.677}{1.146}$	$\dfrac{0.052}{0.208}$	$\dfrac{0.677}{1.146}$		
4	均布 集中		$\dfrac{-0.107}{-0.161}$	$\dfrac{-0.071}{-0.107}$	$\dfrac{-0.107}{-0.161}$		$\dfrac{0.632}{1.079}$	$\dfrac{0.186}{0.409}$	$\dfrac{0.186}{0.409}$	$\dfrac{0.632}{1.079}$	
5	均布 集中		$\dfrac{-0.105}{-0.158}$	$\dfrac{-0.079}{-0.118}$	$\dfrac{-0.079}{-0.118}$	$\dfrac{-0.105}{-0.158}$	$\dfrac{0.644}{1.097}$	$\dfrac{0.151}{0.356}$	$\dfrac{0.315}{0.603}$	$\dfrac{0.151}{0.356}$	$\dfrac{0.644}{1.097}$

注　1. 均布荷载弯矩＝表中系数×$9.8ql^2$。

　　2. 均布荷载挠度＝表中系数×$\dfrac{ql^4}{100EJ}$。

　　3. 集中荷载弯矩＝表中系数×$9.8Pl$。

　　4. 集中荷载挠度＝表中系数×$\dfrac{Pl^3}{100EJ}$。

　　5. q 为均布荷载（包括自重、风荷载、冰荷载、短路电动力、地震力）。

　　6. P 为集中荷载（包括引下线、单柱式隔离开关静触头）。

　　7. 计算挠度时需将 E 的单位由 N/cm² 转化为 kg/cm²。

正常状态时母线所受的最大弯矩由母线自重产生的垂直弯矩、集中荷载（即引下线和单柱式隔离开关静触头）产生的垂直弯矩及最大风速产生的水平弯矩组成。

a）母线自重产生的垂直弯矩。所选母线自重 $q_1 = 3.02 kg/m$（可由母线厂家产品资料查得）。管形母线采用支持式固定方式，每个间隔作为一跨，对于 220kV，A_1 值为 1800mm，A_2 值为 2000mm，支持金具长 500mm，最小跨距为 $2 \times 2000 + 2 \times 1800 + 3 \times 50 + 500 = 8250$（mm），取跨距 $l = 12m$，计算跨距 $l_c = 12 - 0.5 = 11.5$（m），相间距离 $a = 3m$。

查表 7-19 可知，均布载荷最大弯矩系数为 0.125，则母线自重产生的垂直弯矩为

$$M_{cz} = 0.125 q_1 l_c^2 \times 9.8 = 0.125 \times 3.02 \times 11.5^2 \times 9.8 = 489.26 (N \cdot m)$$

b）集中荷载产生的垂直弯矩。从表 7-20 查得集中荷载最大弯矩系数为 0.250，GW4-220D/2000 型隔离开关静触头加金具重 18kg，则集中荷载产生的垂直弯矩为

$$M_{cj} = 0.250 \times P \times l_c \times 9.8 = 0.250 \times 18 \times 11.5 \times 9.8 = 507.15 (N \cdot m)$$

c）最大风速引起的水平弯矩。取风速不均匀系数 $a_v = 1$，取空气动力系数 $K_v = 1.2$，最大风速为 25m/s，则风压为

$$f_v = a_v \cdot K_v \cdot D \cdot \frac{v_{max}^2}{16} = 1 \times 1.2 \times 0.05 \times \frac{25^2}{16} = 2.34 (kg/m)$$

最大风速引起的水平弯矩为

$$M_{sf} = 0.125 f_v \cdot l_c^2 \times 9.8 = 0.125 \times 2.34 \times 11.5^2 \times 9.8 = 379.09 (N \cdot m)$$

正常状态时母线所承受的最大弯矩及应力为

$$M_{max} = \sqrt{(M_{cz} + M_{cj})^2 + M_{sf}^2} = \sqrt{(489.26 + 507.15)^2 + 379.09^2} = 1066.09 (N \cdot m)$$

$$\sigma_{max} = 100 \frac{M_{max}}{W} = 100 \times \frac{1066.09}{4.22} = 25\,263 (N/cm^2) = 252.63 \times 10^6 Pa$$

此值大于材料的允许应力 120×10^6（N/cm^2），需加大导体截面积，改选 $\phi 100/90$ 铝镁硅系（6063）管形母线，参数见表 7-21。

表 7-21　　　　　　　$\phi 100/90$ 铝镁硅系（6063）管形母线参数

截面尺寸 D/d (mm)	导体截面积 (mm²)	允许载流量 (A)	截面系数 W (cm³)	惯性半径 r_1 (cm)	截面惯性矩 I (cm⁴)	最大允许应力 ($\times 10^6$ Pa)
50/45	1491	2485	33.8	3.36	169	120

4）$\phi 100/90$ 铝镁硅系（6063）管形母线热稳定校验。220kV 母线短路电流热效应 $Q_k = 81.4$（kA）² · s，导体工作温度为 80℃时 $C = 83$，则母线热稳定截面积为

$$S_{min} = \frac{\sqrt{Q_k}}{C} = \frac{\sqrt{81.4 \times 10^6}}{83} = 108.7 (mm^2) < 1491 mm^2$$

满足短路热稳定条件。

5）$\phi 100/90$ 铝镁硅系（6063）管形母线动稳定校验。

（a）正常时母线所受最大弯矩 M_{max} 和应力 σ_{max} 的计算。

a）母线自重产生的垂直弯矩。所选母线自重 $q_1 = 4.02 kg/m$，计算跨距 $l_c = 12 - 0.5 = 11.5$（m）。

查表 7-20 可知，均布载荷最大弯矩系数为 0.125，则母线自重产生的垂直弯矩为

$$M_{cz} = 0.125 q_1 l_c^2 \times 9.8 = 0.125 \times 4.02 \times 11.5^2 \times 9.8 = 651.27 (N \cdot m)$$

b）集中荷载产生的垂直弯矩。从表 7-20 查得集中荷载最大弯矩系数为 0.250，GW4-220D/2000 型隔离开关静触头加金具重 18kg，则集中荷载产生的垂直弯矩为

$$M_{cj}=0.250\times P\times l_c\times 9.8=0.250\times 18\times 11.5\times 9.8=507.15(\text{N}\cdot\text{m})$$

c) 最大风速引起的水平弯矩。取风速不均匀系数 $a_v=1$，取空气动力系数 $K_v=1.2$，最大风速为 25m/s，则风压为

$$f_v=a_v\cdot K_v\cdot D\cdot\frac{v_{max}^2}{16}=1\times 1.2\times 0.1\times\frac{25^2}{16}=4.69(\text{kg/m})$$

最大风速引起的水平弯矩为

$$M_{sf}=0.125 f_v\cdot l_c^2\times 9.8=0.125\times 4.69\times 11.5^2\times 9.8=759.81(\text{N}\cdot\text{m})$$

正常状态时母线所承受的最大弯矩及应力为

$$M_{max}=\sqrt{(M_{cz}+M_{cj})^2+M_{sf}^2}=\sqrt{(651.27+507.15)^2+759.81^2}=1385.37(\text{N}\cdot\text{m})$$

$$\sigma_{max}=100\frac{M_{max}}{W}=100\times\frac{1385.37}{33.8}=4099(\text{N/cm}^2)=40.99\times 10^6\text{Pa}$$

此值小于材料的允许应力 $120\times 10^6(\text{N/cm}^2)$，满足要求。

（b）短路状态时母线所承受的最大弯矩 M_k 和应力 σ_k 的计算。短路状态时母线所承受的最大弯矩由导体自重、集中荷载、短路电动力及对应于内过电压情况下的风速所产生的最大弯矩组成。

a）对于支持式管形母线，β 取 0.58，相间距离 $a=3\text{m}$，产生的短路电动力 f_k 及水平弯矩 M_{sd} 为

$$f_k=1.76\frac{i_{sh}^2}{a}\beta=1.76\times\frac{30.47^2}{300}\times 0.58=3.16(\text{kg/m})$$

$$M_{sd}=0.125\times f_k\times l_c^2\times 9.8=0.125\times 3.16\times 11.5^2\times 9.8=511.94(\text{N}\cdot\text{m})$$

b）在内过电压情况下风速产生的风压及水平弯矩为

$$f_v'=d_v\cdot K_v\cdot D\cdot\frac{v^2}{16}=1\times 1.2\times 0.1\times\frac{15^2}{16}=1.69(\text{kg/m})$$

$$M_{sf}'=0.125\times f_v'\times l_c^2\times 9.8=0.125\times 1.69\times 11.5^2\times 9.8=273.79(\text{N}\cdot\text{m})$$

短路状态时母线所承受的最大弯矩和应力为

$$M_k=\sqrt{(M_{sd}+M_{sf}')^2+(M_{cz}+M_{cj})^2}$$
$$=\sqrt{(511.94+273.79)^2+(651.27+507.15)^2}=1340(\text{N}\cdot\text{m})$$

$$\sigma_k=100\frac{M_k}{W}=100\times\frac{1340}{33.8}=3964(\text{N/cm}^2)=39.64\times 10^6\text{Pa}$$

此值小于材料短路时允许应力 $120\times 10^6(\text{N/cm}^2)$，故满足要求。

（c）地震时母线所承受的最大弯矩 M_{dz} 和应力 σ_{dz} 的计算。地震时母线所受的最大弯矩由导体自重、集中荷载、地震力及地震时的计算风速所产生的最大弯矩组成。按 9 度地震烈度校验。

a）地震力产生的水平弯矩 M_{dx} 为
$$M_{dx}=0.125\times 0.5\times 4.02\times 11.5^2\times 9.8=325.63(\text{N}\cdot\text{m})$$

b）地震时计算风速为最大风速的 25%，地震时的计算风速产生的风压及水平弯矩为

$$f_v''=d_v\cdot K_v\cdot D\cdot\frac{v_d^2}{16}=1\times 1.2\times 0.1\times\frac{6.25^2}{16}=0.293(\text{kg/m})$$

$$M_{sf}''=0.125\times f_v''\times l_c^2\times 9.8=0.125\times 0.293\times 11.5^2\times 9.8=47.47(\text{N}\cdot\text{m})$$

地震时母线所承受的最大弯矩和应力为

$$M_{dz} = \sqrt{(M_{dx} + M''_{sf})^2 + (M_{cz} + M_{cj})^2} = \sqrt{(325.63 + 47.47)^2 + (651.27 + 507.15)^2}$$
$$= 1217.02(N \cdot m)$$

$$\sigma_{dz} = 100\frac{M_{dz}}{W} = 100 \times \frac{1217.02}{33.8} = 3600(N/cm^2) = 36 \times 10^6(Pa)$$

此值小于材料地震时允许应力 $120 \times 10^6(N/cm^2)$，故满足要求。

（d）挠度的校验。此次管母为单跨梁，不需进行挠度校验。

（2）110kV 和 10kV 母线截面积的选择。110kV 和 10kV 母线截面积的选择计算方法和 220kV 母线相同或相似，这里不再赘述。

7.1.7 站用电设计

1. 站用电源数量和引接方式

根据 DL/T 5155—2016《220kV～1000kV 变电站站用电设计技术规程》，220kV 变电站站用电源宜从主变压器低压侧分别引接 2 回容量相同、可互为备用的工作电源。当初期只有一台主变压器时，除从其引接 1 回电源外，还应从站外引接 1 回可靠的电源。该工程从主变压器低压侧分别引接一台 10kV 站用变压器，10kV 侧采用智能自动转换开关（ATS）实现两路电源自动切换。

站用电低压系统采用单母线分段接线，站用电低压系统采用 380/220V 中性点直接接地的三相四线制系统向站区内动力、检修、照明、采暖等用电负荷供电，重要负荷采用双回路供电，全容量备用。

2. 站用电源容量

根据 DL/T 5218—2012《220kV～750kV 变电站设计技术规程》5.6.2 的规定，每台站用变压器容量均按全站计算负荷选择。站用负荷计算及站用变压器选择见表 7-22，站用变压器容量选择为 500kVA。站用变压器选用三相双绕组有载调压变压器，户外布置，短路阻抗为 4%，调压范围为 10.5±2×2.5%/0.4kV。

表 7-22 站用负荷计算及站用变压器选择

序号	名称	额定容量(kW)	安装台数	第一段母线				第二段母线				备注
				台数		容量(kW)		台数		容量(kW)		
				安装	运行	安装	运行	安装	运行	安装	运行	
1	UPS	15	2	1	1	15	15	1	1	15	15	
2	充电柜	42	2	2	2	84	84	2	2	84	84	
3	事故照明屏	10	1	1	1	10	10	1	1	10	10	
4	主变压器冷却器	30	2	2	2	60	60	2	2	60	60	
5	二次设备间屏柜	3	2	2	2	6	6	2	2	6	6	
6	二次设备间智能辅助系统主机柜	3	2	2	2	6	6	2	2	6	6	
7	生活给水	6.2	1	1	1	6.2	6.2	1	1	6.2	6.2	

续表

序号	名称	额定容量（kW）	安装台数	第一段母线				第二段母线				备注
				台数		容量（kW）		台数		容量（kW）		
				安装	运行	安装	运行	安装	运行	安装	运行	
8	通信负荷	30	1	1	1	30	30	1	1	30	30	
	小计 P_1						217.2				217.2	
1	暖通负荷	188				188	188			188	188	
2	220kV 断路器照明及加热	3	10	10	10	30	30	10	10	30	30	
3	110kV 断路器加热及照明	2	14	14	14	28	28	14	14	28	28	
4	10kV 开关柜加热	0.1	120	120	120	12	12	120	120	12	12	
	小计 P_2						258				258	
1	照明负荷	46.8	1	1	1	46.8	46.8	1	1	46.8	46.8	
	小计 P_3						46.8				46.8	
	变压器计算容量（kVA）											
	$S=0.85P_1+P_2+P_3$										489.4	
	选择变压器容量（kVA）						500				500	

7.1.8 主变压器保护配置

主变压器配置双重化的主、后备保护一体的主变压器电气量保护和一套非电气量保护。具体配置如下：

（1）纵联差动保护，瞬时断开主变压器各侧断路器。

（2）比率差动保护。

（3）工频变化量比率差动保护。

（4）零序方向过电流保护，装于主变压器 220kV 及 110kV 侧，以主变压器后备保护为主兼顾相邻元件。保护由两段组成，每段可各带两个时限，并以较短的时限动作于缩小故障影响范围，以较长的时限动作于变压器各侧断路器。

（5）间隙零序过电流保护，设有一段两时限间隙零序过电流保护和一段两时限零序过电压保护，作为变压器中性点经间隙接地运行时的接地故障后备保护。

（6）零序过电压保护，设有一段零序过电压保护作为变压器低压侧接地故障保护。

（7）过负荷保护，延时动作于信号。

（8）主变压器非电气量保护，包括主变压器本体重瓦斯及轻瓦斯、压力释放、油位低、油温过高、绕组温度过高、冷却器故障等保护。其中重瓦斯、压力释放、油温过高、绕组温度过高、冷却器全停等动作，跳开主变压器各侧断路器并发信号，其他信号动作则发告警信号。

220kV 主变压器保护由两套电气量保护和一套非电气量保护组成，并配置一套主变压器故障录波，用于主变压器故障记录及事故分析。

7.2　110kV 变电站主变压器继电保护设计

7.2.1　110kV 变电站主变压器继电保护设计的主要内容

变压器是电力系统中重要且贵重的电气元件，要根据变压器的容量和重要程度装设性能良好、工作可靠的继电保护装置。此次设计主要根据 110kV 变电站的接线，完成主变压器继电保护的设计及整定计算。

此次主变压器继电保护设计的内容包括变压器继电保护的配置和各保护参数的整定计算，所做的主要工作包括：根据基础资料中变电站的电压等级、主变压器的具体形式及中性点接地形式等条件确定变压器主保护和后备保护方式；变压器微机保护装置的选择；短路电流计算；保护参数的整定计算；继电保护配置图的绘制。

7.2.2　继电保护设计需参照的设计规程

继电保护设计需参照的设计规程和设计手册有 GB/T 14285—2006《继电保护和安全自动装置技术规程》、DL/T 584—2017《3kV～110kV 电网继电保护装置运行整定规程》、DL/T 684—2018《大型发电机变压器继电保护整定计算导则》、《电力工程电气设计手册（电气二次部分）》、GB/T 20840.2—2014《互感器　第 2 部分：电流互感器的补充技术要求》。

7.2.3　待设计变电站基础资料

待设计变电站为 110kV 地区变电站，高压侧进线 2 回，来自某 220kV 变电站的中压 110kV 侧，进线采用 $2 \times LGJ$-300，装设了三段式距离保护（CSCA-161 型）；35kV 出线接地区负荷，出线长度分别为 $L_1 = 10.2$km，$L_2 = 8.6$km；10kV 出线接地区负荷，有电缆出线 10 回，最长线路长 5km，最短线路长 4.2km，均装设保护、测量、控制一体的综合保护单元，装设有三段电流保护、过负荷保护、自动重合闸。

110kV 采用双母线接线，35kV 和 10kV 均采用单母线分段接线，10kV 侧母线可采用并列或分列运行方式。基准容量 $S_B = 100$MVA 下的系统阻抗：110kV 侧最小正序阻抗为 0.081，最大正序阻抗为 0.092，零序阻抗为 0.104。

该变电站内装设 2 台 SZ11-50000/110 三相三绕组有载调压油浸式变压器，容量比为 100/100/50MVA，电压比为 $110 \pm 2 \times 2.5\% / 38.5 / 10.5$kV，高压侧中性点经隔离开关接地，中压侧不接地，绕组联结组别为 YNynd11，阻抗电压百分值 $U_{k(1-2)}\% = 10.5$，$U_{k(1-3)}\% = 18$，$U_{k(2-3)}\% = 6.5$。

110kV 变电站电气主接线图如图 7-8 所示。

7.2.4　主变压器继电保护配置和保护装置选择

根据变压器可能发生的故障和出现的异常运行状态针对性地进行变压器的保护配置。

1. 变压器的主保护配置

针对变压器绕组、绝缘套管和引出线发生的各种相间短路，变压器绕组的匝间短路及变压器绕组的单相接地短路装设纵联差动保护或电流速断保护，根据 GB/T 14285—2016《继电保护和安全自动装置技术规程》，此次设计的变压器电压等级为 110kV、容量在 10MVA 及以上，故装设纵联差动保护。

对于油浸式变压器，当容量为 0.8MVA 及以上时，应装设瓦斯保护，反应于变压器油箱内发生的各种故障和油箱油面降低。此次设计装设瓦斯保护。

2. 变压器的后备保护配置

（1）外部相间短路后备保护。对于由变压器外部相间短路引起的变压器过电流，可采用过电流保护、低电压启动的过电流保护、复合电压启动的过电流保护、负序电流保护及相间阻抗保护等，这些保护也可作为变压器主保护（纵联差动保护和瓦斯保护）的后备保护。此次设计采用复合电压启动过电流保护。

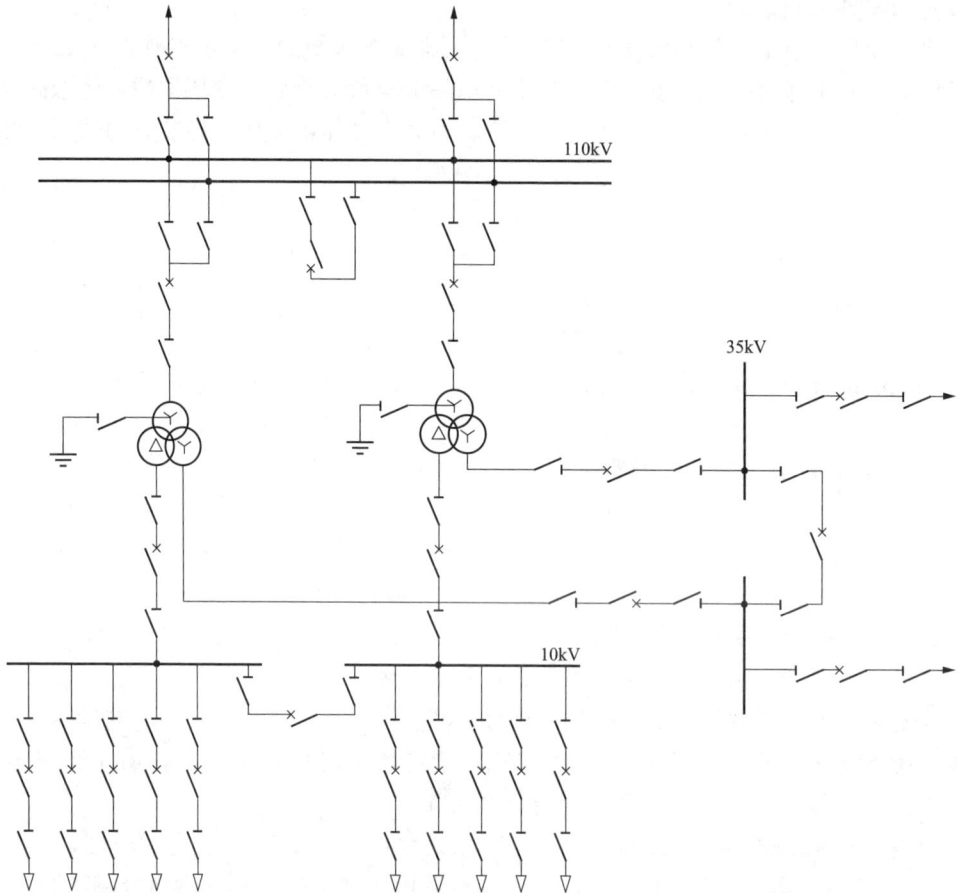

图 7-8　110kV 变电站电气主接线图

（2）外部接地短路后备保护。待设计变压器高压侧中性点经隔离开关接地，在运行过程中，其中性点可能有接地和不接地两种运行状态，所以装设零序电流保护反应中性点接地时的接地故障，同时装设零序电压保护，反应中性点不接地时的接地故障。

（3）过负荷保护。容量在 400kVA 以上数台并列运行的变压器，应根据变压器可能过负荷的情况装设过负荷保护。此次设计在变压器三侧装设过负荷保护。

（4）其他非电气量保护。除以上的保护外，变压器通常还装设反应油箱内油温、压力、温度等特征的非电气量保护。

110kV 主变压器保护配置图如图 7-9 所示。

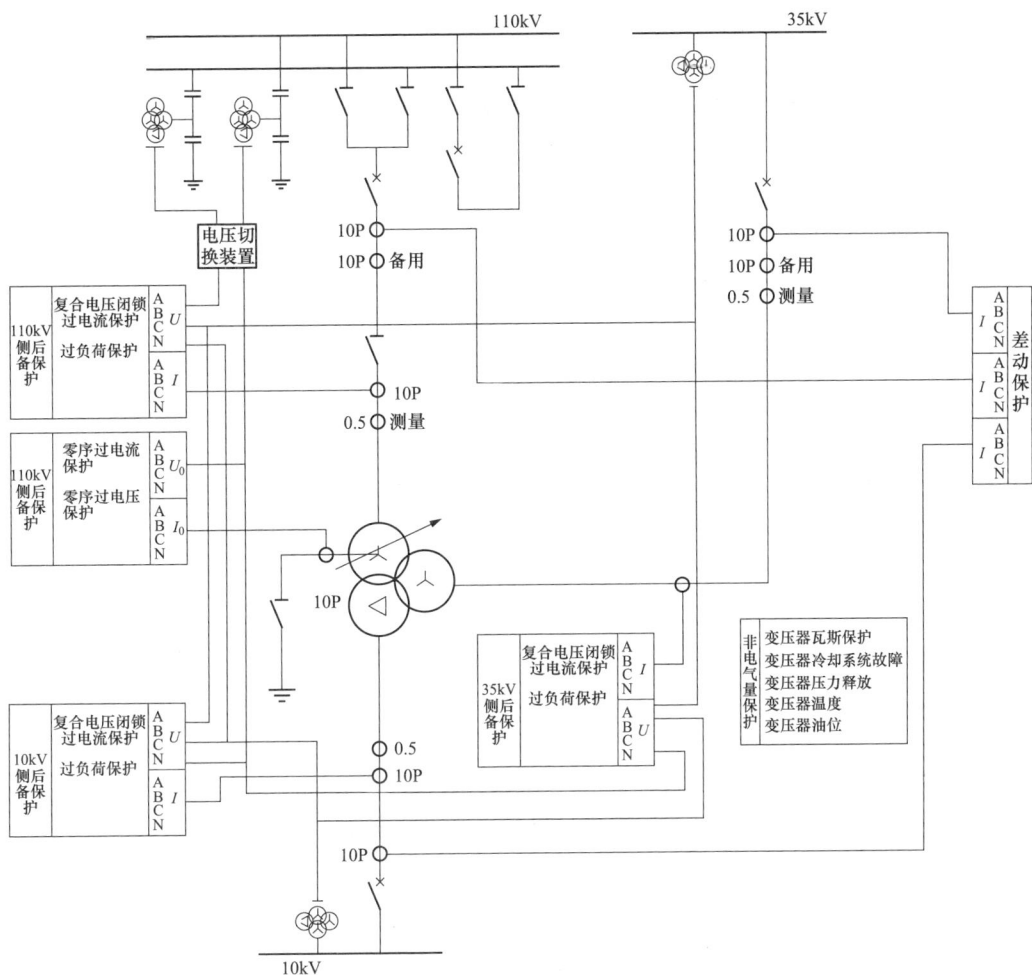

图 7-9　110kV 主变压器保护配置图

设计要点提示

- 发电厂与变电站电气部分的设计要在分析原始数据、明确任务要求的基础上进行。
- 设计要依据有关设计规程和设计手册进行。
- 电气一次部分的设计中，短路电流计算的目的是进行电气设备短路稳定性校验，所以考虑的是流过所选设备的最大短路电流。
- 电气设备要按安装处额定电压、额定电流和安装条件进行选择，再进行短路稳定性校验。
- 互感器选择时除考虑一般电气设备的选择条件外，还要根据其功能，考虑准确度等级要求。
- 主变压器的继电保护形式要根据其电压等级、重要程度依据设计规程进行配置。
- 在继电保护整定计算时，短路电流计算的目的是进行保护定值整定计算和灵敏度校验，所以考虑的是流过保护安装处的电流，还要分别计算最大短路电流与最小短路电流。

第 8 章 发电厂电气部分课程设计选题

8.1 引 言

课程设计是由教师指导学生独立完成的一类大作业，具有工程性、综合性、创造性的特点，是重要的实践性教学环节。发电厂电气部分课程设计不仅是对所学电气工程的理论、方法的实践，同时也是培养学生以工程应用的思维进行工程设计的重要手段。

发电厂电气部分课程设计选题拟定和设计是开展教学的前提。课题的设计应能有针对性地培养学生实践动手能力、分析问题和解决问题的能力；并能按照项目引导、任务驱动、行业标准指导、岗位能力牵引等教学模式实施实践教学；培养学生的实践能力、创新能力，培养应用型工程技术人才。

基于 OBE（成果导向教育）理念教育教学是培养新时代高质量应用型人才的途径，其教学内容的设置及教学过程均体现以学生为中心，即以学生为本。以学生为本的教材，应具有专业的针对性，呈现的是本专业学生必需的知识内容，是专业学习或实际工作中用得上的；同时，应有利于培养学生解决复杂工程问题的能力。

因此，本章给出了丰富的发电厂课程设计的选题，包含区域性火力发电厂、地方性火力发电厂、水力发电厂、并网光伏发电站、并网风力发电场、枢纽变电站、地区变电站等的电气部分，火力发电厂厂用电、水力发电厂厂用电、变电站站用电等。课程设计选题涵盖面广，便于教师根据具体情况选择。选题来自已经建成的成熟的项目，原汁原味的工程实际需求，不仅有翔实的原始资料与数据，还有基于 OBE 理念的解决复杂工程问题的设计任务，可更好地激发学生的学习兴趣，服务于教学。对本章给出选题，可根据设计时间、训练目标，量体裁衣，合理取舍；并对不完整的部分依据实际补充。

8.2 某热力发电厂Ⅱ期电气主系统设计

8.2.1 设计原始资料

拟继续建设的热力发电厂以煤矸石作为燃料，采用高温高压循环流化床锅炉燃烧发电的系统，该热电厂Ⅰ期已经建成投产运行。现已开始Ⅱ期工程的初步设计，下面主要进行热力发电厂Ⅱ期电气主系统的设计。

1. 建设规模

热力发电厂Ⅰ期、Ⅱ期计划建成总规模为 130MW，其中Ⅰ期建设规模为 2×15MW，已建成投运发电；Ⅱ期建设规模为 2×50MW，拟采用两台 50MW 冷凝式机组加两台 50MW 发电机，配两台 220t/h 高温流化床锅炉方案。Ⅱ期工程建成后以两炉两机方式运行，年运行小时数为 6000h，日最大利用小时数为 24h。

Ⅰ期工程装机方案为：三台流化床锅炉，配两台冷凝式汽轮机，加两台发电机；发电机出口电压为 6kV，采用发电机-变压器组单元接线，发电厂 110kV 部分为双母线接线，并留有用于 Ⅱ 期扩建的出线间隔。

Ⅱ 期建设已确定主要设备为高温高压循环流化床锅炉（型号为 DGJ-220/9.81-Ⅱ）、高温高压凝汽式汽轮机（型号为 N50-8.83/535，额定功率为 50 000kW）、发电机（型号为 QF-50-2）。发电机的技术参数为三相交流型、功率 50 000kW、额定电压 6.3kV、转速 3000r/min、功率因数 0.8、频率 50Hz、极数 2、定子接法 YY、无刷励磁方式。

根据接入系统方案审批意见，Ⅱ 期拟以两回 110kV 线路接入附近 330kV 变电站的 110kV 母线。附近 330kV 变电站距离热力发电厂约 30km。

2. 自然环境数据

（1）热力发电厂所处的区域海拔为 920～1500m，属暖温带大陆性季风气候。

（2）热力发电厂所属地区地震烈度为六度，厂区地震加速度为 0.05g，特征周期为 0.45s。

（3）热力发电厂紧邻国家公路，运输方便。

（4）年平均气温 9.3℃，极端最高气温 39.7℃，极端最低气温 −25.4℃，多年平均最高气温 22.9℃，多年平均最低气温 −6.7℃。

（5）年降水总量 572.3mm，日最大降水量 98.1mm；年平均风速 2.0m/s，常年主导风为西南风；年平均气压 907.6hPa。

（6）最大冻土深度 79cm，冰冻期从 11 月至次年 2 月。

8.2.2　设计任务及要求

（1）设计电气主接线，满足发电外送及厂用电的要求，发电机出口电压 6kV 经升压后接入 Ⅰ 期预留的 110kV 进线间隔。

（2）Ⅱ 期扩建启动/备用变压器，将系统 110kV 电源电压降为 6kV，作为整个电厂的启动/备用电源。最大一台厂用 6kV 高压工作变压器容量为 16 000kVA。

（3）确定厂用 6kV 高压工作电源的引接方式。厂用高压工作电源通过一台 XKGKL-6-1200-8 型限流电抗器，由电缆引至 6kV 高压厂用段。

（4）短路电流计算及设备选择。主要有 110kV 配电设备、6kV 配电开关柜、主变压器、高压启动/备用变压器、互感器等。

（5）导体的设计与选择。主要有 6kV 部分和 110kV 部分导体。

（6）防雷与过电压保护设计。主要防止雷电侵入波及旋转电机产生的感应过电压。

（7）系统的继电保护配置设计。

（8）撰写设计说明书和计算说明书，给出一次系统设计电气主接线图、继电保护配置图及设备清单。

8.3　某枢纽变电站电气部分初步设计

8.3.1　变电站设计基础资料

该课题的主要目的是 330kV 变电站电气部分初步设计（电气一次部分）。待设计 330kV 变电站基本情况见表 8-1。主变压器基本参数见表 8-2。330kV 高压电抗器通过隔离开关接于 6 回 330kV 出线的其中 4 回上（即该 4 回出线中的每回接一组 90Mvar 的高压电抗器）。

归算至 330kV 母线和 110kV 母线的系统阻抗见表 8-3($S_B=100MVA$；$U_B=U_{av}$)。

表 8-1　　　　　　　　　　　　　　　　330kV 变电站基本情况

序号	项目	本期	终期
1	主变压器（MVA）	1×240	2×240
2	330kV 出线（回）	1	6
3	330kV 高压电抗器（Mvar）	1×90	$4\times(60\sim90)$
4	110kV 出线（回）	8	14
5	35kV 并联电抗器（Mvar）	—	$2\times2\times(15\sim30)$
6	35kV 并联电容器（Mvar）	4×15	$2\times4\times15$

表 8-2　　　　　　　　　　　　　　　　主变压器基本参数

型　　式	三相、三绕组、有载调压、油浸、风冷、自耦变压器
额定容量	240MVA
容量比	240/240/72MVA
电压比	$345\pm8\times1.25\%/121/35$kV
短路阻抗 （以高压额定容量为基准）	$U_{k1-2}=10.5\%$；$U_{k1-3}=24\%$；$U_{k2-3}=13\%$
接线组别	YNa0d11
调压方式	有载调压

表 8-3　　　　　　　　　　　　　　　　系统阻抗

系统短路阻抗	正序阻抗	零序阻抗
330kV 系统	0.013 90	0.013 05
110kV 系统	0.035 24	0.029 10

根据系统专业的资料要求，330kV 线路正常情况下，每回输送功率为 350～400MW；故障状态下（双回 330kV 线路的其中一回故障），每回输送功率为 650～700MW。110kV 线路正常情况下，每回输送功率为 40～52MW；故障状态下，每回输送功率为 96～102MW。

330kV 线路配置两套完整独立的全线速动主保护及完善的后备保护。110kV 每回线路配置一套线路保护，配置一套母线差动保护。

8.3.2　环境资料

根据前期调研，拟建变电站环境资料如下：最高温度＋42.8℃，最低温度－29.3℃，最热月平均气温 24.4℃，最大日温差 32K，日照强度 0.1W/cm² （风速 0.5m/s），海拔 1200m，50 年一遇，10m 高、10min 的平均最大风速为 30.5m/s，环境相对湿度（在 25℃时）最大月平均值为 90%，日平均湿度为 95%，地面水平加速度为 0.2g，地面垂直加速度为 0.13g，污秽等级Ⅲ级。

8.3.3　设计任务及要求

根据给定变电站基础资料，对某一枢纽变电站进行电气部分初步设计，包括短路电流的计算、电气主接线形式的确定、电气一次设备的选择，并用 AutoCAD 绘制设计图纸。设计结束后，提交设计说明书和计算说明书各 1 份、一次系统设计电气主接线图及设备清单各 1 份。主要设计任务包括：

（1）主变压器形式的选择。

（2）分析并确定给定变电站电气主接线，绘制电气主接线图。

（3）根据需要确定短路点的位置和数量，计算短路电流，要有短路电流计算过程和结果。

（4）电气一次设备的选择与短路校验，要求主要电气设备选择有计算过程及结果表。

（5）主变压器继电保护配置。

8.4　某 110kV 变电站电气部分设计

8.4.1　工程概况及基础资料

拟设计建造的 110kV 变电站变位于某市南部，主要为该市南部供电，担负着市区南部人民生活及生产用电的供电负荷。

1. 建设规模

根据 110kV 变电站在系统中的地位、出线回路数、供电可靠性及运行灵活性，结合操作检修方便、节约投资和利于远方控制设计要求，建设规模见表 8-4。具体如下：

1）主变压器本期为 2×50MVA，远期为 3×50MVA。

2）110kV 远期采用单母线分段接线，出线 4 回；110kV 本期采用单母线分段接线，出线 3 回。采用电缆出线。

3）35kV 远期采用单母线分段接线，出线 4 回；10kV 本期采用单母线分段接线，出线 3 回。采用电缆出线。

4）10kV 远期采用单母线三分段接线，出线 34 回；10kV 本期采用单母线分段接线，出线 20 回。采用电缆出线。

5）本期及远期每台主变压器低压侧各装设两组装配式并联电容器（2×3000kvar）。

表 8-4　　　　　　　　　　　　　　　110kV 变电站建设规模

序号	项目	远期	本期
1	主变压器	3×50MVA	2×50MVA
2	110kV 出线	4 回	3 回
3	35kV 出线	4 回	3 回
4	10kV 出线	34 回	20 回
5	10kV 并联电容器组	3×（2×3000kvar）	2×（2×3000kvar）

2. 短路电流参数

为了保证所选电气设备有足够的机械稳定度，根据变压器容量及短路回路各相关参数，测算了各情况短路电流，计算结果见表 8-5。

表 8-5 短路电流计算结果

短路类型	短路点名称 （母线）	短路电流周期分量 起始有效值（kA）	短路全电流最大 有效值（kA）	短路电流 冲击值（kA）
三相	110kV	19.77	30.05	50.41
	35kV（并列）	11.97	18.19	30.52
	10kV（2台分列）	27.44	41.71	69.97
	10kV（3台并列）	45.32	68.89	115.57
	10kV（分列）	14.65	22.27	37.36
单相	110kV	16.64		

3. 自然环境条件

拟建变电站所在地区海拔 185m，地势平坦，属轻微地震区。年最高气温＋40℃，年最低气温－10℃，年平均气温＋12℃，最热月平均最高温度＋34℃。最大风速 30m/s，属于我国第 V 标准气象区。地质为粉质黏土地层，天然容重为 2.7kg/cm^3，土壤电阻率为 100Ω·m。地下水位较低，水质良好，无腐蚀作用。

8.4.2 设计内容及要求

（1）电气主接线的设计。

（2）主变压器、断路器、隔离开关、母线、10kV 电缆、电流互感器、电压互感器、无功补偿电容的配置与选择。

（3）10kV 高压开关柜的选择。

（4）配电装置及防雷设计。

（5）继电保护的配置及整定计算，包括主变压器、35kV 线路和 10kV 线路的继电保护配置及整定。

（6）绘制图表，包括电气主接线图、开关柜图，电流互感器、电互感器配置表，继电保护配置及整定计算表。

（7）撰写设计说明书及计算说明书。

8.5 火力发电厂厂用电系统初步设计

8.5.1 基础资料

1. 发电厂基本情况

拟建火力发电厂为煤矸石发电厂，其装机为两台高温高压循环流化床锅炉配两台 50MW 冷凝式汽轮机＋2×50MW 发电机；采用发电机-变压器单元接线，发电机出口电压为 6kV，经变压器升压为 110kV 送入电网；高压厂用工作电源由发电机主回路经限流电抗器引接，发电机出口电压为 6kV，发电机至 110kV 升压变压器的引线采用封闭母线。

2. 负载情况

（1）高压厂用负荷（见表 8-6）。

表 8-6　　　　　　　　　　　　　　　6kV 高压厂用负荷计算表

序号	设备名称	额定功率 (kW)	换算系数 K	1 号机组			2 号机组		
				连接台数	工作台数	计算容量 (kVA)	连接台数	工作台数	计算容量 (kVA)
1	循环水泵	630		2	2		2	2	
2	给水泵	1600		2	1		1	1	
3	引风机	1000		2	2		2	2	
4	一次风机	1400		1	1		1	1	
5	二次风机	710		1	1		1	1	
6	反料风机	200		2	1		2	1	
7	拨煤风机	355		1	1		1	1	
8	破碎机	355		1	1		1	1	

（2）低压厂用负荷。低压厂用负荷包括主厂房用电负荷（见表 8-7）和辅助厂房用电负荷。辅助厂房包括电除尘车间、化水车间、除灰车间，各车间负荷见表 8-8～表 8-10。

表 8-7　　　　　　　　　　　　　　0.4kV 主厂房用电负荷计算表

序号	设备名称	额定功率 (kW)	换算系数 K	1 号机组			2 号机组			重复容量 (kVA)
				连接台数	工作台数	计算容量 (kVA)	连接台数	工作台数	计算容量 (kVA)	
1	凝结水泵	160		2	1		2	1		
2	射水泵	90		2	1		2	1		
3	低压加热器疏水泵	55		1	1		1	1		
4	疏水泵	37		1	1		1	0		29.6
5	空气压缩机	7.5		1	1					
6	冷渣机	8		2	2		2	2		
7	工业水管道泵	7.5		1	1		1	1		
8	化学水管道泵	75		1	1		1	1		
9	工业回收水泵	22		1	1		1	0		17.6
10	除渣 MCC	95.5		1	1		1	0		76.4
11	集控室 MCC	100		1	1		1	1		
12	输煤 MCC	230		1	1		1	1		184
13	汽轮机 MCC	40		1	1		1	1		
14	锅炉	120		1	1		1	1		
15	主厂房照明	80		1	1		1	1		64
16	循环水泵房 MCC	40		1	1		1	1		32
17	加药间 MCC	50		1	1		1	1		40
18	储煤场 MCC	212		1	1		1	1		212

表 8-8　　　　　　　　　　　　　　　电除尘车间负荷计算表

序号	设备名称	额定功率（kW）	换算系数 K	1号电除尘变压器			2号电除尘变压器			重复容量（kVA）
				连接台数	工作台数	计算容量（kVA）	连接台数	工作台数	计算容量（kVA）	
1	高压电源	610.8		1	1		1	1		
2	加热器	127.2		1	1		1	1		
3	振打电动机	55.4		1	1		1	1		
4	电除尘照明	20		1	1		1	1		
5	其他负荷	20		1	1		1	1		

表 8-9　　　　　　　　　　　　　　　化水车间负荷计算表

序号	设备名称	额定功率（kW）	换算系数 K	化水变压器		
				连接台数	工作台数	计算容量（kVA）
1	一期负荷	300		1	1	
2	生水泵	22		1	1	
3	反洗水泵	45		1	1	
4	高压给水泵	45		1	1	
5	除碳风泵	2.2		1	1	
6	中间水泵	11		1	1	
7	除盐水泵	15		1	1	
8	自用除盐水泵	5.5		1	1	

表 8-10　　　　　　　　　　　　　　　除灰车间负荷计算表

序号	设备名称	额定功率（kW）	换算系数 K	气力除灰变压器		
				连接台数	工作台数	计算容量（kVA）
1	气化风机	35		2	2	
2	空气电加热器	45		1	1	
3	三装机	3.55		1	1	
4	双轴搅拌器	22		1	1	
5	PLC控制柜	2		1	1	
6	配电室照明	20		1	1	
7	带式输送机	15		1	1	
8	带式输送机	18.5		1	1	
9	带式输送机	22		1	1	
10	斗式提升机	30		1	1	
11	电动给料机	2.5		2	2	
12	气化风机	7.5		2	2	
13	气化风机	4		1	1	
14	电加热器	15		1	1	

3. 电源情况

高压厂用工作电源由发电机主回路经限流电抗器引接，启动/备用电源由 110kV 系统电源降为 6kV 取得。

4. 环境条件

该发电厂位于某乡镇，有公路可达，海拔为 86m，土壤电阻率为 $100\Omega \cdot m$；土壤地下 0.8m 处温度为 20℃；该地区年最高温度 40℃，年最低温度 -10℃，最热月 7 月，其最高气温月平均值为 34.0℃，最冷月 1 月，其最低气温月平均值为 1℃；年雷暴日数为 58.2 天。

8.5.2 设计要求

（1）设计计算说明书 1 份。

1）目录。

2）设计说明书。对设计方案及设计结果作扼要的叙述。

3）设计计算书。包括：①各车间计算负荷及无功补偿。②各车间变电站的设计选择。③高压负荷及无功补偿。④高压供电系统的设备选择。⑤短路电流的计算。⑥变电站进出线的选择与校验。

（2）厂用电主接线图一张及设备清单。要求图纸的设计，图、标注符合国家标准的规定。

8.6　煤矿风井场地变电站一次系统设计

8.6.1　设计原始资料

1. 供电电源

此次设计风井场地的两回供电电源引自工业园区 110/10kV 变电站 10kV 不同母线段，输电距离为 3.5km，正常运行时两回电源分列运行。工业园区 110/10kV 变电站主变压器容量为 $2\times25MVA$，变电站 110kV 和 10kV 系统均为单母线分段接线。其两回 110kV 电源一回引自恒东电厂，输电线路采用 LGJ-300 架空导线，输电距离为 1.12km；电源地理接线示意图如图 8-1 所示。

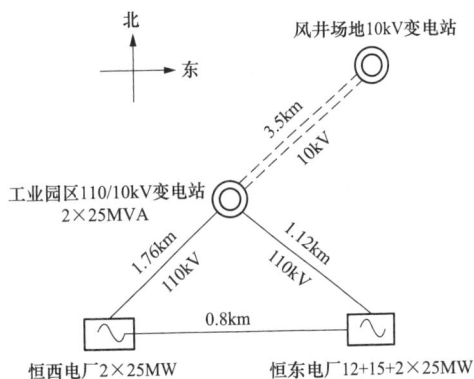

图 8-1　电源地理接线示意图

2. 电力负荷

此次设计的风井场地建设 10kV 变电站一座，用于风井场地设施及后期矿井井下用电，故此次按照矿井井下现有负荷，预留变电站容量。拟设计的 10kV 变电站负荷包括高压（10kV）负荷和低压（0.4kV）负荷，高压负荷包括井下负荷与通风机房负荷。表 8-11 给出了负荷情况，其中计算负荷部分留白，是需要负荷计算的内容。

表 8-11 电力负荷统计表

序号	名称	设备容量		需用系数	功率因数	计算负荷			负荷类型
		安装容量（kW）	工作容量（kW）			有功功率（kW）	无功功率（kvar）	视在功率（kVA）	
一	高压负荷								
1	井下	8000	5980	0.63	0.72				一级负荷
2	通风机房	1055	533	0.95	0.80				一级负荷
二	低压负荷								
1	通风机房风门间采暖	120	120	0.95	0.85				一级负荷
2	消防水池及泵房	60	45	1.00	0.75				一级负荷
3	室外照明	20	20	0.9					三级
4	门房	25	20	0.85	0.85				三级负荷
5	站用电	30	30	0.95	0.85				一级负荷

（1）通风机房设备。通风设备为 FBCDZ24/250×2（B）型防爆对旋轴流式通风机 2 台，一台工作，一台备用；每台风机选配 2 台 660V 隔爆变频电动机，每台电动机功率为 250kW。风门间内设 2 个电动插板门和 2 个平开门。每个电动插板门配备 2 台电动执行器，每台电动执行器功率为 5.5kW，电压 380V；每个平开门配备 2 台电动执行器，每台电动执行器功率为 5.5kW，电压为 380V。风门间采暖用电暖风机总功率为 120kW，电压为 380V。

（2）消防水池泵房。消防水池泵房主要设备设室外消火栓泵 2 台，其中一用一备，每台水泵功率为 15kW，电压为 380V 的潜水泵一台，功率为 0.75kW。

（3）门房。门房设电暖气一台以及照明灯具和插座。安装负荷 25kW，工作负荷 20kW，计算负荷 17kW，功率因数 0.85。

（4）场地照明。风井场地道路照明采用集中供电方式，各生活、生产辅助设施建筑照明电源均引自相应的配电系统，照明系统采用 AC 220/380V 三相五线制，灯头电压为 AC 220V。

3. 气象条件

此工程送电线路气象条件为西北典型气象Ⅲ区条件，见表 8-12。

表 8-12 煤矿气象条件

条件	最低气温	覆冰条件	平均气温	最大风速	最高气温
温度（℃）	−30	−5	5	−5	40
风速（m/s）	0	10	0	30	0
冰厚（mm）	0	10	0	0	0

8.6.2 设计内容

（1）主接线的设计。分析原始资料与数据，确定高压和低压系统主接线的最优方案。

（2）短路电流的计算。根据电气设备的选择和继电保护的需要，确定短路点，计算出三相短路电流，将计算结果列出汇总表。

（3）主要电气设备的选择。主要电气设备的选择包括各车间变压器、断路器、隔离开关、互感器、导线、绝缘子等的选择与校验。选用设备型号、数量汇成设备一览表。

（4）绘制主接线图。

（5）防雷、接地设计。

8.6.3　设计任务及要求

1. 设计任务

根据矿井生产接续需要，新建一个风井场地，此次主要设计该煤矿风井场地变电站一次系统。该变电站以 10kV 电压供风井场地所有地面负荷、井下负荷用电。

（1）设计供电源引接线，即变电站至工业园区的 10kV 线路。

（2）进行负荷统计，选择变电站的变压器。

（3）设计电气主接线，满足不同类型负荷的供用电要求。

（4）变电站 10kV 部分无功补偿装置的选型与设计。

（5）所用电（380/220V）接线设计。

（6）短路电流计算及设备选型设计（工业园区 110/10kV 变电站 10kV 馈线断路器额定开断容量为 31.5kA）。

（7）防雷及过电压保护设计，主要为 10kV 系统部分的限制雷电侵入波过电压的防雷设计，10kV 进、出线侧限制操作过电压的设计。

（8）对变电站的继电保护系统进行配置设计。

2. 设计要求

（1）完成设计任务要求，撰写设计说明书和计算说明书各 1 份。

（2）提交符合国家标准规定的风井场地变电站一次系统设计电气主接线图及设备清单。

8.7　并网光伏发电升压变电站电气部分设计

8.7.1　设计基础资料

1. 建设规模

根据可研设计文件，并网光伏发电 110kV 升压变电站工程建设规划见表 8-13。该课题设计主要在考虑远期规划的基础上，进行本期建设的电气部分初步设计，主要设计内容为新上 2 台 100MVA 主变压器、10kV 和 35kV 配电装置及无功补偿装置、站内过电压保护及全站防雷接地。本期光伏发电项目装机容量为 200MW，以 1 回 110kV 线路接入电网，远期（Ⅱ期）光伏发电项目装机容量预计为 100MW。

表 8-13　　　　　　　　　并网光伏发电 110kV 升压变电站工程建设规划

序号	内容	远期目标	本期目标
1	主变压器	3×100MVA	2×100MVA
2	110kV 出线	1 回	1 回
3	35kV 出线	30 回	20 回
4	35kV 电容器组（SVG）	3×20Mvar	2×20Mvar
5	35kV 接地变压器及电阻箱成套装置	$1 \times (1000\text{kVA}-60\Omega)+$ $2 \times (630\text{kVA}-60\Omega)$	$1 \times (1000\text{kVA}-60\Omega)+$ $1 \times (630\text{kVA}-60\Omega)$

2. 电源及系统情况

（1）光伏阵列情况。该光伏发电站采用 2 台逆变器与一台 35kV 升压变压器组合方式，构成一个发电单元，每个单元 1MW。为简化接线，节省回路数，将 35kV 变压器每 10 台高压侧并联为 1 个联合单元。本期建设共计组合为 20 个 35kV 升压变压器联合单元；远期建设增加组合共计 10 个 35kV 升压变压器联合单元；本、远期联合单元共计 30 个。

（2）拟设计的 200MW 并网光伏发电升压变电站本期 35kV 集电线路出线 20 回，来自 20 个 35kV 升压变压器联合单元，110kV 出线 1 回，接入附近的 330kV 输变电站的 110kV 系统。拟设计的升压变电站远期 35kV 集电线路出线 10 回，来自 10 个联合单元，110kV 侧接入本期的 110kV 母线。35kV 各回出线与其发电升压变压器联合单元的距离基本相近，均按 1349m 计算。

（3）光伏项目本、远期装机容量共计 300MW，考虑同时率 0.8～0.9，则中午光伏高峰期时最大输出功率为 240～270MW。

（4）站用负荷情况见表 8-14。

表 8-14　　　　站用负荷情况

序号	名称	单位容量（kW）	台数		容量（kW）	
			安装	运行	安装	运行
一、动力						
1	逆变器电源	3			3	3
2	充电电源	15			15	15
3	保护、自动、五防、遥视、事故照明、通信	14			14	14
4	主变压器有载调压	1.5	3	3	4.5	4.5
5	继电器室空调	5	3	3	15	15
6	保安室空调	5	4	4	20	20
7	公用电源	5			5	5
8	35kV 配电装置室轴流风机	0.55	6	6	3.3	3.3
9	35kV SVG 室轴流风机	0.55	6	6	3.3	3.3
10	水泵	3.68	1	1	3.68	3.68
11	门卫室生活用电	3	1	1	3	3
$\sum P_1 = 89.78$kW						
二、加热防潮						
1	110kV 隔离开关电动机、加热及照明电源	18.2			18.2	18.2
2	35kV 开关柜加热及照明电源	16			16	16
3	办公室电采暖	20			20	20
$\sum P_2 = 54.2$kW						
三、照明						
1	生产综合楼及户外照明		30		30	
$\sum P_3 = 30$kW						

3. 环境条件

(1) 该项目建设地位于毛乌素沙漠南沿，属黄土高原风沙区，属无震害区，区域稳定性好。根据 GB 50011—2010《建筑抗震设计规范》，该地区的抗震设防烈度为Ⅵ度。

(2) 拟建工程场地四周空旷，东南侧距离在建 330kV 输变电站（该项目拟接入系统）约 1500m；北侧距离高速约 2km；场地所在位置较优越，交通较便利。

(3) 该项目所在地属温带半干旱大陆性季风气候，春风多、夏干旱、秋阴雨、冬严寒，日照充足，风沙频繁，雨季迟，雨量年际变化大，干旱、霜冻、暴雨、大风、冰雹等自然灾害多。年平均气温 7.9℃，年平均日照 2743.3h，年平均降雨量 316.9mm，年平均无霜期 141 天，绝对无霜期 110 天。冻土深度约为 128cm，冻结期约为 120 天（11 月～次年 3 月）。

(4) 地区污秽等级/设备选择的污秽等级为 D 级（户外）。

8.7.2　设计任务及要求

(1) 按照光伏项目本、远期装机容量 300MW 选择 110kV 线路接入电网的导体，输电功率因数取 0.95，经济电流密度取 $1.65A/mm^2$。

(2) 选择变电站主变压器型号和 35kV 电容器组（SVG）。

(3) 电气主接线的设计，包括 110kV 母线接线、35kV 母线接线等。

(4) 设计变压器 110kV 侧及 35kV 侧的中性点接地方式。其中，主变压器 35kV 侧通过估算对地电容电流确定。

(5) 计算短路电流，短路点建议选本站的 110kV 母线、35kV 母线及接入系统的 330kV 变电站的 110kV 母线。

(6) 站用电接线设计，要求站用电源采用双电源，两路电源互为备用。

(7) 电气设备的选型。通过光伏阵列情况估算工作电流，并依据短路电流等数据选择导体及电气设备。

(8) 防雷设计。主要完成防止线路雷电侵入波对主变压器和其他电气设备的危害。

(9) 撰写设计说明书和计算说明书各 1 份；一次系统设计电气主接线图及设备清单。

8.8　某风力发电场电气主系统设计

8.8.1　基础资料

1. 风力发电场基本情况

(1) 风力发电场规划总装机容量 100MW，计划安装 40 台单机容量为 2500kW 的风力发电机，新建 110kV 升压变电站一座。预计该风力发电场工程年上网电量为 186 494.84 MWh，年等效满负荷利用小时数 1865h，容量系数为 0.21。

(2) 发电部分。该工程初步选择安装 40 台风力发电机组，风力发电机组采用一机一变单元接线方式，每台风力发电机组接一台 2750kVA 升压变压器，将风机端 0.69kV 电压升至 35kV，然后通过架空线以 35kV 的电压等级接入风力发电场升压变电站，升压变电站 110kV 侧出线 3 回。

(3) 风力发电机组已基本确定，其型号为 H140/2500，额定功率为 2500kW；发电机容量为 2650kW，输出电压为 0.69V，频率为 50Hz，功率因数为 -0.95 ～ +0.95。

(4) 升压变电站部分。110kV 升压变电站设 110kV 和 35kV 两组电压等级。升压变电站 110kV 侧接入外电网 110kV 系统。35kV 侧集电线路进线 4 回。升压变电站 35kV 系统设置集中无功补偿装置，以保证风力发电场升压变电站出口侧功率因数满足系统要求。

（5）升压变电站 110kV 侧出线 3 回，其中 2 回接入附近风力发电场 110kV 线路，距离为 12km，1 回接入另一风力发电场，距离为 26km。

（6）风力发电场集电线路方案。采用风力发电机组与升压箱式变电站的组合方式。项目装机容量为 100MW，风力发电机组单机容量为 2500kW，安装 40 台风力发电机组 G1～G40，风力发电机组采用一机一变单元接线方式。每台箱式变电站均布置在距风力发电机组约 15m 的位置。

根据风机和箱式变电站的布置、容量以及 35kV 架空线路的走向，将 40 台箱式变电站暂分为 4 回接线，每回连接 10 台箱式变电站，每回的容量为 25MW。每回 35kV 架空线路长度的平均值为 5.255km，总计 21km。

2. 环境条件

（1）风力发电场海拔 1255～1564m，平均海拔 1200m，年平均风速为 5.17m/s，风功率密度为 124.36W/m²，地震基本烈度为 6 度。

（2）风力发电场所在区属中温带大陆性半干旱季风气候，四季长短不等，干湿分明。年平均气温 8.8℃（极端最高温 36.8℃，极端最低温 -23.6℃），年平均降水量 505.3mm（最多为 645mm，最少为 296.6mm），年日照时数为 2395.6h，日照百分率达 54%，全年无霜期为 157 天。

（3）平均气压为 895.9hPa，平均相对湿度为 61%。

（4）项目地距附近高速约 6km，交通较为方便。

（5）场地地基土体电阻率值为 95～382Ω·m。

8.8.2　设计任务及要求

（1）根据风力发电场集电线路方案，设计该部分的接线以及相关设备（含导体）的选型。

（2）110kV 升压变电站电气主接线的设计。

（3）110kV 升压变电站主变压器中性点接地方式的设计。根据 35kV 线路总长度估算接地电容电流，确定其中性点接地方式。

（4）110kV 升压变电站 35kV 侧无功补偿装置的选型设计。

（5）短路电流的计算，以及主要电气设备（含箱式变电站）的选择。

（6）导体的选择。包括风力发电机组与箱式变电站低压侧之间的电力电缆，35kV 架空线路。

（7）110kV 升压变电站站用电的设计。根据估算，站用负荷容量为 320kVA。外部附近有 10kV 线路，可作为备用电源。

（8）防雷设计。为防止集电线路雷电侵入波对升压变电站的影响，设计 35kV 侧及 110kV 侧的防雷措施。

（9）撰写设计说明书和计算说明书各 1 份；一次系统设计电气主接线图及设备清单。

部分参考答案

第1章

1.ABCD 2.BC 3.C 4.ABCD 5.A 6.√ 7.× 8.√ 9.√ 10.√

第2章

1.C 2.B 3.C 4.ABC 5.ABCD 6.√ 7.√ 8.× 9.× 10.√

第3章

1.B 2.C 3.B 4.B 5.A 6.√ 7.√ 8.× 9.√ 10.√

第4章

1.C 2.C 3.AB 4.B 5.B 6.× 7.√ 8.√ 9.√ 10.√

第5章

1.D 2.D 3.B 4.CD 5.A 6.× 7.× 8.√ 9.√ 10.×

第6章

1.A 2.AB 3.D 4.C 5.BC 6.√ 7.× 8.√ 9.√ 10.√

参 考 文 献

[1] 中国电力工程顾问集团有限公司. 电力工程设计手册 火力发电厂电气一次设计 [M]. 北京：中国电力出版社，2018.

[2] 姚春球. 发电厂电气部分 [M]. 北京：中国电力出版社，2007.

[3] 苗世洪，朱永利. 发电厂电气部分 [M]. 5 版. 北京：中国电力出版社，2015.

[4] 黄兴泉，胡斌. 发电厂电气部分课程设计 [M]. 北京：中国电力出版社，2018.

[5] 李梅兰，李丽娇. 发电厂变电所毕业设计指导书. [M]. 北京：中国电力出版社，2008.

[6] 崔景岳，刘思沛，聂文龙. 煤矿供电 [M]. 北京：煤炭工业出版社，1988.

[7] 贺家李，李永丽，董新洲，等. 电力系统继电保护原理 [M]. 4 版. 北京：中国电力出版社，2010.

[8] 张保会，尹项根. 电力系统继电保护 [M]. 2 版. 北京：中国电力出版社，2010.